大数据技术与人工智能应用系列

大数据技术与机器学习 Python实战

张晓明 编著

清华大学出版社
北京

内 容 简 介

本书基于计算机类专业对大数据平台技术和大规模数据处理的实战需求，在阐述数据科学、Hadoop 和 Spark 配置要点和大数据处理周期的基础上，重点阐述大数据采集与存储、预处理、特征工程、数据可视化分析、机器学习基础等大数据处理技术及其 Python 实现，以及基于 Hadoop 和 Spark 平台的 Python 接口调用和机器学习编程实例分析。本书既强调了大数据处理周期的基本原理和关键技术，又突出机器学习算法及其在分布式系统中的应用编程方法。

本书可作为高等院校计算机、大数据、人工智能、软件工程等专业的教材，也可作为大数据技术研发人员和研究生的学习参考用书。

本书封面贴有清华大学出版社防伪标签，无标签者不得销售。
版权所有，侵权必究。举报：010-62782989，beiqinquan@tup.tsinghua.edu.cn。

图书在版编目(CIP)数据

大数据技术与机器学习 Python 实战/张晓明编著．—北京：清华大学出版社，2021.8(2025.1重印)
(大数据技术与人工智能应用系列)
ISBN 978-7-302-58132-1

Ⅰ.①大… Ⅱ.①张… Ⅲ.①软件工具-程序设计 ②机器学习 Ⅳ.①TP311.56 ②TP181

中国版本图书馆 CIP 数据核字(2021)第 090010 号

责任编辑：刘翰鹏
封面设计：常雪影
责任校对：赵琳爽
责任印制：宋　林

出版发行：清华大学出版社
　　　　　网　　址：https://www.tup.com.cn, https://www.wqxuetang.com
　　　　　地　　址：北京清华大学学研大厦 A 座　　　邮　编：100084
　　　　　社　总　机：010-83470000　　　　　　　　　邮　购：010-62786544
　　　　　投稿与读者服务：010-62776969, c-service@tup.tsinghua.edu.cn
　　　　　质量反馈：010-62772015, zhiliang@tup.tsinghua.edu.cn
　　　　　课件下载：https://www.tup.com.cn, 010-83470410
印 装 者：三河市龙大印装有限公司
经　　销：全国新华书店
开　　本：185mm×260mm　　　　印　张：16　　　　字　数：384 千字
版　　次：2021 年 8 月第 1 版　　　　　　　　　　印　次：2025 年 1 月第 4 次印刷
定　　价：48.00 元

产品编号：091061-01

本书的选题来源于专业发展和人工智能技术需求两方面。

首先,人工智能为许多学科专业带来了新的发展机遇,特别是计算机专业,目前其专业方向之一正朝着人工智能技术发展,急需补充大数据技术背景下的智能计算内容。在现有关系型数据库技术基础上,通过扩展补充非结构化数据库,形成大规模数据,增强机器学习的应用范围,为计算机专业带来新的发展潜力。

其次是数据科学与大数据技术本科专业的建设需要。通过学习大数据技术的基本原理和编程示例,从大一开始就设置有大数据导论课程,随后有大数据处理、大数据分析、分布式计算、人工智能、数据可视化和数据挖掘等主干课程。因此,需要培养学生的大数据系统思维和技术兴趣,从而形成完整的大数据生命周期和处理方法。

从机器学习的市场需求及发展趋势看,表现为以下三方面内容。

(1) 针对大数据计算需求,有两种解决途径:①购置多 GPU 的系统,能够大幅提高算力,但价格昂贵;②利用廉价的服务器搭建大规模的分布式集群平台。目前成熟的大数据平台主要是 Hadoop 和 Spark 系统,以及实时计算用的 Storm。这些离线和实时计算模式共同形成了主流的大数据技术系统架构,在现有商业系统中发挥重要的作用。

(2) 机器学习是大数据应用中的重要研究和应用领域,对数据处理、特征分析、算法应用和模型设计,都是热点内容,需要尽快体现在教学环节和资源之中。

(3) 在编程语言和相关类库方面,Python 语言已经占有绝对优势,已经成为大数据和人工智能领域的主流编程语言。其丰富的第三方类库为用户带来了极大便利。目前,急需基于 Python 语言在这些平台下进行实战开发的技术书籍。

经过分析发现,现有一些图书以介绍 Hadoop 和 Spark 为主,虽有部分理论基础内容,但大数据技术不完整。在示例方面,Hadoop 平台采用的是 Java 语言,Spark 平台采用的是 Scala 语言,这些都算不上大数据技术开发的主流语言,很难得到普遍选用。另外有些图书阐述了 Python 编程技术、数据处理和机器学习算法调用等,但停留在单机编程,缺少 Hadoop 和 Spark 平台下的大数据分析和机器学习内容,更缺少大数据采集、存储、预处理等全生命周期的众多环节。因此,目前在 Hadoop 和 Spark 平台下开展 Python 应用开发的图书很紧缺。针对大数据处理周期、全面开展架构原理和编程实践的综合图书非常少。

本书基于以上大数据技术和实战培养背景,在内容上既包括了大数据采集、存储、预处理、特征工程、可视化分析等全生命周期的处理技术,又基于 Hadoop 和 Spark 典型大数据平台,开展数据处理和机器学习技术。在技术环境方面,建议采用平台版本 Hadoop 3.1 及以上、Spark 2.4.5 及以上。在编程实践上,以 Python 语言为核心,将程序设计贯穿到了所有章节,设计了 170 余幅模型和流程图,实现了大量的编程示例,以及 Hadoop 和 Spark 平台的接口调用实例分析。做到了大数据平台技术、大数据处理周期与 Python 机器学习算法编程的全面融合实现,且突出了大数据和机器学习的应用技术,形成了本书的特色。为便于教学,本书配套PPT、源代码、习题(含答案)等教学资源,可到清华大学出版社官网下载。

  本书的撰写荣获2017年教育部产学合作协同育人专项资助,要特别感谢北京普开数据有限公司的鼎力支持!同时,获得了2019年北京高等教育"本科教学改革创新项目"的配套经费支持。本书稿历经两年多的编写修改与内部使用,并多次参与大数据技术研讨活动。特别感谢陈明教授、曹永存教授、王锁柱教授和李海生教授等提出的宝贵建议,为提升本书的质量打下了坚实的基础。在编写过程中,得到了清华大学出版社的大力帮助。此外,还参照了相关的文献和网络资料,在此一并表示感谢!

  由于编著者水平有限,书中难免存在错误与不妥之处,殷切希望广大读者批评指正。

编著者
2020年12月

目 录

第 1 章　绪论 ………………………………………………………………………… 001

 1.1　大数据技术概述 ………………………………………………………………… 001

  1.1.1　大数据的特点 …………………………………………………………… 001

  1.1.2　大数据与数据科学的关系 ……………………………………………… 001

  1.1.3　大数据的关键技术 ……………………………………………………… 002

  1.1.4　大数据的计算模式 ……………………………………………………… 004

 1.2　基于 Hadoop 系统的大数据平台 ……………………………………………… 004

  1.2.1　Hadoop 的特点 ………………………………………………………… 005

  1.2.2　Hadoop 的生态系统 …………………………………………………… 006

 1.3　基于 Spark 系统的大数据平台 ………………………………………………… 008

  1.3.1　Spark 的生态系统 ……………………………………………………… 008

  1.3.2　Spark 与 Hadoop 的比较 ……………………………………………… 009

 1.4　面向实时计算的大数据平台 …………………………………………………… 011

  1.4.1　Storm 介绍 ……………………………………………………………… 011

  1.4.2　Storm 的核心组件 ……………………………………………………… 011

  1.4.3　Storm 的特性 …………………………………………………………… 013

 1.5　大数据技术的发展趋势 ………………………………………………………… 014

 1.6　Windows 10 下 Spark＋Hadoop＋Hive＋Pyspark 配置 …………………… 015

第 2 章　Hadoop 系统应用开发基础 …………………………………………………… 017

 2.1　Hadoop YARN 应用基础 ……………………………………………………… 017

  2.1.1　YARN 的设计目标 ……………………………………………………… 017

  2.1.2　YARN 的组件及架构 …………………………………………………… 017

  2.1.3　YARN 的运行流程 ……………………………………………………… 020

 2.2　HDFS 文件系统及其应用 ……………………………………………………… 021

  2.2.1　HDFS 体系结构 ………………………………………………………… 021

  2.2.2　HDFS 的存储原理 ……………………………………………………… 023

  2.2.3　HDFS 的数据读写过程 ………………………………………………… 024

  2.2.4　HDFS 的常用命令 ……………………………………………………… 025

 2.3　MapReduce 计算模型及其应用 ………………………………………………… 027

  2.3.1　MapReduce 编程原理 …………………………………………………… 027

2.3.2　MapReduce 模型的应用 …………………………………………… 029
2.4　HBase 大数据存储与访问 ………………………………………………………… 034
　　2.4.1　HBase 的体系结构 …………………………………………………… 034
　　2.4.2　Region 的分区与列族 ………………………………………………… 034
　　2.4.3　HBase 的数据模型 …………………………………………………… 036
2.5　基于 Hadoop Streaming 的应用编程技术 ………………………………………… 038
　　2.5.1　Hadoop Streaming 说明 ……………………………………………… 038
　　2.5.2　Hadoop Streaming 应用入门 ………………………………………… 040
2.6　Linux 系统下 Hadoop 集群部署 …………………………………………………… 041
　　2.6.1　分布式集群配置思路 ………………………………………………… 041
　　2.6.2　Linux 系统基础配置 …………………………………………………… 041
　　2.6.3　Hadoop 平台配置 ……………………………………………………… 048
2.7　Hadoop 集群实例测试 ……………………………………………………………… 053
　　2.7.1　实例说明 ………………………………………………………………… 053
　　2.7.2　PI 实例的运行 …………………………………………………………… 053
　　2.7.3　WordCount 实例的运行 ………………………………………………… 055

第 3 章　Spark 应用开发基础 ………………………………………………………………… 058

3.1　Spark 的 Python 编程环境设置 …………………………………………………… 058
3.2　Spark 的工作机制 …………………………………………………………………… 061
3.3　弹性分布式数据集 RDD 基础 ……………………………………………………… 063
3.4　RDD 的 Python 程序设计 …………………………………………………………… 067
3.5　Spark SQL …………………………………………………………………………… 070
　　3.5.1　Spark SQL 的特点 ……………………………………………………… 070
　　3.5.2　RDD、DataFrame 和 DataSet 比较 …………………………………… 070
　　3.5.3　Spark SQL 的核心 API ………………………………………………… 072
　　3.5.4　Spark SQL 编程示例 …………………………………………………… 073
　　3.5.5　部分 Spark SQL 编程要点 ……………………………………………… 076
3.6　Spark Streaming 的应用编程技术 ………………………………………………… 081
　　3.6.1　Spark Streaming 的工作原理 ………………………………………… 081
　　3.6.2　Spark Streaming 的编程示例 ………………………………………… 082

第 4 章　大数据采集与存储技术 …………………………………………………………… 085

4.1　网络爬虫 ……………………………………………………………………………… 085
　　4.1.1　网络爬虫的基本结构及工作流程 …………………………………… 085
　　4.1.2　网络爬虫分类 …………………………………………………………… 086
　　4.1.3　抓取策略 ………………………………………………………………… 086
　　4.1.4　网络爬虫的分析算法 ………………………………………………… 087
4.2　大数据采集平台与工具 …………………………………………………………… 088

4.2.1	Apache Flume	088
4.2.2	Sqoop	089
4.2.3	常用网络爬虫工具	090

4.3 网络爬虫程序设计 ········· 091
    4.3.1 Python 爬虫基本流程 ········· 091
    4.3.2 Requests 库入门 ········· 091
    4.3.3 Requests 库用于网络爬虫设计示例 ········· 093
    4.3.4 Beautiful Soup 库的应用 ········· 096
    4.3.5 Selenium 的应用技术 ········· 099

4.4 大数据存储与管理技术 ········· 102
    4.4.1 大数据存储与管理类型 ········· 102
    4.4.2 三种数据库比较 ········· 103
    4.4.3 NewSQL、NoSQL 与 OldSQL 混合部署应用方案 ········· 105

第 5 章 大数据预处理技术 ········· 108

5.1 数据预处理概述 ········· 108
5.2 数据清洗 ········· 109
    5.2.1 缺失值处理 ········· 110
    5.2.2 重复值处理 ········· 111
    5.2.3 异常值处理 ········· 112

5.3 文本数据清洗 ········· 112
    5.3.1 纯文本的正则处理方法 ········· 113
    5.3.2 HTML 网页数据的正则处理方法 ········· 113
    5.3.3 其他方法 ········· 114

5.4 数据规范化处理 ········· 115
    5.4.1 数据规范化的常见方法 ········· 115
    5.4.2 零均值规范化示例 ········· 116
    5.4.3 特征归一化示例 ········· 116
    5.4.4 最小-最大规范化示例 ········· 117
    5.4.5 特征二值化示例 ········· 117

5.5 数据平滑化处理 ········· 117
    5.5.1 移动平均法 ········· 117
    5.5.2 指数平滑法 ········· 120
    5.5.3 分箱法 ········· 123

5.6 基于 PCA 的数据规约技术 ········· 125
    5.6.1 主成分分析技术 ········· 125
    5.6.2 在 OpenCV 中实现主成分分析 ········· 125

第 6 章 数据表示与特征工程 ………………………………………………………… 128

6.1 特征工程概述 …………………………………………………………………… 128
6.1.1 特征的概念与分类 ……………………………………………………… 128
6.1.2 特征工程的含义和作用 ………………………………………………… 128
6.1.3 特征工程的组成 ………………………………………………………… 129
6.2 类别变量表示 …………………………………………………………………… 129
6.2.1 OneHotEncoder ………………………………………………………… 130
6.2.2 DictVectorizer …………………………………………………………… 130
6.3 文本特征工程 …………………………………………………………………… 131
6.3.1 文本特征表示方法 ……………………………………………………… 131
6.3.2 文本特征的计算 ………………………………………………………… 132
6.4 图像特征表示 …………………………………………………………………… 133
6.4.1 OpenCV 介绍 …………………………………………………………… 133
6.4.2 图像特征点提取 ………………………………………………………… 134
6.4.3 ORB ……………………………………………………………………… 135
6.5 音频特征表示 …………………………………………………………………… 138
6.5.1 PyAudio 库的应用 ……………………………………………………… 138
6.5.2 Librosa …………………………………………………………………… 140

第 7 章 数据可视化技术及应用 ……………………………………………………… 143

7.1 可视化技术概述 ………………………………………………………………… 143
7.1.1 数据可视化的概念 ……………………………………………………… 143
7.1.2 数据可视化的重要应用示例 …………………………………………… 143
7.2 ECharts 应用入门 ……………………………………………………………… 146
7.2.1 ECharts 的应用方法 …………………………………………………… 146
7.2.2 ECharts 的简单应用 …………………………………………………… 150
7.3 pyecharts 应用基础 …………………………………………………………… 153
7.3.1 pyecharts 的图表说明 ………………………………………………… 153
7.3.2 pyecharts 的安装和使用方法 ………………………………………… 154
7.4 文本可视化 ……………………………………………………………………… 158
7.4.1 文本内容可视化 ………………………………………………………… 158
7.4.2 文本关系可视化 ………………………………………………………… 162
7.4.3 主题模型的可视化分析 ………………………………………………… 166
7.4.4 主题演变的文本可视化 ………………………………………………… 167
7.5 基于 pyecharts 实现多维数据可视化 ………………………………………… 169
7.5.1 基于时间轴的数据可视化 ……………………………………………… 169
7.5.2 基于日历图的数据可视化 ……………………………………………… 171
7.5.3 三维空间的数据可视化 ………………………………………………… 172

7.6 大规模数据可视化的编程技术实例 …………………………………………… 173

第 8 章 机器学习基础及应用技术 ……………………………………………… 181

8.1 机器学习概述 ……………………………………………………………… 181
8.1.1 机器学习的分类 …………………………………………………… 181
8.1.2 机器学习的基本流程 ……………………………………………… 184
8.1.3 机器学习的评估度量标准 ………………………………………… 185
8.1.4 机器学习的距离计算方法 ………………………………………… 186

8.2 K 最近邻算法 ……………………………………………………………… 188
8.2.1 K 最近邻算法概述 ………………………………………………… 188
8.2.2 KNN 的应用方法 …………………………………………………… 189
8.2.3 sklearn 中 KNN 算法实现 ………………………………………… 192
8.2.4 利用 sklearn 中 KNN 算法实现鸢尾花分类 ……………………… 196
8.2.5 K 最近邻算法的 K 值分析 ………………………………………… 197

8.3 K-Means 算法原理及应用 ………………………………………………… 199
8.3.1 K-Means 算法描述 ………………………………………………… 200
8.3.2 K-Means 算法的参数设计 ………………………………………… 200
8.3.3 K-Means 算法的应用 ……………………………………………… 202

8.4 LightGBM 算法及应用技术 ……………………………………………… 205
8.4.1 LightGBM 介绍 …………………………………………………… 205
8.4.2 LightGBM 算法介绍 ……………………………………………… 205
8.4.3 LightGBM 的基本应用 …………………………………………… 210
8.4.4 LightGBM 参数说明与调参 ……………………………………… 214
8.4.5 回归模型及其预测 ………………………………………………… 216

第 9 章 基于 Spark 机器学习库的大数据推荐技术 …………………………… 219

9.1 Spark 机器学习库介绍 …………………………………………………… 219
9.1.1 Spark 的 mllib 模块库 ……………………………………………… 219
9.1.2 mllib 的算法库示例说明 …………………………………………… 220
9.1.3 Spark 的 ml 模块库 ………………………………………………… 223

9.2 大数据推荐技术 …………………………………………………………… 226
9.2.1 推荐系统概述 ……………………………………………………… 227
9.2.2 基于内容的推荐算法 ……………………………………………… 229
9.2.3 基于用户的协同过滤推荐 ………………………………………… 231
9.2.4 基于物品的协同过滤推荐 ………………………………………… 233
9.2.5 基于模型的推荐 …………………………………………………… 234

9.3 基于 Spark 的 ALS 推荐算法 …………………………………………… 235
9.3.1 ALS 算法解析 ……………………………………………………… 235
9.3.2 Spark 的推荐算法说明 …………………………………………… 238

9.4 基于 Spark 的电影推荐模型设计与实现···239
    9.4.1 Netflix Prize 评分预测竞赛···239
    9.4.2 数据分析··240
    9.4.3 模型设计··240
    9.4.4 Python 电影推荐模型设计···241

参考文献···243

第 1 章

绪 论

本章主要阐述大数据技术的概念、三种典型的大数据平台(Hadoop、Spark 和 Storm)和发展趋势。

1.1 大数据技术概述

大数据(big data)是指无法在一定时间范围内用常规软件工具进行捕捉、管理和处理的数据集合,是需要新处理模式才能具有更强的决策力、洞察发现力和流程优化能力的海量、高增长率和多样化的信息资产。

1.1.1 大数据的特点

大数据的 5V 特点(IBM 公司提出):Volume(大量)、Velocity(高速)、Variety(多样)、Value(低价值密度)、Veracity(真实性)。

(1) Volume(大量):大数据中数据的采集、存储和计算的量都非常大。一般认为,只有起始计量单位达到 PB 的数据才可以被称为大数据(1PB=1024TB=1048576GB)。

(2) Velocity(高速):由于数据具有时效性,超出一定的时间就会失去其作用,需要尽可能实时地完成对海量数据处理。这是大数据区别于传统数据挖掘的显著特征。

(3) Variety(多样):包括结构化、半结构化和非结构化数据。随着互联网和物联网的发展,又扩展到网页、社交媒体、感知数据,涵盖音频、图片、视频、模拟信号等,真正诠释了数据的多样性,也对数据的处理能力提出了更高的要求。

(4) Value(低价值密度):随着互联网以及物联网的广泛应用,信息感知无处不在,数据量无比庞大,但价值密度较低。如何在海量数据中获得有价值的信息,是大数据时代最需要解决的问题。

(5) Veracity(真实性):大数据中的内容是与真实世界中的发生息息相关的,要保证数据的准确性和可信赖度。研究大数据就是从庞大的网络数据中提取出能够解释和预测现实事件的过程。

1.1.2 大数据与数据科学的关系

数据科学是研究探索赛博空间(Cyberspace)中数据界(datanature)奥秘的理论、方法和技术,研究的对象是数据界中的数据。数据科学的研究对象是 Cyberspace 的数据,是新的科学。数据科学主要有两个内涵:一个是研究数据本身,研究数据的各种类型、状态、属性及变化形式和变化规律；另一个是为自然科学和社会科学研究提供的一种新的方法，称为科学研究的数据方法，其目的在于揭示自然界和人类行为现象和规律。

大数据和数据科学的关系可以用图 1-1 进行说明。数据科学是作为一个与大数据相关的新兴学科出现的，在大数据处理的理论研究方面，新型的概率和统计模型将是主要的研究工具。数据科学基础问题体系本身就是大数据领域的研究热点。同时，数据科学将带动多学科融合。

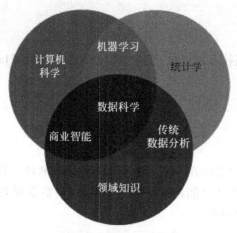

图 1-1　具有多学科交叉特点的数据科学

1.1.3　大数据的关键技术

Google 公司的三篇论文奠定了大数据技术与算法的基础。

2003 年，Google 公司发布 Google File System 论文，这是一个可扩展的分布式文件系统，用于大型的、分布式的、对大量数据进行访问的应用，运行于廉价的普通硬件上，提供容错功能。从根本上说：文件被分割成很多块，使用冗余的方式储存于商用机器集群上。

2004 年，Google 公司发布 MapReduce 论文，描述了大数据的分布式计算方式，主要思想是将任务分解后在多台处理能力较弱的计算节点中同时处理，然后将结果合并，从而完成大数据处理。

2006 年，Google 公司发布 Bigtable 论文，启发了无数的 NoSQL 数据库，如 Cassandra、HBase、MongoDB 等。

大数据技术，就是从各种类型的数据中快速获得有价值信息的技术。大数据领域已经涌现出了大量新的技术，它们成为大数据采集、存储、处理和呈现的有力武器。大数据处理关键技术一般包括：大数据采集、大数据预处理、大数据存储及管理、大数据分析及挖掘、大数据展现和应用（大数据检索、大数据可视化、大数据应用、大数据安全等）。

1. 大数据采集技术

数据采集是指通过 RFID 射频数据、传感器数据、社交网络交互数据及移动互联网数据等方式获得的各种类型的结构化、半结构化（或称为弱结构化）及非结构化的海量数据，是大数据知识服务模型的根本。重点要突破分布式高速高可靠数据爬取或采集、高速数据全映像等大数据收集技术；突破高速数据解析、转换与装载等大数据整合技术；设计质量评估模型,开发数据质量技术。

大数据采集一般分为大数据智能感知层和基础支撑层。大数据智能感知层主要包括数据传感体系、网络通信体系、传感适配体系、智能识别体系及软硬件资源接入系统,实现对结构化、半结构化、非结构化的海量数据的智能化识别、定位、跟踪、接入、传输、信号转换、监控、初步处理和管理等,必须着重攻克针对大数据源的智能识别、感知、适配、传输、接入等技术;基础支撑层提供大数据服务平台所需的虚拟服务器,结构化、半结构化及非结构化数据的数据库及物联网络资源等基础支撑环境,重点攻克分布式虚拟存储技术,大数据获取、存储、组织、分析和决策操作的可视化接口技术,大数据的网络传输与压缩技术,大数据隐私保护技术等。

2. 大数据预处理技术

大数据预处理技术主要完成对已接收数据的抽取、清洗等操作。

(1) 抽取:因获取的数据可能具有多种结构和类型,数据抽取过程可以帮助我们将这些复杂的数据转化为单一的或者便于处理的构型,以达到快速分析处理的目的。

(2) 清洗:对于大数据,并不全是有价值的,有些数据并不是我们所关心的内容,而另一些数据则是完全错误的干扰项,因此要对数据通过过滤"去噪"而提取出有效数据。

3. 大数据存储及管理技术

大数据存储与管理要用存储器把采集到的数据存储起来,建立相应的数据库,并进行管理和调用;重点解决复杂结构化、半结构化和非结构化大数据管理与处理技术;主要解决大数据的可存储、可表示、可处理、可靠性及有效传输等几个关键问题;开发可靠的分布式文件系统(DFS)、能效优化的存储、计算融入存储、大数据的去冗余及高效低成本的大数据存储技术;突破分布式非关系型大数据管理与处理技术、异构数据的数据融合技术、数据组织技术,研究大数据建模技术;突破大数据索引技术;突破大数据移动、备份、复制等技术。

开发新型数据库技术,数据库分为关系型数据库、非关系型数据库及数据库缓存系统。其中,非关系型数据库主要指的是 NoSQL 数据库,分为键值数据库、列存数据库、图存数据库以及文档数据库等类型。关系型数据库包含了传统关系数据库系统以及 NewSQL 数据库。

开发大数据安全技术。改进数据销毁、透明加解密、分布式访问控制、数据审计等技术;突破隐私保护和推理控制、数据真伪识别和取证、数据持有完整性验证等技术。

4. 大数据分析及挖掘技术

大数据分析技术包括改进已有数据挖掘和机器学习技术;开发数据网络挖掘、特异群组挖掘、图挖掘等新型数据挖掘技术;突破基于对象的数据连接、相似性连接等大数据融合技术;突破用户兴趣分析、网络行为分析、情感语义分析等面向领域的大数据挖掘技术。

数据挖掘是从大量的、不完全的、有噪声的、模糊的、随机的实际应用数据中,提取隐含在其中的、人们事先不知道的、但又是潜在有用的信息和知识的过程。数据挖掘涉及的技术方法很多,有多种分类法。

(1) 根据数据挖掘任务可分为分类或预测模型发现、数据总结、聚类、关联规则发现、序列模式发现、依赖关系或依赖模型发现、异常和趋势发现等。

(2) 根据数据挖掘对象可分为关系数据库、面向对象数据库、空间数据库、时态数据库、文本数据源、多媒体数据库、异质数据库、遗产数据库,以及万维网(Web)。

(3) 根据数据挖掘方法，可粗分为机器学习方法、统计方法、神经网络方法和数据库方法。

从数据挖掘任务和数据挖掘方法的角度，大数据分析及挖掘技术着重突破以下几方面。

(1) 可视化分析。数据可视化无论对于普通用户还是数据分析专家，都是最基本的功能。数据图像化可以让数据自己说话，让用户直观地感受到结果。

(2) 数据挖掘算法。图像化是将机器语言翻译给人看，而数据挖掘就是机器的母语。分割、集群、孤立点分析还有各种各样五花八门的算法让我们精炼数据，挖掘价值。这些算法一定要能够应付大数据的量，同时还具有很高的处理速度。

(3) 预测性分析。预测性分析可以让分析师根据图像化分析和数据挖掘的结果做出一些前瞻性判断。

(4) 语义引擎。语义引擎需要设计到有足够的人工智能以足以从数据中主动地提取信息。语言处理技术包括机器翻译、情感分析、舆情分析、智能输入、问答系统等。

(5) 数据质量和数据管理。数据质量与数据管理是管理的最佳实践，通过标准化流程和机器对数据进行处理可以确保获得一个预设质量的分析结果。

5. 大数据展现与应用技术

大数据技术能够将隐藏于海量数据中的信息和知识挖掘出来，为人类的社会经济活动提供依据，从而提高各个领域的运行效率，大幅提高整个社会经济的集约化程度。

在我国，大数据将重点应用于以下三大领域：商业智能、政府决策、公共服务。例如，商业智能技术，政府决策技术，电信数据信息处理与挖掘技术，电网数据信息处理与挖掘技术，气象信息分析技术，环境监测技术，警务云应用系统(道路监控、视频监控、网络监控、智能交通、反电信诈骗、指挥调度等公安信息系统)，大规模基因序列分析比对技术，Web 信息挖掘技术，多媒体数据并行化处理技术，影视制作渲染技术，其他各种行业的云计算和海量数据处理应用技术等。

1.1.4 大数据的计算模式

基于大数据的分布式计算模式主要有 4 种，见表 1-1。

表 1-1 典型的大数据计算模式

大数据计算模式	解决问题	代表产品
批处理计算	针对大规模数据的批量处理	Hadoop/MapReduce、Spark 等
流计算	针对流数据的实时计算	Storm、S4、Flume、Streams、Puma、DStream、Super Mario、银河流数据处理平台等
图计算	针对大规模图结构数据的处理	Pregel、GraphX、Giraph、PowerGraph、Hama、GoldenOrb 等
查询分析计算	大规模数据的存储管理和查询分析	Dremel、Hive、Cassandra、Impala 等

1.2 基于 Hadoop 系统的大数据平台

Hadoop 是一个由 Apache 基金会所开发的分布式系统基础架构。用户可以在不了解分布式底层细节的情况下开发分布式程序，充分利用集群的威力进行高速运算和存储。

Hadoop 是一个能够让用户轻松架构和使用的分布式计算平台。用户可以轻松地在 Hadoop 上开发和运行处理海量数据的应用程序。

Hadoop 的官网是 http://hadoop.apache.org/，主界面如图 1-2 所示。截止到 2020 年 8 月，Hadoop 的最新版本是 3.3.0。

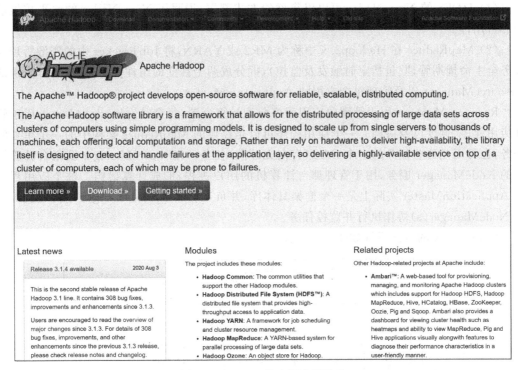

图 1-2　Hadoop 的官网主页信息

1.2.1　Hadoop 的特点

Hadoop 具有以下五个优点。

- 高可靠性：Hadoop 按位存储和处理数据的能力值得人们信赖。
- 高扩展性：Hadoop 是在可用的计算机集簇间分配数据并完成计算任务的，这些集簇可以方便地扩展到数以千计的节点中。
- 高效性：Hadoop 能够在节点之间动态地移动数据，并保证各个节点的动态平衡，因此处理速度非常快。
- 高容错性：Hadoop 能够自动保存数据的多个副本，并且能够自动将失败的任务重新分配。
- 低成本：与一体机、商用数据仓库以及 QlikView、Yonghong Z-Suite 等数据集市相比，Hadoop 是开源的，项目的软件成本因此会大幅降低。

Hadoop 被公认为行业大数据标准开源软件，在分布式环境下提供了海量数据的处理能力。几乎所有主流厂商都围绕 Hadoop 提供开发工具、开源软件、商业化工具和技术服务，如谷歌、雅虎、微软、思科、淘宝等都支持 Hadoop。

1.2.2　Hadoop 的生态系统

Hadoop2.x 相比较于 Hadoop1.x 来说，HDFS 的架构与 MapReduce 的都有较大的变化，且速度上和可用性上都有了很大的提高。Hadoop2.x 有两个重要的变更。

（1）HDFS 的 NameNodes 可以以集群的方式部署，增强了 NameNodes 的水平扩展能力和可用性。

（2）MapReduce 在 Hadoop2.x 中称为 MR2 或 YARN，将 JobTracker 中的资源管理及任务全生命周期管理（包括定时触发及监控），拆分成两个独立的组件，用于管理全部资源的 ResourceManager 以及管理每个应用的 ApplicationMaster。

ResourceManager 用于管理向应用程序分配计算资源，每个 ApplicationMaster 用于管理应用程序、调度以及协调。一个应用程序可以是经典的 MapReduce 架构中的一个单独的任务，也可以是这些任务的一个 DAG（有向无环图）任务。ResourceManager 及每台计算机上的 NodeManager 服务，用于管理那台计算机的用户进程，形成计算架构。每个应用程序的 ApplicationMaster 实际上是一个框架具体库，并负责从 ResourceManager 中协调资源及与 NodeManager(s) 协作执行并监控任务。

Hadoop2.x 的生态系统如图 1-3 所示。

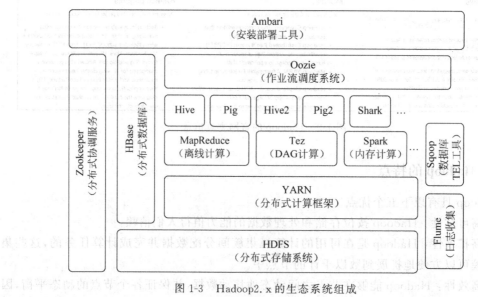

图 1-3　Hadoop2.x 的生态系统组成

1. HDFS（Hadoop 分布式文件系统）

HDFS 是 Hadoop 体系中数据存储管理的基础，是 GFS 克隆版。它是一个高度容错的系统，能检测和应对硬件故障，用于在低成本的通用硬件上运行。HDFS 简化了文件的一致性模型，通过流式数据访问，提供高吞吐量应用程序数据访问功能，适合带有大型数据集的应用程序。它提供了一次写入、多次读取的机制，数据以块的形式，同时分布在集群的不同物理机器上。

2. YARN（分布式资源管理器）

YARN 是一种分层的集群框架，分层结构的本质是 ResourceManager，这个实体控制整个集群并管理应用程序向基础计算资源的分配。ResourceManager 将各个资源部分(计算、内存、带宽等)精心安排给基础 NodeManager(YARN 的每个节点代理)。

3. MapReduce(分布式计算框架)

Hadoop MapReduce 是 Google MapReduce 克隆版,用于进行大数据量的计算。它屏蔽了分布式计算框架细节,将计算抽象成 Map 和 Reduce 两部分,其中 Map 对数据集上的独立元素进行指定的操作,生成键值对形式的中间结果。Reduce 则对中间结果中相同"键"的所有"值"进行规约,以得到最终结果。MapReduce 非常适合在大量计算机组成的分布式并行环境里进行数据处理。

4. HBase(分布式列存数据库)

HBase 是一个建立在 HDFS 之上、面向列的,针对结构化数据的可伸缩、高可靠、高性能、分布式的动态模式数据库。HBase 采用了 BigTable 的数据模型:增强的稀疏排序映射表(Key/Value),其中的键由行关键字、列关键字和时间戳构成。HBase 提供了对大规模数据的随机、实时读写访问。HBase 中保存的数据可以使用 MapReduce 来处理,它将数据存储和并行计算完美地结合在一起。

5. Zookeeper(分布式协作服务)

Zookeeper 用于解决分布式环境下的数据管理问题:统一命名、状态同步、集群管理、配置同步等。Hadoop 的许多组件依赖于 Zookeeper,它运行在计算机集群上面,用于管理 Hadoop 操作。

6. Hive(数据仓库)

Hive 定义了一种类似 SQL 的查询语言(HQL),将 SQL 转化为 MapReduce 任务在 Hadoop 上执行。通常用于离线分析。

7. Oozie

Oozie 是一个开源的工作流和协作服务引擎,基于 Apache Hadoop 的数据处理任务。Oozie 是可扩展的、可伸缩的面向数据的服务,运行在 Hadoop 平台上。Oozie 包括一个离线的 Hadoop 处理的工作流解决方案,以及一个查询处理 API。

8. Ambari

Ambari 是一种基于 Web 的工具,支持 Apache Hadoop 集群的供应、管理和监控。Ambari 已支持大多数 Hadoop 组件,包括 HDFS、MapReduce、Hive、Pig、HBase、Zookeeper、Sqoop 和 Hcatalog 等。Ambari 使用 Ganglia 收集度量指标,用 Nagios 支持系统报警,当需要引起管理员的关注时(如节点停机或磁盘剩余空间不足等问题),系统将向其发送邮件。

Hadoop 主要应用于数据量大的离线场景。其特征如下。

- 数据量大。一般真正线上用 Hadoop 的,机器集群规模大多为上百台到几千台。
- 离线。MapReduce 框架下,很难处理实时计算,作业都以日志分析这样的线下作业为主。
- 数据块大。由于 HDFS 设计的特点,Hadoop 适合处理文件块大的文件。

例如,百度每天都会有用户对侧边栏广告进行点击。这些点击都会被记入日志。然后在离线场景下,将大量的日志使用 Hadoop 进行处理,分析用户习惯等信息。

1.3 基于 Spark 系统的大数据平台

Spark 是专为大规模数据处理而设计的快速通用的计算引擎，是 UC Berkeley AMP lab（加州大学伯克利分校的 AMP 实验室）所开源的类 Hadoop MapReduce 的通用并行框架。Spark 拥有 Hadoop MapReduce 所具有的优点；但不同于 MapReduce 的是，Job 中间输出结果可以保存在内存中，从而不再需要读写 HDFS，因此 Spark 能更好地适用于数据挖掘与机器学习等需要迭代的 MapReduce 的算法。

Spark 的官网是 http://spark.apache.org/，主界面如图 1-4 所示。截止到 2020 年 8 月，Spark 的最新版本是 3.0.0，对应最新的 Hadoop 版本是 3.2。支持的编程语言有 Java、Scala、Python、R 和 SQL。

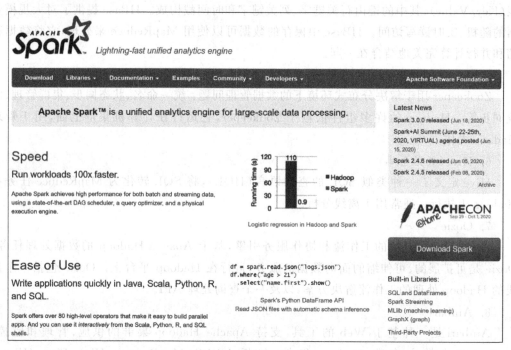

图 1-4　Spark 的主页信息

测试表明，在内存计算下，Spark 比 Hadoop 快 100 倍。Spark 提供了 80 多个高级运算符，具有良好的易用性。同时，Spark 提供了大量的库，包括 Spark Core、Spark SQL、Spark Streaming、MLlib、GraphX。开发者可以在同一个应用程序中无缝组合使用这些库。

1.3.1　Spark 的生态系统

Spark 的生态系统结构如图 1-5 所示。

Spark 能够以独立集群模式运行，也能运行于 EC2、Hadoop YARN 或 Apache Mesos 之上。Spark 能够访问的设计源包括 HDFS、Cassandra、HBase、Hive、Tachyon 以及其他 Hadoop 数据源。

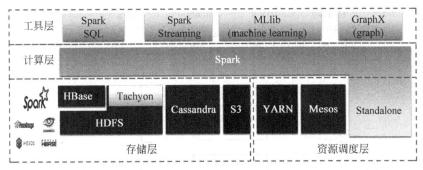

图 1-5 Spark 的生态系统结构

Spark 的主要应用场景见表 1-2。

表 1-2 Spark 生态系统组件的应用场景

应用场景	时间跨度	其他框架	Spark 生态系统中的组件
复杂的批量数据处理	小时级	MapReduce、Hive	Spark
基于历史数据的交互式查询	分钟级、秒级	Impala、Dremel、Drill	Spark SQL
基于实时数据流的数据处理	毫秒级、秒级	Storm、S4	Spark Streaming
基于历史数据的数据挖掘	—	Mahout	MLlib
图结构数据的处理	—	Pregel、Hama	GraphX

1.3.2 Spark 与 Hadoop 的比较

1. 框架比较

在 Hadoop 中,MapRedcue 通过 shuffle 将 Map 和 Reduce 两个阶段连接起来。套用 MapReduce 模型解决问题时,须将问题分解为若干个有依赖关系的子问题,每个子问题对应一个 MapReduce 作业,最终所有这些作业形成一个 DAG。

Spark 是通用的 DAG 框架,可以将多个有依赖关系的作业转换为一个大的 DAG。其核心思想是将 Map 和 Reduce 两个操作进一步拆分为多个元操作,这些元操作可以灵活组合,产生新的操作,并经过一些控制程序组装后形成一个大的 DAG 作业。

2. 中间结果存储方式

在 DAG 中,由于有多个 MapReduce 作业组成,每个作业都会从 HDFS 上读取一次数据和写一次数据(默认写三份),即使这些 MapReduce 作业产生的数据是中间数据也需要写 HDFS,如图 1-6 所示。

Hadoop 的这种表达作业依赖关系的方式比较低效,会浪费大量不必要的磁盘和网络 IO,根本原因是作业之间产生的数据不是直接流动的,而是借助 HDFS 作为共享数据存储系统。

而在 Spark 中,使用内存(内存不够使用本地磁盘)替代了使用 HDFS 存储中间结果,如图 1-7 所示。对于迭代运算效率更高。

3. 操作模型

Hadoop 只提供了 Map 和 Reduce 两种操作。所有的作业都得转换成 Map 和 Reduce 的操作。

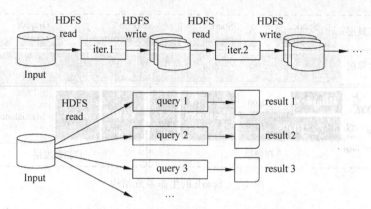

图 1-6　Hadoop 对中间结果的处理过程

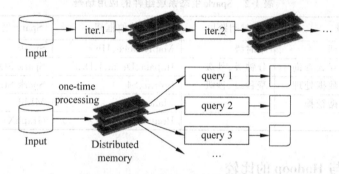

图 1-7　Spark 对中间结果的处理过程

而 Spark 提供很多种的数据集操作类型，如 Transformations 包括 map、filter、flatMap、sample、groupByKey、reduceByKey、union、join、cogroup、mapValues、sort、partionBy 等多种操作类型，actions 操作包括 count、collect、reduce、lookup、save 等多种。这些多种多样的数据集操作类型，给开发上层应用的用户提供了方便。

4．编程模型

Hadoop 就是唯一的 Data Shuffle 一种模式。

Spark 用户可以命名、物化、控制中间结果的存储、分区等，编程方式更灵活。

5．缓存

Hadoop 无法缓存数据集。

Spark 的 60% 内存用来缓存 RDD，对于缓存后的 RDD 进行操作，节省 IO 接口，效率高。

6．应用场景

Hadoop 用于离线大规模分析处理。

对于 Hadoop 适用的场景，Spark 基本上都适合（在只有 Map 操作或者只有一次 Reduce 操作的场景下，Spark 比 Hadoop 的优势不明显）。对于迭代计算，Spark 比 Hadoop 有更大的优势。

7．其他

Hadoop 对迭代计算效率低。Spark 使用 Scala 语言，更简洁、高效；Spark 对机器学习算法、图计算能力有很好的支持。

1.4 面向实时计算的大数据平台

随着越来越多的场景对 Hadoop 的 MapReduce 高延迟无法容忍,如网站统计、推荐系统、预警系统、金融系统(高频交易、股票)等,大数据实时处理解决方案(流计算)的应用日趋广泛,目前已是分布式技术领域最新爆发点,而 Storm 更是流计算技术中的佼佼者和主流。

1.4.1 Storm 介绍

Storm 是 Twitter 开源的分布式实时大数据处理框架,被业界称为实时版 Hadoop。目前官网是 http://storm.apache.org/,如图 1-8 所示。

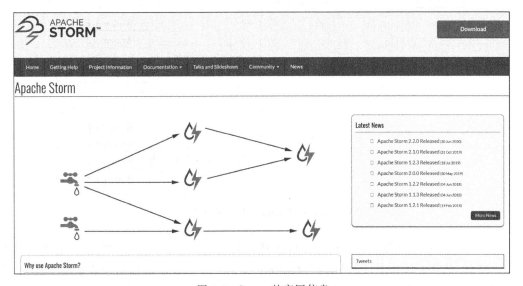

图 1-8 Storm 的官网信息

Storm 的应用场景包括推荐系统(实时推荐,根据下单或加入购物车推荐相关商品)、金融系统、预警系统、网站统计(实时销量、流量统计)、交通路况实时系统等。

1.4.2 Storm 的核心组件

Storm 集群主要有两类节点:主节点和工作节点。主节点上运行 Nimbus 守护进程,类似 Hadoop 的 JobTracker,即 Storm 的 Master,负责资源分配和任务调度。一个 Storm 集群只有一个 Nimbus。每个工作节点运行一个 Supervisor 守护进程,即 Storm 的 Slave,负责接收 Nimbus 分配的任务,管理所有 Worker。一个 Supervisor 节点中包含多个 Worker 进程,每个工作进程中都有多个 Task。

Storm 集群架构示例如图 1-9 所示。

其他组件描述如下。

(1) Task:任务。在 Storm 集群中每个 Spout 和 Bolt 都由若干个任务(Tasks)来执行。每个任务都与一个执行线程相对应。

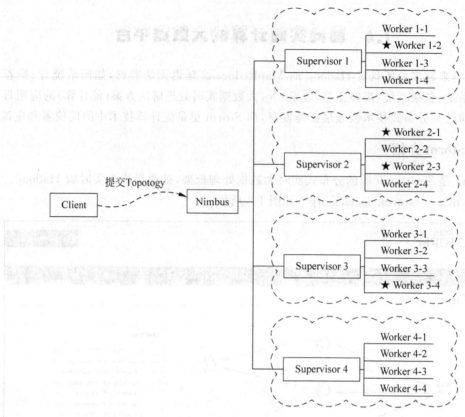

图 1-9　Storm 集群的架构图

（2）Topology：计算拓扑。Storm 的拓扑是对实时计算应用逻辑的封装，它的作用与 MapReduce 的任务很相似，区别在于 MapReduce 的一个 Job 在得到结果之后总会结束，而拓扑会一直在集群中运行，直到手动去终止它。拓扑还可以理解成由一系列通过数据流相互关联的 Spout 和 Bolt 组成的拓扑结构。

（3）Stream：数据流。Stream 是 Storm 中最核心抽象概念。一个数据流指的是在分布式环境中并行创建、处理的一组元组的无界序列。数据流可以由一种能够表述数据流中元组的域模式来定义。

（4）Spout：数据源。Spout 是拓扑中数据流的来源。一般 Spout 会从一个外部的数据源读取元组然后将他们发送到拓扑中。根据需求的不同，Spout 既可以定义为可靠的数据源，也可以定义为不可靠的数据源。一个可靠的 Spout 能够在它发送的元组处理失败时重新发送该元组，以确保所有的元组都能得到正确的处理；相对应地，不可靠的 Spout 就不会在元组发送之后对元组进行任何其他的处理。一个 Spout 可以发送多个数据流。

（5）Bolt。拓扑中所有的数据处理均是由 Bolt 完成的。通过数据过滤、函数处理、聚合、联结、数据库交互等功能，Bolt 几乎能够完成任何一种数据处理需求。一个 Bolt 可以实现简单的数据流转换，而更复杂的数据流变换通常需要使用多个 Bolt 并通过多个步骤完成。

Topology 是开发程序主要的用的组件，它和 MapReduce 很相像。MapReduce 是 Map 进行获取数据，Reduce 进行处理数据。而 Topology 则是使用 Spout 获取数据，Bolt 来进行计算。总的来说，就是一个 Topology 由一个或者多个的 Spout 和 Bolt 组成。其原理如图 1-10 所示。

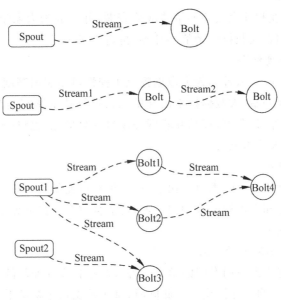

图 1-10　Storm 的数据流工作示意图

1.4.3　Storm 的特性

在流式计算方面，Spark 流计算与 Storm 相比，速度不及 Storm。Storm 可以达到毫秒级响应，而 Spark 只能达到秒级。但是 Spark 流计算更适合于计算较复杂的应用，特别是需要流数据与历史数据结合的计算。而 Storm 只能完成简单的计算，如广告点击率等。此外，Spark 的吞吐量要远高于 Storm。

Storm 的一些特性表现如下。

（1）适用场景广泛。Storm 可以实时处理消息和更新数据库，对一个数据量进行持续的查询并返回客户端(持续计算)，对一个耗资源的查询作实时并行化处理。

（2）可伸缩性高。这可以让 Storm 每秒可以处理的消息量达到很高。扩展一个实时计算任务，所需要做的就是加机器并且提高这个计算任务的并行度。Storm 使用 ZooKeeper 来协调集群内的各种配置，使得 Storm 的集群可以很容易地进行扩展。

（3）保证无数据丢失。实时系统必须保证所有的数据被成功处理。那些会丢失数据的系统的适用场景非常窄，而 Storm 保证每一条消息都会被处理。

（4）异常健壮。Storm 集群非常容易管理，轮流重启节点不影响应用。

（5）容错性好。在消息处理过程中出现异常，Storm 会进行重试。

（6）语言无关性。Storm 的 Topology 和消息处理组件可以用任何语言来定义。

1.5 大数据技术的发展趋势

1. 数据的资源化

大数据已成为企业和社会关注的重要战略资源,并已成为大家争相抢夺的新焦点。因此,企业必须要提前制订大数据营销战略计划,抢占市场先机。

2. 与云计算的深度结合

大数据离不开云计算,云计算为大数据提供了弹性可拓展的基础设备,是产生大数据的平台之一。自 2013 年开始,大数据技术已开始和云计算技术紧密结合,预计未来两者关系将更为密切。除此之外,物联网、移动互联网等新兴计算形态,也将一起助力大数据革命,让大数据营销发挥出更大的影响力。

3. 科学理论的突破

就像计算机和互联网一样,大数据快速发展,很有可能是新一轮的技术革命。随之兴起的数据挖掘、机器学习和人工智能等相关技术,可能会改变数据世界里的很多算法和基础理论,实现科学技术上的突破。

4. 数据科学和数据联盟的成立

未来,数据科学将成为一门专门的学科。各大高校将设立专门的数据科学类专业,也会催生一批与之相关的新的就业岗位。与此同时,基于数据这个基础平台,也将建立起跨领域的数据共享平台,之后数据共享将扩展到企业层面,并且成为未来产业的核心一环。

5. 数据泄露泛滥

未来几年数据泄露事件的增长率也许会达到 100%,除非数据在其源头就能够得到安全保障。可以说,在未来,每个财富 500 强企业都会面临数据攻击,无论他们是否已经做好安全防范。而所有企业,无论规模大小,都需要重新审视今天的安全定义。

6. 数据管理成为核心竞争力

数据管理成为核心竞争力,直接影响财务表现。当"数据资产是企业核心资产"的概念深入人心之后,企业对于数据管理便有了更清晰的界定,将数据管理作为企业核心竞争力,持续发展,战略性规划与运用数据资产,成为企业数据管理的核心。数据资产管理效率与主营业务收入增长率、销售收入增长率显著正相关;此外,对于具有互联网思维的企业而言,数据资产竞争力所占比重为 36.8%,数据资产的管理效果将直接影响企业的财务表现。

7. 数据质量是 BI(商业智能)成功的关键

采用自助式商业智能工具进行大数据处理的企业将会脱颖而出。其中要面临的一个挑战是很多数据源会带来大量低质量数据。想要成功,企业需要理解原始数据与数据分析之间的差距,从而消除低质量数据并通过 BI 获得更佳决策。

8. 数据生态系统复合化程度加强

大数据的世界不只是一个单一的、巨大的计算机网络,而是一个由大量活动构件与多元参与者元素所构成的生态系统,终端设备提供商、基础设施提供商、网络服务提供商、网络接入服务提供商、数据服务使能者、数据服务提供商、触点服务、数据服务零售商等一系列的参与者共同构建的生态系统。

1.6 Windows 10 下 Spark+ Hadoop+ Hive+ Pyspark 配置

Hadoop 和 Spark 等大数据环境，一般安装在 Linux 系统中。为了便于学习，可以在 Windows 系统中进行单机测试，也可以通过虚拟机配置伪分布式环境。在真实环境下，应该真正在多台 Linux 服务器上进行配置。

1. 准备工作
- 需要分别下载 JDK、Scala、Spark、Hadoop 和 Hive。
- JDK 的版本一定要是 1.8 的。
- 各个文件的安装路径中不能存在空格，所以 JDK 的安装千万不要默认路径。
- 安装 Spark 前一定要安装 Scala，否则运行 spark-shell 时会报错。
- 在 Windows 下安装 Hadoop，需要用到 Winutils 工具。
- 启动 Hive 前必须先启动 Hadoop，否则没法连接到 9000 端口。

2. 安装 Java 的 JDK

（1）使用版本：1.8 版本。

注意：安装路径不能存在空格，以下示例路径为 D:\ProgramFiles。

（2）配置 Java 环境变量。

设置变量名为 JAVA_HOME，变量值为 D:\ProgramFiles\Java\jdk1.8.0_202，然后到 PATH 中配置路径%JAVA_HOME\bin。

（3）测试：在命令行中测试 java-version。

3. 安装 Scala

（1）使用版本 scala-2.12.11。

（2）配置 Scala 环境变量：变量名为 SCALA_HOME，变量值为 D:\ProgramFiles\scala-2.12.11，然后到 PATH 中配置路径%SCALA_HOME\bin。

4. 安装 Spark

（1）使用版本：spark-2.4.5-bin-hadoop2.7.tgz。

（2）配置环境变量：变量名为 SPARK_HOME，变量值为 D:\ProgramFiles\spark-2.4.5-bin-hadoop2.7，然后到 PATH 中配置路径%SPARK_HOME\bin。

（3）测试：spark-shell。

5. 安装 Hadoop

（1）根据 Spark 和 Winutils 的版本来选择 Hadoop 版本号。根据 Spark 在官网下载时会提醒下载的 Hadoop 版本。去网络地址[https://github.com/steveloughran/winutils]选择需要安装的 Hadoop 版本，然后进入 bin 目录下，找到 winutils.exe 文件，下载文件到 hadoop\bin 下的文件夹，替换 hadoop 文件夹中的 bin 和 etc。

（2）配置环境变量：变量名为 HADOOP_HOME，变量值为 D:\ProgramFiles\hadoop-3.1.3，到 PATH 中配置路径%HADOOP_HOME\bin。

（3）启动 Hadoop，在 CMD 中先格式化 Hadoop：hadoop namenode-format。然后进入 hadoop-3.1.3 / sbin 中使用 start-all.cmd 启动 Hadoop 和 YARN。之后进入网页 http://

localhost:8088 进行测试。

6. 安装 Pyspark

（1）有几种安装方法：①进入 Spark 安装目录的 Python 文件夹，以管理员身份执行安装命令 python setup.py install；②在命令行执行安装命令 pip install pyspark；③进入 Pyspark 的 PyPI 的网站，下载后参照方法①安装。

（2）测试：在命令行中输入 python，import pyspark。

7. Hive 的安装

（1）安装 Hive。

（2）配置环境变量：变量名为 HIVE_HOME，变量值为 D:\ProgramFiles\hive-3.1.2，到 PATH 中配置路径%HIVE_HOME\bin。

（3）复制 MySQL 驱动 jar 包，到 $HIVE_HOME/lib 下。

（4）参数设置，修改 hive-site.xml 中的文件存放地址和数据库的连接。

（5）启动 Hive，使用 Hive 之前必须要先启动 Hadoop 和 HDFS，启动之后在 CMD 命令中输入 Hive 启动。

第 2 章

Hadoop 系统应用开发基础

本章从 Hadoop 系统的应用需求出发,分别阐述 Hadoop YARN、HDFS、MapReduce、HBase、Hadoop Streaming 和 Hive 的基本原理和应用基础,并基于 Python 语言,阐述了基本的应用程序设计方法。

2.1 Hadoop YARN 应用基础

YARN(yet another resource negotiator,另一种资源协调者)是一种新的 Hadoop 资源管理器,它是一个通用资源管理系统,可为上层应用提供统一的资源管理和调度,它的引入为集群在利用率、资源统一管理和数据共享等方面带来了巨大好处。

Hadoop2.0 对 MapReduce 框架做了彻底的设计重构,称 Hadoop2.0 中的 MapReduce 为 MRv2 或者 YARN。它的目标是将这两部分功能分开,也就是分别用两个进程来管理 ResourceManger 任务和 ApplicationMaster 任务。

2.1.1 YARN 的设计目标

需要注意的是,在 YARN 中把 Job 的概念换成了 Application,因为在新的 Hadoop2.x 中,运行的应用不只是 MapReduce,还有可能是其他应用,如一个 DAG(有向无环图 directed acyclic graph,例如 Storm 应用)。

YARN 的另一个目标就是拓展 Hadoop,使得它不仅仅可以支持 MapReduce 计算,还能很方便地管理诸如 Hive、HBase、Pig、Spark/Shark 等应用。这种新的架构设计能够使得各种类型的应用运行在 Hadoop 上面,并通过 YARN 从系统层面进行统一的管理,也就是说,有了 YARN,各种应用就可以互不干扰地运行在同一个 Hadoop 系统中,共享整个集群资源,如图 2-1 所示。

2.1.2 YARN 的组件及架构

YARN 主要由以下几个组件组成。
- ResourceManager:Global(全局)的进程;
- NodeManager:运行在每个节点上的进程;
- ApplicationMaster:Application-specific(应用级别)的进程。

YARN 的基本架构如图 2-2 所示。

1. Container

Container 是 YARN 框架的计算单元,是具体执行应用 Task(如 Map Task、Reduce

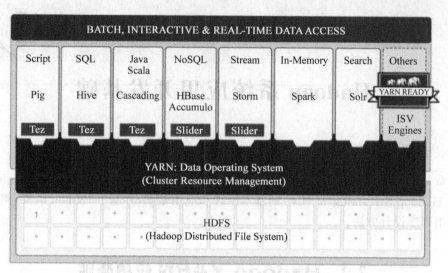

图 2-1　YARN 的设计目标

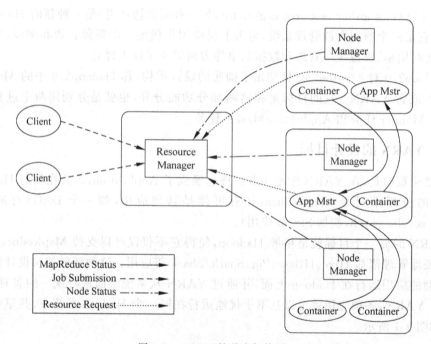

图 2-2　YARN 的基本架构图

Task)的基本单位。Container 和集群节点的关系是：一个节点会运行多个 Container，但一个 Container 不会跨节点。

一个 Container 就是一组分配的系统资源，现阶段只包含两种系统资源（之后可能会增加磁盘、网络等资源）：CPU 和内存。

既然一个 Container 指的是具体节点上的计算资源，这就意味着 Container 中含有计算资源的位置信息：计算资源位于哪个机架的哪台机器上。所以我们在请求某个 Container 时，其实是向某台机器发起的请求，请求的是这台机器上的 CPU 和内存资源。

任何一个 Job 或 Application 必须运行在一个或多个 Container 中，在 YARN 框架中，ResourceManager 只负责告诉 ApplicationMaster 哪些 Containers 可以用，ApplicationMaster 还需要去找 NodeManager 请求分配具体的 Container。

2. NodeManager

NodeManager 进程运行在集群中的节点上，每个节点都会有自己的 NodeManager。NodeManager 是一个 Slave 服务：它负责接收 ResourceManager 的资源分配请求，分配具体的 Container 给应用。同时，它还负责监控并报告 Container 使用信息给 ResourceManager。通过和 ResourceManager 配合，NodeManager 负责整个 Hadoop 集群中的资源分配工作。ResourceManager 是一个全局的进程，而 NodeManager 只是每个节点上的进程，管理这个节点上的资源分配和监控运行节点的健康状态。

下面是 NodeManager 的具体任务列表。

（1）接收 ResourceManager 的请求，分配 Container 给应用的某个任务。

（2）和 ResourceManager 交换信息以确保整个集群平稳运行。ResourceManager 通过收集每个 NodeManager 的报告信息来追踪整个集群健康状态的，而 NodeManager 负责监控自身的健康状态。

（3）管理每个 Container 的生命周期。

（4）管理每个节点上的日志。

（5）执行 YARN 上面应用的一些额外的服务，如 MapReduce 的 shuffle 过程。

当一个节点启动时，它会向 ResourceManager 进行注册并告知 ResourceManager 自己有多少资源可用。在运行期，通过 NodeManager 和 ResourceManager 协同工作，这些信息会不断被更新并保障整个集群发挥出最佳状态。

NodeManager 只负责管理自身的 Container，它并不知道运行在它上面应用的信息。负责管理应用信息的组件是 ApplicationMaster。

3. ResourceManager

ResourceManager 主要有两个组件：Scheduler 和 ApplicationManager。

Scheduler 是一个资源调度器，它主要负责协调集群中各个应用的资源分配，保障整个集群的运行效率。Scheduler 的角色是一个纯调度器，它只负责调度 Containers，不会关心应用程序监控及其运行状态等信息。同样，它也不能重启因应用失败或者硬件错误而运行失败的任务。

另一个组件 ApplicationManager 主要负责接收 Job 的提交请求，为应用分配第一个 Container 来运行 ApplicationMaster，还有就是负责监控 ApplicationMaster，在遇到失败时重启 ApplicationMaster 运行的 Container。

4. ApplicationMaster

ApplicationMaster 的主要作用是向 ResourceManager 申请资源，并和 NodeManager 协同工作来运行应用的各个任务，然后跟踪它们状态及监控各个任务的执行，遇到失败的任务还负责重启它。

在 MR1 中，JobTracker 既负责 Job 的监控，又负责系统资源的分配。而在 MR2 中，资源的调度分配由 ResourceManager 专门进行管理，每个 Job 或应用的管理、监控交由相应的分布在集群中的 ApplicationMaster，如果某个 ApplicationMaster 失败，ResourceManager

还可以重启它,这大幅提高了集群的拓展性。

2.1.3 YARN 的运行流程

整个执行过程可以总结为以下三步。

(1) 应用程序提交。

(2) 启动应用的 ApplicationMaster 实例。

(3) ApplicationMaster 实例管理应用程序的执行。

图 2-3 展示了应用程序的整个执行过程。

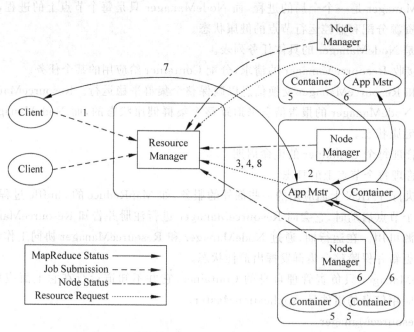

图 2-3 YARN 的执行流程

(1) 客户端程序向 ResourceManager 提交应用,并请求一个 ApplicationMaster 实例。

(2) ResourceManager 找到可以运行一个 Container 的 NodeManager,并在这个 Container 中启动 ApplicationMaster 实例。

(3) ApplicationMaster 向 ResourceManager 进行注册,注册之后客户端就可以查询 ResourceManager,获得自己 ApplicationMaster 的详细信息,以后就可以和自己的 ApplicationMaster 直接交互了。

(4) 在平常的操作过程中,ApplicationMaster 根据 resource-request 协议向 ResourceManager 发送 resource-request 请求。

(5) 当 Container 被成功分配之后,ApplicationMaster 通过向 NodeManager 发送 container-launch-specification 信息来启动 Container,container-launch-specification 信息包含了能够让 Container 和 ApplicationMaster 交流所需要的资料。

(6) 应用程序的代码在启动的 Container 中运行,并把运行的进度、状态等信息通过 application-specific 协议发送给 ApplicationMaster。

(7)在应用程序运行期间,提交应用的客户端主动和ApplicationMaster交流获得应用的运行状态、进度更新等信息,交流的协议也是application-specific协议。

(8)一旦应用程序执行完成,并且所有相关工作也已经完成,ApplicationMaster向ResourceManager取消注册然后关闭,用到的所有Container也归还给系统。

2.2 HDFS文件系统及其应用

分布式文件系统在物理结构上是由计算机集群中的多个节点构成的,如图2-4所示。这些节点分为两类：一类叫"主节点"(Master Node),或者称为"名称节点"(NameNode);另一类叫"从节点"(Slave Node),或者称为"数据节点"(DataNode)。

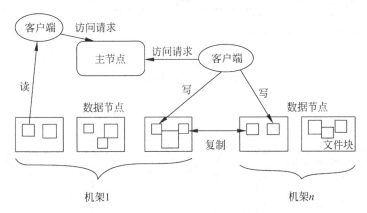

图 2-4 大规模文件系统的整体结构

HDFS要实现目标：兼容廉价的硬件设备、流数据读写、大数据集、简单的文件模型和强大的跨平台兼容性。

2.2.1 HDFS体系结构

HDFS采用了主从(Master/Slave)结构模型,一个HDFS集群包括一个名称节点(NameNode)和若干个数据节点(DataNode),如图2-5所示。名称节点作为中心服务器,负责管理文件系统的命名空间及客户端对文件的访问。集群中的数据节点一般是一个节点运行一个数据节点进程,负责处理文件系统客户端的读/写请求,在名称节点的统一调度下进行数据块的创建、删除和复制等操作。每个数据节点的数据实际上是保存在本地Linux文件系统中的。

1. 名称节点

在HDFS中,名称节点记录了每个文件中各个块所在的数据节点的位置信息,负责管理分布式文件系统的命名空间,保存了两个核心的数据结构,即FsImage和EditLog。FsImage用于维护文件系统树以及文件树中所有的文件和文件夹的元数据,操作日志文件EditLog中记录了所有针对文件的创建、删除、重命名等操作。名称节点的数据结构如图2-6所示。

数据节点是分布式文件系统HDFS的工作节点,负责数据的存储和读取,会根据客户

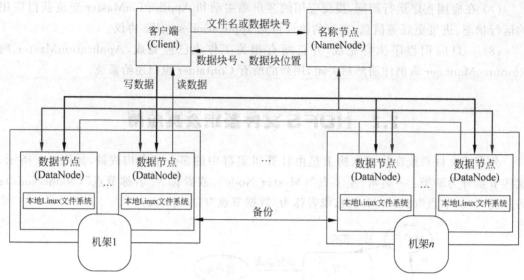

图 2-5　HDFS 体系结构

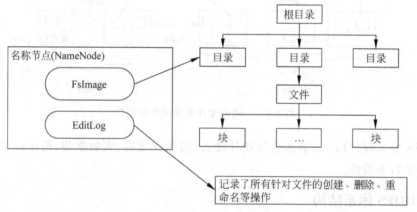

图 2-6　名称节点的数据结构

端或者是名称节点的调度来进行数据的存储和检索,并且向名称节点定期发送自己所存储的块的列表。每个数据节点中的数据会被保存在各自节点的本地 Linux 文件系统中。

2. 通信协议

HDFS 是一个部署在集群上的分布式文件系统,因此,很多数据需要通过网络进行传输。所有的 HDFS 通信协议都是构建在 TCP/IP 协议基础之上的。

客户端通过一个可配置的端口向名称节点主动发起 TCP 连接,并使用客户端协议与名称节点进行交互。名称节点和数据节点之间则使用数据节点协议进行交互。

客户端与数据节点的交互是通过 RPC(remote procedure call)来实现的。在设计上,名称节点不会主动发起 RPC,而是响应来自客户端和数据节点的 RPC 请求。

3. 客户端

客户端是用户操作 HDFS 最常用的方式,HDFS 在部署时都提供了客户端。HDFS 客户端是一个库,可以支持打开、读取、写入等常见操作,并且提供了类似 Shell 的命令行方式来访问 HDFS 中的数据。此外，HDFS 也提供了 Java API，作为应用程序访问文件系统的客户端编程接口。

2.2.2 HDFS 的存储原理

作为一个分布式文件系统，为了保证系统的容错性和可用性，HDFS 采用了多副本方式对数据进行冗余存储，通常一个数据块的多个副本会被分布到不同的数据节点上，如图 2-7 所示，数据块 1 被分别存放到数据节点 A 和 C 上，数据块 2 被存放在数据节点 A 和 B 上。这种多副本方式具有以下优点。

（1）加快数据传输速度。

（2）容易检查数据错误。

（3）保证数据可靠性。

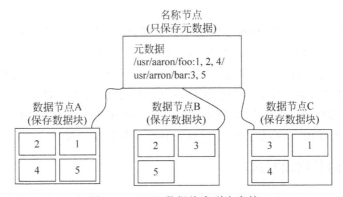

图 2-7　HDFS 数据块多副本存储

1. 数据存放

第一个副本：放置在上传文件的数据节点；如果是集群外提交，则随机挑选一台磁盘不太满、CPU 不太忙的节点。

第二个副本：放置在与第一个副本不同的机架的节点上。

第三个副本：与第一个副本相同机架的其他节点上。

更多副本：随机节点。

2. 数据读取

HDFS 提供了一个 API 可以确定一个数据节点所属的机架 ID，客户端也可以调用 API 获取自己所属的机架 ID。

当客户端读取数据时，从名称节点获得数据块不同副本的存放位置列表，列表中包含了副本所在的数据节点，可以调用 API 来确定客户端和这些数据节点所属的机架 ID，当发现某个数据块副本对应的机架 ID 和客户端对应的机架 ID 相同时，就优先选择该副本读取数据，如果没有发现，就随机选择一个副本读取数据。

3. 数据错误与恢复

HDFS 具有较高的容错性，可以兼容廉价的硬件，它把硬件出错看作一种常态，而不是异常，并设计了相应的机制检测数据错误和进行自动恢复，主要包括以下情形：名称节点出错、数据节点出错和数据出错。

（1）名称节点出错。名称节点保存了所有的元数据信息，其中最核心的两大数据结构是 FsImage 和 EditLog，如果这两个文件发生损坏，那么整个 HDFS 实例将失效。因此，HDFS 设置了备份机制，把这些核心文件同步复制到备份服务器 SecondaryNameNode 上。当名称节点出错时，就可以根据备份服务器中的 FsImage 和 EditLog 数据进行恢复。

（2）数据节点出错。每个数据节点会定期向名称节点发送"心跳"信息，向名称节点报告自己的状态。当数据节点发生故障，或者网络发生断网时，名称节点就无法收到来自一些数据节点的心跳信息，这时这些数据节点就会被标记为"宕机"，节点上面的所有数据都会被标记为"不可读"，名称节点不会再给它们发送任何 I/O 请求。这时，有可能出现一种情形，即由于一些数据节点的不可用，会导致一些数据块的副本数量小于冗余因子。名称节点会定期检查这种情况，一旦发现某个数据块的副本数量小于冗余因子，就会启动数据冗余复制，为它生成新的副本。HDFS 和其他分布式文件系统的最大区别就是可以调整冗余数据的位置。

（3）数据出错。网络传输和磁盘错误等因素都会造成数据错误。客户端在读取到数据后，会采用 md5 和 sha1 对数据块进行校验，以确定读取到正确的数据。在文件被创建时，客户端就会对每一个文件块进行信息摘录，并把这些信息写入同一个路径的隐藏文件里面。当客户端读取文件时，会先读取该信息文件，然后利用该信息文件对每个读取的数据块进行校验，如果校验出错，客户端就会请求到另外一个数据节点读取该文件块，并且向名称节点报告这个文件块有错误，名称节点会定期检查并重新复制这个块。

2.2.3 HDFS 的数据读写过程

FileSystem 是一个通用文件系统的抽象基类，可以被分布式文件系统继承，所有可能使用 Hadoop 文件系统的代码，都要使用这个类。Hadoop 为 FileSystem 这个抽象类提供了多种具体实现，比如 DistributedFileSystem。

FileSystem 的 open() 方法返回的是一个输入流 FSDataInputStream 对象。在 HDFS 文件系统中，具体的输入流是 DFSInputStream。

FileSystem 中的 create() 方法返回的是一个输出流 FSDataOutputStream 对象，在 HDFS 文件系统中，具体的输出流是 DFSOutputStream。

例如：

```
Configuration conf = new Configuration();
conf.set("fs.defaultFS","hdfs://localhost:9000");
conf.set("fs.hdfs.impl","org.apache.hadoop.hdfs.DistributedFileSystem");
FileSystem fs = FileSystem.get(conf);
FSDataInputStream in = fs.open(new Path(uri));
FSDataOutputStream out = fs.create(new Path(uri));
```

1. 读数据的过程

读数据的过程如图 2-8 所示。打开文件后，为了获取数据块信息，需要通过 ClientProtocal.getBlockLocations() 远程调用名称节点，获得文件开始部分数据块的位置。对于该数据块，名称节点返回保存该数据块的所有数据节点的地址，并根据距离客户端远近进行排序。

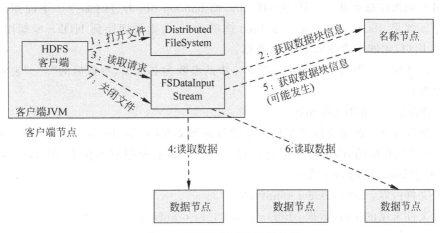

图 2-8　HDFS 的读取数据过程

2．写数据的过程

写数据的过程如图 2-9 所示。

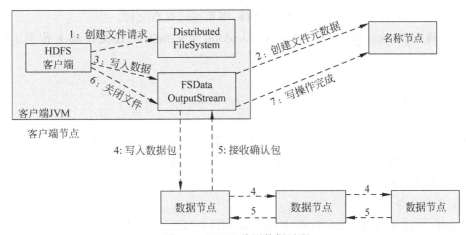

图 2-9　HDFS 的写数据过程

在写入数据包过程中，数据被分成一个个分包，分包被放入 DFSOutputStream 对象的内部队列，DFSOutputStream 向名称节点申请，保存数据块的若干数据节点。

这些数据节点形成一个数据流管道，队列中的分包最后被打包成数据包，发往数据流管道中的第一个数据节点。第一个数据节点将数据包发送到第二个节点，依此类推，形成"流水线复制"。

为了保证节点数据准确，接收到数据的数据节点要向发送者发送"确认包"，确认包沿着数据流管道逆流而上，经过各个节点最终到达客户端。客户端收到应答时，它将对应的分包从内部队列移除。

2.2.4　HDFS 的常用命令

HDFS 使用的是传统的分级文件体系，因此用户可以像使用普通文件系统一样，创建、删除目录和文件，在目录间转移文件，重命名文件等。

HDFS 的操作命令开头一律为 hdfs dfs，而 hadoop dfs 为过时命令。下面列出常用的部分命令。如果 dfs.permissions.enabled 选项为 true，则要切换到 HDFS 专属用户（默认为 HDFS 用户）才能正确访问 HDFS 数据。

下列表述中，[ ] 中的选项为可选项，< > 中的参数为必选项，参数后的"…"表示操作多个此类型参数。

（1）帮助命令：hdfs dfs-help

（2）查看命令。列出文件系统目录下的目录和文件：hdfs dfs-ls [-h] [-r] <path>
其中，#-h 以更友好的方式列出，主要针对文件大小显示成相应单位 K、M、G 等；#-r 递归列出，类似于 linux 中的 tree 命令。

查看文件内容：hdfs dfs-cat < hdfsfile >

查看文件末尾的 1KB 数据：hdfs dfs-tail [-f] < hdfsfile >

（3）创建命令。

新建目录：hdfs dfs-mkdir < path >

创建多级目录：hdfs dfs-mkdir-p < path >

上传本地文件到 hdfs：hdfs dfs-put [-f] < local src >…< hdfs dst >

#-f 如果 hdfs 上已经存在要上传的文件，则覆盖已存在文件。

例如，将 /usr/local/hadoop-3.1.3/etc/hadoop 下的所有配置文件都上传到 hdfs 的 /hadoop 目录：

hdfs dfs-mkdir /config

hdfs dfs-put /usr/local/hadoop-3.1.3/etc/hadoop /config

（4）删除命令。

删除文件或目录：hdfs dfs-rm [-r] [-f] [-skipTrash] < hdfs path >

其中，#-r 递归删除目录下的所有文件；#-f 为直接删除，不予提示；#-skipTrash 为彻底放入文件，不放入回收站。

（5）获取命令。

将 hdfs 文件下载到本地：hdfs dfs-get < hdfs path > < localpath >

例如，将 hdfs 的 /config 目录下载到本地的 /config 目录下：hdfs dfs-get /config /config

将 hdfs 文件合并起来下载到本地：hdfs hdfs-getmerge [-nl] < hdfs path > < localdst >

例如，将 hdfs 的 /config/hadoop 目录下的所有文件合并下载到本地的 config.txt 中：

hdfs dfs-getmerge /config/hadoop config.txt

（6）其他 hdfs 文件操作命令。

复制：hdfs dfs-cp [-r] < hdfs path > < hdfs path1 >

移动：hdfs dfs-mv < hdfs path > < hdfs path1 >

统计目录下的对象数：hdfs dfs-count < hdfs path >

统计目录下的对象大小：hdfs dfs-du [-s] [-h] < hdfs path >

修改 hdfs 文件权限：

- 修改所属组[-chgrp [-R] GROUP PATH…]
- 修改权限模式[-chmod [-R] < MODE[,MODE]… | OCTALMODE > PATH…]
- 修改所需组和所有者[-chown [-R] [OWNER][:[GROUP]] PATH…]

(7) hdfs 管理命令。

显示帮助：hdfs dfsadmin-help

显示 hdfs 的容量、数据块和数据节点的信息：hdfs dfsadmin-report

安全模式管理：安全模式是 hadoop 的一种保护机制，用于保证集群中的数据块的安全性。当 hdfs 进入安全模式时不允许客户端进行任何修改文件的操作，包括上传文件，删除文件，重命名，创建文件夹等操作。

当集群启动的时候，会首先进入安全模式。当系统处于安全模式时会检查数据块的完整性。假设我们设置的副本数（即参数 dfs.replication）是 5，那么在 datanode 上就应该有 5 个副本存在，假设只存在 3 个副本，那么比例就是 3/5=0.6。通过配置 dfs.safemode.threshold.pct 定义最小的副本率，默认为 0.999。

- 查看安全模式状态：hdfs dfsadmin-safemode get
- 强制进入安全模式：hdfs dfsadmin-safemode enter
- 强制离开安全模式：hdfs dfsadmin-safemode leave

2.3 MapReduce 计算模型及其应用

2.3.1 MapReduce 编程原理

MapReduce 由 Google 公司的设计师 Jeffery Dean 首先提出的抽象模型，也是一个软件架构。它将并行化、容错、数据分布、负载均衡的细节放在一个库中，主要思想是 Map 和 Reduce，简化了分布式系统编程，用于 TB 级大规模数据的并行计算，成为目前最流行的云计算编程模式，如图 2-10 所示。因此，InfoWord 将 MapReduce 评为 2009 年十大新兴技术的冠军。MapReduce 这种编程模式并不仅适用于云计算，在多核计算和并行处理上同样具有良好的性能。特别适合于非结构化和结构化的海量数据的搜索、挖掘、分析等机器学习领域，还能用于科学数据计算（如圆周率的计算等）。

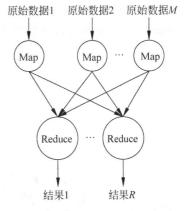

图 2-10 MapReduce 的概念描述

1. MapReduce1.x 的工作原理

MapReduce 采用"分而治之"的思想，把对大规模数据集的操作分发给一个主节点管理下的各个分节点共同完成，然后通过整合各个节点的中间结果来得到最终结果。简单地说，MapReduce 就是"任务的分解与结果的汇总"。

在 Hadoop1.x 中，用于执行 MapReduce 任务的机器角色有两个：JobTracker 和 TaskTracker。JobTracker 是用于调度工作的，TaskTracker 是用于执行工作的。一个 Hadoop 集群中只有一台 JobTracker。

在分布式计算中，MapReduce 框架负责处理了并行编程中分布式存储、工作调度、负载均衡、容错均衡、容错处理以及网络通信等复杂问题，把处理过程高度抽象为两个函数：Map 和 Reduce。Map 负责把任务分解成多个任务，Reduce 负责把分解后多任务处理的结果汇总起来。

在 Hadoop 中，每个 MapReduce 任务都被初始化为一个 Job，每个 Job 又可以分为两种阶段：Map 阶段和 Reduce 阶段。这两个阶段分别用两个函数表示，即 Map 函数和 Reduce 函数。Map 函数接收一个 <key,value> 形式的输入，然后同样产生一个 <key,value> 形式的中间输出，Hadoop 函数接收一个如 <key,(list of values)> 形式的输入，然后对这个 value 集合进行处理，每个 Reduce 产生 0 或 1 个输出，Reduce 的输出也是 <key,value> 形式的，如图 2-11 所示。

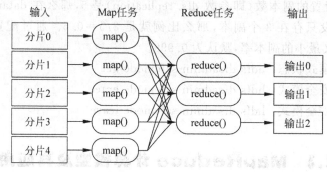

图 2-11　MapReduce 处理大数据集的过程

在此过程中，不同的 Map 任务之间不会进行通信，不同的 Reduce 任务之间也不会发生任何信息交换。用户不能显式地从一台机器向另一台机器发送消息。所有的数据交换都是通过 MapReduce 框架自身去实现的。

MapReduce 的执行过程如图 2-12 所示。

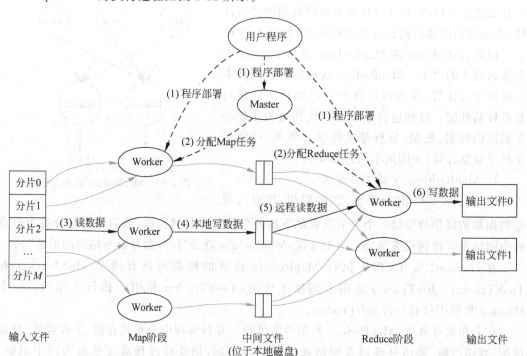

图 2-12　MapReduce 的执行流程

2. MapReduce2.x 工作原理

MapReduce2.x 的软件架构如图 2-13 所示。

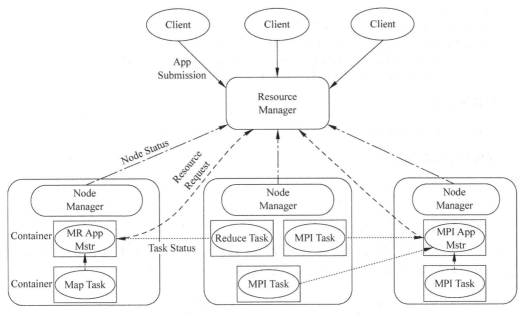

图 2-13　MapReduce2.x 的软件架构

新的 API 倾向于使用抽象类，而不是接口，因为这样更容易扩展。例如，可以添加一个方法（用默认的实现）到一个抽象类而不需修改类之前的实现方法。在新的 API 中，Mapper 和 Reducer 是抽象类。

新的 API 是在 org.apache.hadoop.mapreduce 包（和子包）中的。之前版本的 API 则是放在 org.apache.hadoop.mapred 中的。

新的 API 广泛使用 context object（上下文对象），并允许用户代码与 MapReduce 系统进行通信。例如，MapContext 基本上充当着 JobConf 的 OutputCollector 和 Reporter 的角色。

新的 API 同时支持"推"和"拉"式的迭代。在这两个新老 API 中，键/值记录对被推 Mapper 中，但除此之外，新的 API 允许把记录从 map()方法中拉出，这也适用于 Reducer。"拉"式的一个有用的例子是分批处理记录，而不是一个接一个。

新的 API 统一了配置。旧的 API 有一个特殊的 JobConf 对象用于作业配置，这是一个对于 Hadoop 通常的 Configuration 对象的扩展。在新的 API 中，这种区别没有了，所以作业配置通过 Configuration 来完成。作业控制的执行由 Job 类来负责，而不是 JobClient，它在新的 API 中已经荡然无存。

2.3.2　MapReduce 模型的应用

1. Hadoop 应用示例——WordCount 词频统计

Hadoop 系统提供了许多样例程序，形成可执行的 jar 包，如 hadoop-mapreduce-examples-3.1.3.jar。下面以输入 2 个文件 test1.txt 和 test2.txt 为例，阐述 Linux 环境下 jar 包的具体调用过程。

功能：统计一批文本文件中各单词出现的次数，输出写入指定的 output 目录。

操作步骤：

```
$ mkdir input
$ cd input
$ echo "hello world" > test1.txt
$ echo "hello hadoop" > test2.txt
$ hadoop dfs -copyFromLocal input in     //或者 hadoop dfs-put input in
$ hadoop jar hadoop-examples-1.2.1.jar wordcount in out
```

查看执行结果：

```
$ hadoop dfs -cat out/*
```

输出到本地系统查看：

```
$ hadoop dfs -get out output
$ cat output/*
```

2. MapReduce 的计算过程分析

给定一个巨大的文本（如 1TB），如何计算单词出现的数目？为了便于描述，下面以简短文字进行示例说明。图 2-14 是最终要得到的结果。

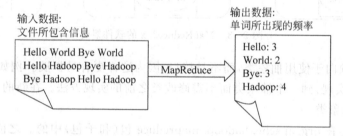

图 2-14 MapReduce 的单词统计示例需求

（1）自动对文本进行分割，如图 2-15 所示。

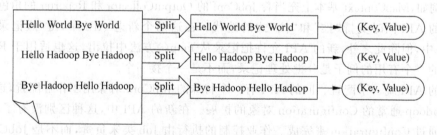

图 2-15 对输入文本进行分割处理

（2）在分割之后的每一对 <key,value> 进行用户定义的 Map 进行处理，再生成新的 <key,value> 对，如图 2-16 所示。

（3）对输出的结果排序和归并，如图 2-17 所示。

（4）通过 Reduce 操作，生成最后结果，如图 2-18 所示。

3. WordCount 源代码及其分析

核心函数 Map 和 Reduce 的功能算法描述如图 2-19 所示。

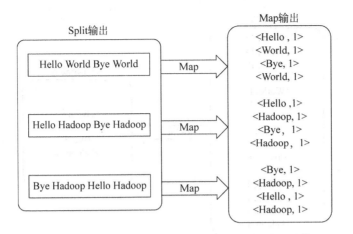

图 2-16　Map 运算过程

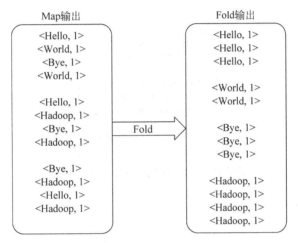

图 2-17　中间处理过程

该样例程序采用 Java 语言开发,具体内容如下。
(1) 定义 Map 和 Reduce 函数。

```
map(String input_key, String input_value):
  // input_key: document name
  // input_value: document contents
  for each word w in input_value:
    EmitIntermediate(w, "1");

reduce(String output_key, Iterator intermediate_values):
  // output_key: a word
  // output_values: a list of counts
  int result = 0;
  for each v in intermediate_values:
    result + = ParseInt(v);
```

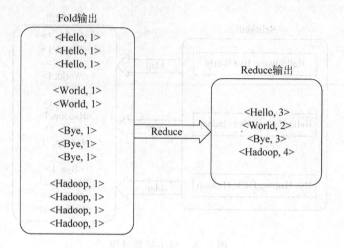

图 2-18　Reduce 运算过程

```
Map(K,V){
    For each word w in V
        Collect(w , 1);
}
Reduce(K,V[]){
    int count = 0;
    For each v in V
        count += v;
    Collect(K , count);
}
```

图 2-19　Map 和 Reduce 模块算法描述

```
Emit(AsString(result));
```

（2）引用类库。

```
import java.io.IOException;
import java.util.StringTokenizer;
import org.apache.hadoop.conf.Configuration;
import org.apache.hadoop.fs.Path;
import org.apache.hadoop.io.IntWritable;
import org.apache.hadoop.io.Text;
import org.apache.hadoop.mapred.InputFormat;
import org.apache.hadoop.mapred.JobConf;
import org.apache.hadoop.mapred.Partitioner;
import org.apache.hadoop.mapreduce.Job;
import org.apache.hadoop.mapreduce.Mapper;
import org.apache.hadoop.mapreduce.Reducer;
import org.apache.hadoop.mapreduce.lib.input.FileInputFormat;
import org.apache.hadoop.mapreduce.lib.output.FileOutputFormat;
import org.apache.hadoop.util.GenericOptionsParser;
```

（3）WordCount 类设计。

```
public class WordCount{
```

```java
    public static class TokenizerMapper
        extends Mapper<Object,Text,Text,IntWritable>{
            private final static IntWritable one = new IntWritable(1);
            private Text word = new Text();
            public void map(Object key, Text value, Context context
            ) throws IOException, InterruptedException {
                String line = value.toString();
                StringTokenizer itr = new StringTokenizer(line);
                while (itr.hasMoreTokens()){
                    word.set(itr.nextToken().toLowerCase());
                    context.write(word, one);
                }
            }
    }

    public static class IntSumReducer
        extends Reducer<Text,IntWritable,Text,IntWritable>{
            private IntWritable result = new IntWritable();
            public void reduce(Text key, Iterable<IntWritable> values, Context context
            ) throws IOException, InterruptedException {
                int sum = 0;
                for (IntWritable val : values){
                    sum += val.get();
                }
                result.set(sum);
                context.write(key, new IntWritable(sum));
            }
    }

    public static void main(String[] args) throws Exception{
        Configuration conf = new Configuration();
        String[] otherArgs = new GenericOptionsParser(conf, args).getRemainingArgs();
        if (otherArgs.length != 2){
            System.err.println("Usage: wordcount <in> <out>");
            System.exit(2);
        }
        Job job = new Job(conf, "word count");
        job.setJarByClass(WordCount.class);
        job.setMapperClass(TokenizerMapper.class);
        job.setCombinerClass(IntSumReducer.class);
        job.setReducerClass(IntSumReducer.class);
        job.setOutputKeyClass(Text.class);
        job.setOutputValueClass(IntWritable.class);
        FileInputFormat.addInputPath(job, new Path(otherArgs[0]));
        FileOutputFormat.setOutputPath(job, new Path(otherArgs[1]));
        System.exit(job.waitForCompletion(true) ? 0 : 1);
    }
}
```

2.4 HBase 大数据存储与访问

HBase 是一个分布式的、面向列的开源数据库,该技术来源于 Google 论文"Bigtable:一个结构化数据的分布式存储系统"。HBase 属于 NoSQL 数据库,适合于非结构化数据存储。

HBase 常被用来存放一些海量的(通常在 TB 级别以上)结构比较简单的数据,如历史订单记录、日志数据、监控 Metris 数据等,HBase 提供了简单的基于 Key 值的快速查询能力。

HBase 的主要特点如下。

(1) 强读写一致,但不是"最终一致性"的数据存储,非常适合高速的计算聚合。

(2) 自动分片。通过 Region 分散在集群中,当行数增长时,Region 也会自动地切分和再分配。

(3) 自动的故障转移。

(4) 与 Hadoop/HDFS 集成。

(5) 有丰富的"简洁,高效"API、Thrift/REST API、Java API。

(6) 通过块缓存、布隆过滤器可以高效的列查询优化。

(7) HBase 提供了内置的 Web 界面来操作,还可以监控 JMX 指标。

2.4.1 HBase 的体系结构

HBase 是由三种类型的服务器以主从模式构成的,分别是 RegionServer、HMaster 和 Zookeeper。其中,RegionServer 负责数据的读写服务,用户通过沟通 RegionServer 来实现对数据的访问。HMaster 负责 Region 的分配及数据库的创建和删除等操作。Zookeeper 作为 HDFS 的一部分,负责维护集群的状态(某台服务器是否在线、服务器之间数据的同步操作及 Master 的选举等),如图 2-20 所示。

HMaster 是 Master Server 的实现,负责监控集群中的 RegionServer 实例,同时是所有 metadata 改变的接口,在集群中通常运行在 NameNode 上面。

HRegionServer 是 RegionServer 的实现,服务和管理 Regions,集群中 RegionServer 运行在 DataNode。Hadoop DataNode 负责存储所有 RegionServer 所管理的数据。

Regions 代表 table,每个 Region 有多个 Store(列簇),每个 Store 有一个 Memstore 和多个 StoreFiles(HFiles),StoreFiles 的底层是 Block。

2.4.2 Region 的分区与列族

在 HBase 中,表的所有行都是按照 RowKey 的字典序排列的,表在行的方向上分割为多个分区(Region)。

每张表一开始只有一个 Region,但是随着数据的插入,HBase 会根据一定的规则将表进行水平拆分,形成两个 Region。当表中的行越来越多时,就会产生越来越多的 Region,而这些 Region 无法存储到一台机器上时,则可将其分布存储到多台机器上。

Master 主服务器把不同的 Region 分配到不同的 Region 服务器上,同一个行键的 Region 不会被拆分到多个 Region 服务器上。每个 Region 服务器负责管理一个 Region,通常在每个 Region 服务器上会放置 10~1000 个 Region,HBase 中 Region 的物理存储如

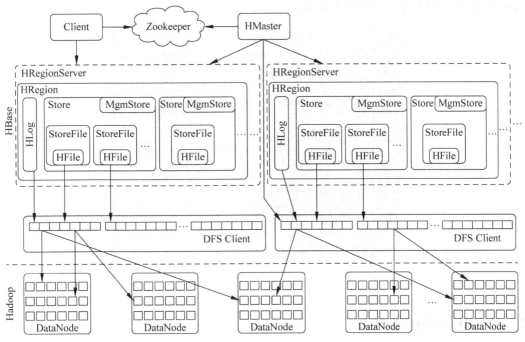

图 2-20　HBase 的体系结构

图 2-21 所示。

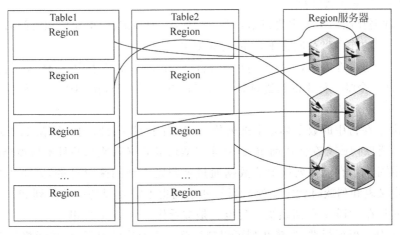

图 2-21　Region 的物理存储示意图

客户端在插入、删除、查询数据时需要知道哪个 Region 服务器上存储所需的数据，这个查找 Region 的过程称为 Region 定位。

HBase 中的每个 Region 由三个要素组成，包括 Region 所属的表、第一行和最后一行。其中，第一个 Region 没有首行，最后一个 Region 没有末行。每个 Region 都有一个 RegionID 来标识它的唯一性，Region 标识符就可以表示成"表名＋开始行键＋RegionID"。

另外，如果将 Region 看成是一个表的横向切割，那么一个 Region 中的数据列的纵向切割，称为一个列族，如图 2-22 所示。每一个列都必须归属于一个列族，这个归属关系是在写数据时指定的,而不是建表时预先定义。

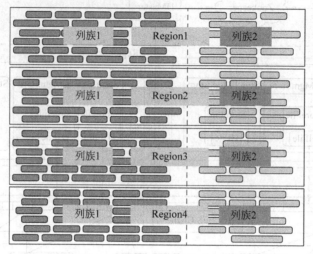

图 2-22　HBase 的列族示意图

2.4.3　HBase 的数据模型

HBase 是一种结构松散、分布式、多维度有序映射的持久化存储系统,HBase 索引的依据是行键、列键和时间戳。HBase 可以被看作键值存储数据库、面向列族的数据库。

1. HBase 数据存储模型

HBase 数据存储结构中主要包括：表、行、列族、列限定符、单元格和时间戳。

（1）表：表的作用将存储在 HBase 的数据组织起来。

（2）行：行包含在表中,数据以行的形式存储在 HBase 的表中。HBase 的表中的每一行数据都会被一个唯一标识的行键标识。行键没有数据类型,在 HBase 存储系统中行键总是被看作一个 byte 数组。

（3）列族：在行中的数据都是根据列族分组,由于列族会影响存储在 HBase 中的数据的物理布置,所以列族会在使用前定义（在定义表时就定义列族）,并且不易被修改。

（4）列限定符：存储在列族中的数据通过列限定符或列来寻址的,列不需要提前定义（不需要在定义表和列族时就定义列）,列与列之间也不需要保持一致。列和行键一样没有数据类型,并且在 HBase 存储系统中列也总是被看作一个 byte 数组。

（5）单元格：根据行键、列族和列可以映射到一个对应的单元格,单元格是 HBase 存储数据的具体地址。在单元格中存储具体数据都是以 byte 数组的形式存储的,也没有具体的数据类型。

（6）时间戳：时间戳是给定值的一个版本号标识,每一个值都会对应一个时间戳,时间戳是和每一个值同时写入 HBase 存储系统中的。在默认情况下,时间戳表示数据服务在写入数据时的时间,但可以在将数据放入单元格时指定不同的时间戳值。

2. HBase 数据模型示例

HBase 中存储的数据的表组织结构如图 2-23 所示。

在图 2-23 中,表由两个列族（Personal 和 Office）组成,每个列族都有两列。包含数据的

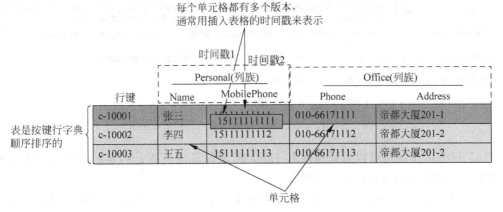

图 2-23　HBase 的表组织结构示意图

实体称为单元格，行根据行键进行排序。

为了更好地理解 HBase 中的多维数据存储模型，从图 2-23 的表中摘出一条数据，将它在 HBase 的表中的存储转化成图 2-24 所示的形式。

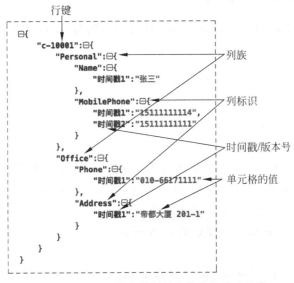

图 2-24　HBase 的表数据的多维存储形式示意

如果将 HBase 表中的数据理解成键值对存储的形式，那么也可以用图 2-25 所示的形式来理解存储在 HBase 表中的数据。

总结 HBase 表的设计要点如下。

（1）行键是 HBase 表结构设计中最重要的一件事情，行键决定了应用程序如何与 HBase 表进行交互。如果没设计好行键还会影响从 HBase 中读出数据的性能。

（2）HBase 的表结构很灵活，而且不关心数据类型，可以以 byte 数组的形式存储任何数据。

（3）存储在相同的列族中的数据具有相同的特性（易于理解）。

（4）HBase 主要是通过行键来建立索引。

（5）HBase 不支持多行事务，所以尽量在一次 API 请求操作中获取到结果。

图 2-25　HBase 的表数据的键值对存储形式示意

（6）HBase 中的键可以通过提取其 Hash 值来保证键长度是固定的和均匀分布，但是这样做会牺牲键的数据排序和可读性。

（7）列限定符和列族名字的长度都会影响 I/O 的读写性能和发送给客户端的数据量，所以给它们命名时应该尽量简短。

2.5　基于 Hadoop Streaming 的应用编程技术

2.5.1　Hadoop Streaming 说明

用户可以使用 Hadoop Streaming 来以任意语言编写、运行 MR 作业。下面是一个官方示例：

```
$HADOOP_HOME/bin/hadoop  jar $HADOOP_HOME/hadoop-streaming.jar \
    -input myInputDirs \
    -output myOutputDir \
    -mapper /bin/cat \
    -reducer /bin/wc
```

上例中的 mapper 和 reducer 都是可执行的文件，他们从标准输入 stdin 中按行读取输入，然后将输出发送到标准输出 stdout 中。随后 Hadoop Streaming 会创建一个 MR 作业，提交该任务到集群并持续监控，直到任务完成。

Hadoop Streaming 的运行流程如图 2-26 所示。

1. mapper

当一个可执行包被指定为 mapper 时，每个 mapper 任务在初始化时会以单独进程的方式来执行该程序包。在 mapper 任务运行后会把自己的 input 转化为多行，然后喂给前面说的进程的 stdin。同时，mapper 会从该进程的 stdout 中搜集面向行的 output 并将每一行转化为<key,value>的键值对，将他们作为该 mapper 的输出。

默认情况下，一行数据从开始到第一个制表符（\t）前视作 key，其余部分（不包括制表符）作为 value。也就是说如果一行中没有制表符，那么 key 就是整行，value 为 null。

2. reducer

当一个可执行包被指定为 reducer 时，每个 reducer 任务在初始化时会以单独进程的方式来执行该程序包。在 reducer 任务运行时，会把自己的<key,value>形式的 input 转化为多行，然后转给进程的 stdin。同时，reducer 会从该进程的 stdout 中搜集面向行的 output，并将每一行转化为<key,value>的键值对，将他们作为该 reducer 的输出。

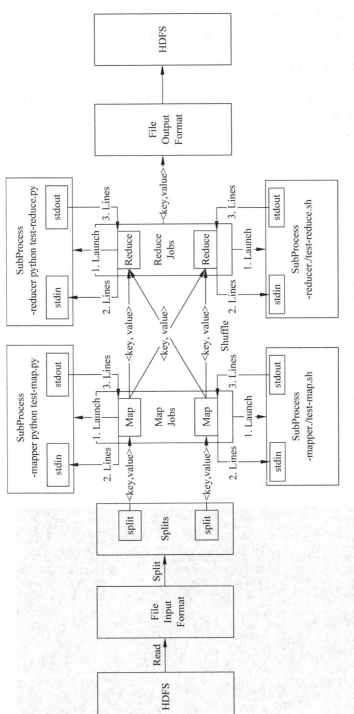

图 2-26 Hadoop Streaming 的运行流程

3. Hadoop Streaming 的不足

Hadoop Streaming 默认只能处理文本数据，无法直接对二进制数据进行处理。同时，Streaming 中的 mapper 和 reducer 默认只能从 stdin 和 stdout 输入/输出。此外，因为有中间转换过程，相对于原生的 java mr 来说会有一定的性能开销。

2.5.2 Hadoop Streaming 应用入门

参照官网例子，执行如下的 Map 和 Reduce 代码，能够获得相应的运行结果。

1. map.py 的代码

```python
import sys
for line in sys.stdin:
    words=line.strip().split('')
    for word in words:
        print('\t'.join([word.strip(),"1"]))
```

2. reduce.py 的代码

```python
import sys
cur_word=None
sum=0
for line in sys.stdin:
    word,cnt=line.strip().split('\t')
    if cur_word= = None:
        cur_word= word
    if cur_word!= word:
        print('\t'.join([cur_word,str(sum)]))
        cur_word= word
        sum= 0
    sum+ = int(cnt)
print('\t'.join([cur_word,str(sum)]))
```

其分步的运行结果如图 2-27 所示。

图 2-27　Hadoop Streaming 的 Python 运行示例

2.6 Linux 系统下 Hadoop 集群部署

本实验内容主要如下。

(1) 通过虚拟机 VMware 安装配置 Linux,建立 Linux 操作系统的基本操作能力。

(2) 通过多台 Linux 系统配置 Apache Hadoop 系统,形成 Hadoop 集群配置能力。

(3) 通过 Hadoop 集群测试培养 Hadoop 系统的基本应用能力,并探索 MapReduce 的软件架构。

2.6.1 分布式集群配置思路

常见 Hadoop 集群结构如图 2-28 所示。在相同机架的节点间的带宽总和,要大于不同机架间的节点间的带宽总和。

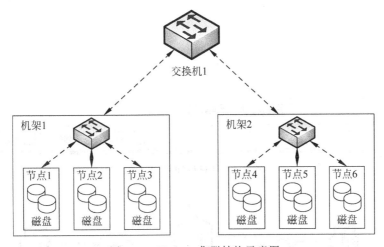

图 2-28 Hadoop 集群结构示意图

在单机上配置时,先安装虚拟机,其设置如图 2-29 所示。

在虚拟机网络配置方面,网卡的设置方法如图 2-30 所示。

下面要安装 Linux 系统,构建伪分布 Linux 集群。然后安装 Hadoop 系统,并进行测试。

2.6.2 Linux 系统基础配置

实验环境如下。

(1) CentOS Linux7.*,Hadoop3.2.1,jdk-8u201-linux-x64.tar。

(2) 集群数量:2(一主二从,即主机名一个为 master,计算节点是 slave1)。

以下步骤在两个 Linux 环境中分别执行,区别只在于主机名和 IP 地址不同。

1. 安装 Linux

通过镜像安装比较简单,需注意保留口令。在软件安装前,注意不要选择"最小安装",尽量选择工作站模式,从而有窗口操作环境和丰富的软件选择。

图 2-29 虚拟器的基本配置

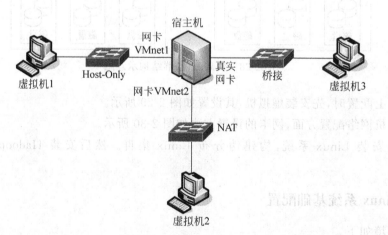

图 2-30 虚拟机的网卡设置

2. 编辑主机名

Linux 的终端界面如图 2-31 所示。

(1) 进入 root 权限。

(2) 编辑主机名。

[root@ master ~]#gedit /etc/hostname

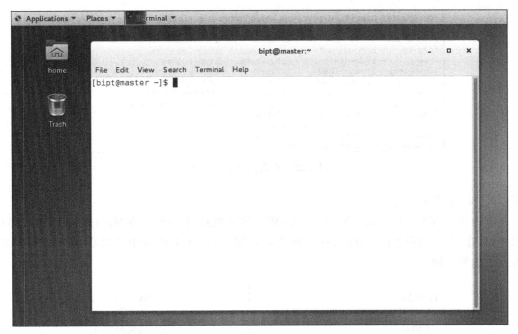

图 2-31　Linux 的终端界面

将原内容替换为 master，然后保存并退出。

（3）临时设置主机名为 master。

[root@ master ~]#hostname master

（4）执行 bash 命令，让上一步操作生效。

[root@ master ~]#bash

（5）检测主机名是否修改成功。

[root@ master ~]#hostname
master

3．关闭防火墙

（1）查看防火墙状态。

[root@ master ~]#systemctl status firewalld.service

（2）在终端中执行以下命令。

说明：两条命令分别是临时关闭防火墙和禁止开机启动防火墙。

[root@ master ~]#systemctl stop firewalld.service
[root@ master ~]#systemctl disable firewalld.service

4．网络配置

（1）进入/etc/sysconfig/network-scripts 目录，查看该目录有没有形如 ifcfg-×××的文件（图 2-32 假设显示文件为 ifcfg-ens33）。

（2）在 VMware 里，依次单击"编辑"—"虚拟网络编辑器"，显示有桥接模式和 NAT 模

```
[root@master bipt]# cd /etc/sysconfig/network-scripts
[root@master network-scripts]# ls
ifcfg-ens33    ifdown-ppp      ifup-ib       ifup-Team
ifcfg-lo       ifdown-routes   ifup-ippp     ifup-TeamPort
ifdown         ifdown-sit      ifup-ipv6     ifup-tunnel
ifdown-bnep    ifdown-Team     ifup-isdn     ifup-wireless
ifdown-eth     ifdown-TeamPort ifup-plip     init.ipv6-global
ifdown-ib      ifdown-tunnel   ifup-plusb    network-functions
ifdown-ippp    ifup            ifup-post     network-functions-ipv6
ifdown-ipv6    ifup-aliases    ifup-ppp
ifdown-isdn    ifup-bnep       ifup-routes
ifdown-post    ifup-eth        ifup-sit
[root@master network-scripts]#
```

图 2-32 查看网络脚本文件

式，如图 2-33 所示。

下面基于 VMnet8，选择 NAT 模式，则集群主机地址必须与 VMnet8 主机（192.168.44.1）是在同一个网段中。由此，只要宿主机能够上网，则虚拟机中的集群主机通过 NAT 方式也能够上网。

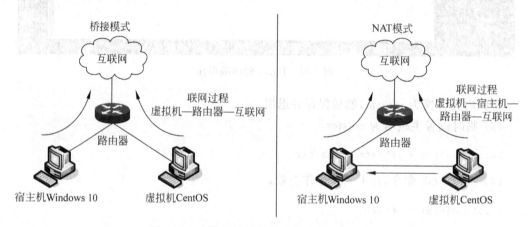

图 2-33 虚拟机的网络桥接模式和 NAT 模式

（3）以 root 权限编辑文件 /etc/sysconfig/network-scripts/ifcfg-ens33。

执行命令：

gedit   /etc/sysconfig/network-scripts/ifcfg-ens33

配置网络信息：

TYPE= Ethernet
BOOTPROTO= static   # 必须设置静态配置 IP
DEFROUTE= yes
IPV4_FAILURE_FATAL= no
IPV6INIT= yes
IPV6_AUTOCONF= yes
IPV6_DEFROUTE= yes
IPV6_FAILURE_FATAL= no
NAME= eno16777736
UUID= 4f40dedc-031b-4b72-ad4d-ef4721947439
DEVICE= eno16777736

```
ONBOOT= yes                        # 必须改为 yes,表示网卡设备自动启动
PEERDNS= yes
PEERROUTES= yes
IPV6_PEERDNS= yes
IPV6_PEERROUTES= yes
IPV6_PRIVACY= no
# 以下内容为增加部分
GATEWAY= 192.168.44.2              # 这里的网关地址就是第二步获取到的那个网关地址
IPADDR= 192.168.44.100             # 配置 master 的 IP 地址,要区别于宿主机的 IP 地址
NETMASK= 255.255.255.0             # 子网掩码
DNS1= 210.31.32.8                  # DNS 服务器 1
DNS2= 210.31.32.4                  # DNS 服务器 2
```

(4) 重启网卡服务,执行命令:

```
service network restart
```

(5) 检测网络配置结果,执行命令:

```
ifconfig
```

结果如图 2-34 所示。注意检查网络配置是否成功。

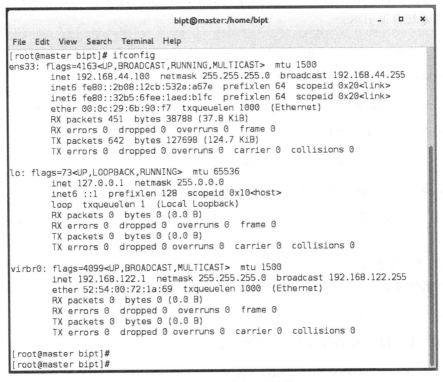

图 2-34　查看网络配置结果

5. 配置集群主机列表

输入命令:

gedit /etc/hosts(如果指令不成功,就重启虚拟机)

将下列信息覆写到文件中：

192.168.44.100 master
192.168.44.101 slave1

注意：自己在做配置时，需要将这两个 IP 地址改为你的 master 和 slave1 对应的 IP 地址。

以上是 master 的配置方式。slave1 和 slave2 的配置方式，重复网络配置步骤(1)~(5)就可以。注意主机名和 IP 地址的改写。

6. 检验是否配置成功

输入命令在 master 上输入：

```
ping slave1 -c 3
```

看看能否 ping 通，同理在 slave1 上 ping master，互相 ping 通视为成功。否则，重复步骤 1~6。

7. 安装 JDK

在三台节点分别操作此步骤，Hadoop3.0 要求 JDK1.8 以上。

（1）删除系统自带的 JDK（如若出现下图效果，说明系统自带 Java，需要先卸载）。

查看系统自带 JDK：

```
[bipt@ master ~ ]$rpm -qa | grep java
```

（2）切换导 root 用户，移除系统自带的 JDK。

```
[root@ masterbipt]#yum remove java-1.*
```

（3）创建存放 JDK 文件目录。

```
[root@ masterbipt]#mkdir /usr/java
```

（4）将/home/bipt/tgz 下的 JDK 压缩包解压到/usr/java 目录下。

```
[root@ masterbipt]#tar -xzvf /home/bipt/tools/jdk-8u201-linux-x64.tar.gz -C /usr/java
```

8. 配置环境变量

（1）执行命令：

```
gedit /etc/profile
```

在文件中添加 JDK 路径(jdk1.8.0_201)：

```
export JAVA_HOME=/usr/java/jdk1.8.0_201/
export PATH=$JAVA_HOME/bin:$PATH
```

保存后退出。

（2）使环境变量生效：

```
[root@ masterbipt]#source /etc/profile
```

(3) 查看 Java 是否配置成功：

java -version

如果出现图 2-35，则表示安装成功。

```
[root@master bipt]# java -version
java version "1.8.0_201"
Java(TM) SE Runtime Environment (build 1.8.0_201-b09)
Java HotSpot(TM) 64-Bit Server VM (build 25.201-b09, mixed mode)
[root@master bipt]#
```

图 2-35　Java 安装成功效果

9. 免密钥登录配置

以下内容必须切换到用户名 bipt 下操作，不是 root 权限。

1) 主机 master 操作

首先是生成密钥：

ssh-keygen -t rsa

按 Enter 键即可。

接着，复制公钥文件：

cat ~/.ssh/id_rsa.pub >> ~/.ssh/authorized_keys

继续，修改 authorized_keys 文件的权限，表示"只有属主有读写权限"：

cd .ssh
chmod 600 authorized_keys

最后，将 authorized_keys 文件复制到 slave1 上，命令如下：

scp authorized_keysbipt@ slave1:~ /　（@ 前是虚拟机的用户名，后面是要传的主机名）

如果提示输入 yes/no 时，输入 yes，按 Enter 键。密码是用户密码。

2) 主机 slave1 操作

首先是生成密钥：

ssh-keygen -t rsa

将 authorized_keys 文件移动到 .ssh 目录：

mv authorized_keys ~/.ssh/

修改 authorized_keys 文件的权限，命令如下：

cd ~/.ssh
chmod 600 authorized_keys

10. 验证免密钥登录

在 master 主机上执行命令：

ssh slave1

如果不需要输入密码就能登录，即表示成功。

2.6.3 Hadoop 平台配置

本节主要内容如下。
- 修改配置文件：core-site.xml，hdfs-site.xml，mapred-site.xml。
- 初始化文件系统 hadoop namenode -format。
- 启动所有进程 start-all.sh。
- 访问 Web 界面，查看 Hadoop 信息。
- 运行实例。

执行以下命令进行解压：

tar -zxvf hadoop-3.2.1.tar.gz (tar 格式)

在 hadoop-3.2.1 目录下创建 tmp 目录，作为临时存储路径；在 hadoop-3.2.1 目录下创建 data 目录，作为数据存储路径；在 data 目录下分别创建 namenode 和 datanode 目录。

hadoop 的配置文件都在 hadoop-3.2.1/etc/hadoop 的路径下，需配置的文件如下。
- hadoop-env.sh。
- yarn-env.sh。
- workers。
- core-site.xml。
- hdfs-site.xml。
- mapred-site.xml。
- yarn-site.xml。

配置时，注意将下面配置文件中需添加的信息中的蓝色字体改为和自己的路径相符的路径，并必须加在 < configuration >...</ configuration >内。

在目录[hadoop@master ~]$ 中，具体配置命令如下。

1. 配置 hadoop-env.sh 文件

gedit hadoop-3.2.1/etc/hadoop/hadoop-env.sh

在打开的文件中添加 JDK 路径：

export JAVA_HOME=/usr/java/jdk1.8.0_201/

2. 配置 yarn-env.sh 文件

gedit hadoop-3.2.1/etc/hadoop/yarn-env.sh

打开文件后，添加 JDK 路径：

export JAVA_HOME=/usr/java/jdk1.8.0_201/

3. 配置 workers 文件

gedit hadoop-3.2.1/etc/hadoop/workers

这里跟以前的 slaves 配置文件类似，写上所有的 slave 节点的主机名：

slave1

slave2

4. 配置 core-site.xml 文件

gedit hadoop-3.2.1/etc/hadoop/core-site.xml

打开后在<configuration>...</configuration>内加入下列信息：

```
<property>
    <name>hadoop.tmp.dir</name>
    <value>/home/bipt/hadoop-3.2.1/tmp</value>
</property>
<property>
    <name>fs.defaultFS</name>
    <value>hdfs://master:9000</value>
</property>
```

5. 配置 hdfs-site.xml 文件

```
<!-- 这个参数设置为1,因为是单机版Hadoop -->
<property>
    <name>dfs.replication</name>
    <value>1</value>
</property>
<property>
    <name>dfs.permissions</name>
    <value>false</value>
</property>
<property>
    <name>dfs.namenode.name.dir</name>
    <value>/home/bipt/hadoop-3.2.1/data/namenode</value>
</property>
<property>
    <name>dfs.datanode.data.dir</name>
    <value>/home/bipt/hadoop-3.2.1/data/datanode</value>
</property>
<property>
    <name>fs.checkpoint.dir</name>
    <value>/home/bipt/hadoop-3.2.1/data/snn</value>
</property>
<property>
    <name>fs.checkpoint.edits.dir</name>
    <value>/home/bipt/hadoop-3.2.1/data/snn</value>
</property>
```

6. 创建和配置 mapred-site.xml 文件

gedit hadoop-3.2.1/etc/hadoop/mapred-site.xml

打开后在<configuration>...</configuration>内加入下列信息：

```
<property>
    <name>mapreduce.framework.name</name>
    <value>yarn</value>
```

</property>

注意：如果没有加入下面这句，Hadoop 运行时会出现找不到 classpath 的错误。

Container exited with a non-zero exit code 1. Error file: prelaunch.err.

所以，一定要增加：

```
<property>
    <name>mapreduce.application.classpath</name>
    <value>/home/bipt/hadoop-3.2.1/share/hadoop/mapreduce/*,
/home/bipt/hadoop-3.2.1/share/hadoop/mapreduce/lib/*</value>
</property>
```

此外，一定需要增加下列内容：

```
<property>
  <name>yarn.app.mapreduce.am.env</name>
  <value>HADOOP_MAPRED_HOME=$HADOOP_HOME</value>
</property>
<property>
  <name>mapreduce.map.env</name>
  <value>HADOOP_MAPRED_HOME=$HADOOP_HOME</value>
</property>
<property>
  <name>mapreduce.reduce.env</name>
  <value>HADOOP_MAPRED_HOME=$HADOOP_HOME</value>
</property>
```

7. 配置 yarn-site.xml 文件

gedit hadoop-3.2.1/etc/hadoop/yarn-site.xml

打开后在 <configuration>...</configuration> 内加入下列信息：

```
<property>
    <name>yarn.nodemanager.aux-services</name>
    <value>mapreduce_shuffle</value>
</property>
<property>
    <name>yarn.nodemanager.vmem-check-enabled</name>
    <value>false</value>
</property>
<property>
    <name>yarn.resourcemanager.address</name>
    <value>master:8032</value>
</property>
<property>
    <name>yarn.resourcemanager.scheduler.address</name>
    <value>master:8030</value>
</property>
<property>
    <name>yarn.resourcemanager.resource-tracker.address</name>
```

```
    <value>master:8031</value>
</property>
```

8. 进入 root 权限并复制环境变量

将 master 节点上的环境变量复制到所有的 slave 节点上。执行复制/etc/hosts 命令：

```
scp /etc/hosts slave1:/etc/
```

9. 进入 root 权限并添加环境变量

对所有主机都要添加，包括 master、slave1：

下面以 master 为例。进入 root 权限后，在根目录（[root@master /]#）下执行：

```
gedit /etc/profile
```

在打开的文件中添加如下路径（一定要做）：

```
# Hadoop Environment Available
export HADOOP_HOME=/home/bipt/hadoop-3.2.1
export PATH=$HADOOP_HOME/sbin:$PATH
export PATH=$HADOOP_HOME/bin:$PATH
export HADOOP_MAPRED_HOME=$HADOOP_HOME
export HADOOP_YARN_HOME=$HADOOP_HOME
export HADOOP_COMMON_HOME=$HADOOP_HOME
export HADOOP_HDFS_HOME=$HADOOP_HOME
export YARN_HOME=$HADOOP_HOME
export HADOOP_CONF_DIR=$HADOOP_HOME/etc/hadoop
export YARN_CONF_DIR=$HADOOP_HOME/etc/hadoop
```

保存后，使之立即生效：

```
source /etc/profile
```

10. 切换到用户权限并复制文件

将 master 节点上配置好的 Hadoop 文件夹复制到所有的 slave 节点上。
复制/hadoop-3.2.1：

```
scp -r hadoop-3.2.1 slave1:~ /
```

11. 切换到用户权限并启动 Hadoop

注意：这一步仅在 master 上执行。

（1）格式化 HDFS 文件系统的 namenode。

```
cd hadoop-3.2.1    //进入 hadoop-3.2.1 目录
```

进入后执行格式化命令：

```
bin/hdfs namenode-format
```

（2）启动 Hadoop 集群。

启动集群命令如下：

```
sbin/start-all.sh
```

或者，使用下面的代替命令：

```
sbin/start-dfs.sh
sbin/start-yarn.sh
```

（3）执行 jps 命令，检查启动结果。在 master 主机上，如果会出现类似图 2-36 界面的 4 个进程，表示该主机启动成功：

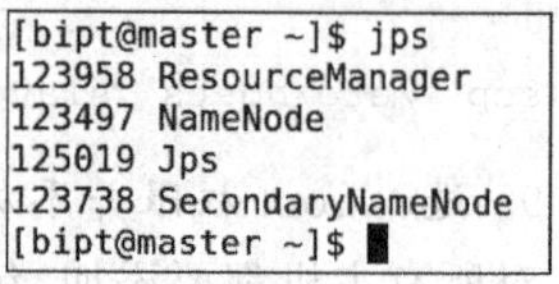

ResourceManager, Jps, SecondaryNameNode, NameNode

```
[bipt@master ~]$ jps
123958 ResourceManager
123497 NameNode
125019 Jps
123738 SecondaryNameNode
[bipt@master ~]$
```

图 2-36　执行 jps 命令后的进程列表显示

在 slave1 主机上，如果会出现以下 3 个进程，表示 slave1 启动成功：

Jps, NodeManager, DataNode

如果都成功了，才表示启动成功。否则，需要重新检查配置信息。

注意：集群启动后，在关机之前一定要先关闭集群。关闭集群的命令如下：

```
sbin/stop-all.sh
```

或者，使用下面的代替命令：

```
sbin/stop-dfs.sh
sbin/stop-yarn.sh
```

打开页面 http://master:9870 和 http://master:8088，如图 2-37 和图 2-38 所示。

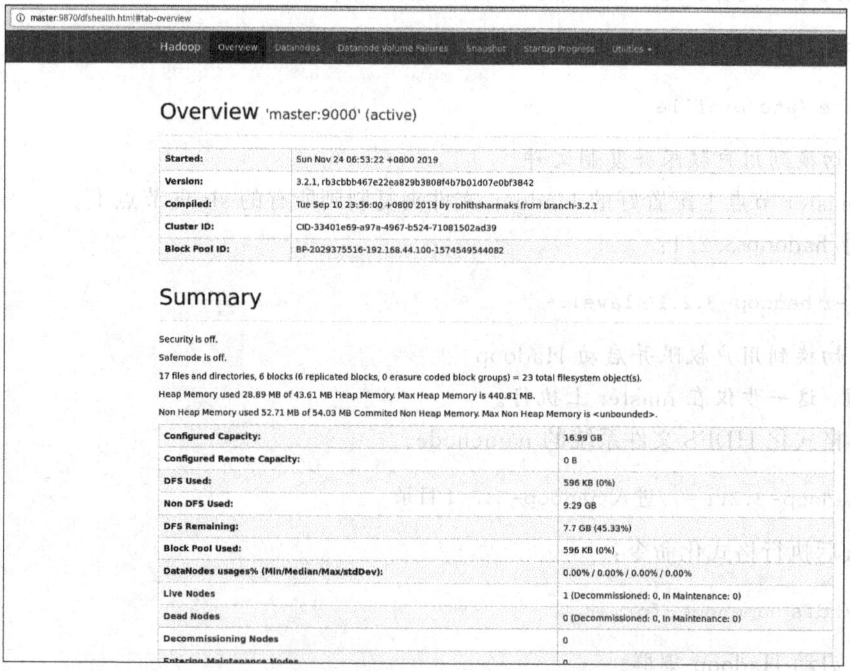

图 2-37　浏览 http://master:9870 页面内容

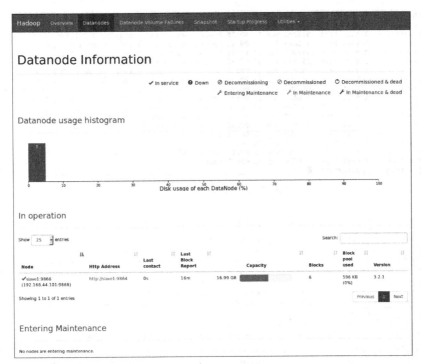

图 2-38　浏览 http://master:8088 的页面内容

2.7　Hadoop 集群实例测试

2.7.1　实例说明

Hadoop3.2.1 的实例名称是：hadoop-mapreduce-examples-3.2.1.jar，位于以下文件夹中：

~/hadoop-3.2.1/share/hadoop/mapreduce/

该实例包括了许多应用功能，如 PI 的估算、WordCount 功能等。执行下列命令：

cd hadoop3.2.1
cd share/hadoop/mapreduce

结果如图 2-39 所示。

2.7.2　PI 实例的运行

启动 Hadoop 集群成功后执行以下命令：

hadoop jar hadoop-mapreduce-examples-3.2.1.jar pi 10 50

执行 Hadoop 的 PI 计算样例程序过程如图 2-40 所示，成功运行计算后会显示如图 2-41 所示。

```
[bipt@master mapreduce]$ ls -l
total 5576
-rw-r--r--. 1 bipt bipt  613301 Sep 11 00:36 hadoop-mapreduce-client-app-3.2.1.jar
-rw-r--r--. 1 bipt bipt  805845 Sep 11 00:36 hadoop-mapreduce-client-common-3.2.1.jar
-rw-r--r--. 1 bipt bipt 1657002 Sep 11 00:36 hadoop-mapreduce-client-core-3.2.1.jar
-rw-r--r--. 1 bipt bipt  215919 Sep 11 00:36 hadoop-mapreduce-client-hs-3.2.1.jar
-rw-r--r--. 1 bipt bipt   45619 Sep 11 00:36 hadoop-mapreduce-client-hs-plugins-3.2.1.jar
-rw-r--r--. 1 bipt bipt   85900 Sep 11 00:36 hadoop-mapreduce-client-jobclient-3.2.1.jar
-rw-r--r--. 1 bipt bipt 1660369 Sep 11 00:36 hadoop-mapreduce-client-jobclient-3.2.1-tests.jar
-rw-r--r--. 1 bipt bipt  126430 Sep 11 00:36 hadoop-mapreduce-client-nativetask-3.2.1.jar
-rw-r--r--. 1 bipt bipt   97738 Sep 11 00:36 hadoop-mapreduce-client-shuffle-3.2.1.jar
-rw-r--r--. 1 bipt bipt   57934 Sep 11 00:36 hadoop-mapreduce-client-uploader-3.2.1.jar
-rw-r--r--. 1 bipt bipt  316534 Sep 11 00:36 hadoop-mapreduce-examples-3.2.1.jar
drwxr-xr-x. 2 bipt bipt    4096 Sep 11 00:51 jdiff
drwxr-xr-x. 2 bipt bipt      57 Sep 11 00:51 lib
drwxr-xr-x. 2 bipt bipt      30 Sep 11 00:51 lib-examples
drwxr-xr-x. 2 bipt bipt    4096 Sep 11 00:51 sources
[bipt@master mapreduce]$ 
```

图 2-39　Hadoop3.2.1 实例

```
[bipt@master ~]$ hadoop jar hadoop-mapreduce-examples-3.2.1.jar pi 10 50
Number of Maps  = 10
Samples per Map = 50
2019-11-24 06:55:47,935 INFO sasl.SaslDataTransferClient: SASL encryption trust check: localHostTrusted = false, remoteHostTrusted = false
Wrote input for Map #0
2019-11-24 06:55:48,087 INFO sasl.SaslDataTransferClient: SASL encryption trust check: localHostTrusted = false, remoteHostTrusted = false
Wrote input for Map #1
2019-11-24 06:55:48,603 INFO sasl.SaslDataTransferClient: SASL encryption trust check: localHostTrusted = false, remoteHostTrusted = false
Wrote input for Map #2
2019-11-24 06:55:48,654 INFO sasl.SaslDataTransferClient: SASL encryption trust check: localHostTrusted = false, remoteHostTrusted = false
Wrote input for Map #3
2019-11-24 06:55:48,722 INFO sasl.SaslDataTransferClient: SASL encryption trust check: localHostTrusted = false, remoteHostTrusted = false
Wrote input for Map #4
2019-11-24 06:55:48,806 INFO sasl.SaslDataTransferClient: SASL encryption trust check: localHostTrusted = false, remoteHostTrusted = false
Wrote input for Map #5
2019-11-24 06:55:48,907 INFO sasl.SaslDataTransferClient: SASL encryption trust check: localHostTrusted = false, remoteHostTrusted = false
Wrote input for Map #6
2019-11-24 06:55:49,000 INFO sasl.SaslDataTransferClient: SASL encryption trust check: localHostTrusted = false, remoteHostTrusted = false
Wrote input for Map #7
2019-11-24 06:55:49,111 INFO sasl.SaslDataTransferClient: SASL encryption trust check: localHostTrusted = false, remoteHostTrusted = false
Wrote input for Map #8
2019-11-24 06:55:49,187 INFO sasl.SaslDataTransferClient: SASL encryption trust check: localHostTrusted = false, remoteHostTrusted = false
Wrote input for Map #9
Starting Job
2019-11-24 06:55:49,514 INFO client.RMProxy: Connecting to ResourceManager at master/192.168.44.100:8032
2019-11-24 06:55:50,264 INFO mapreduce.JobResourceUploader: Disabling Erasure Coding for path: /tmp/hadoop-yarn/staging/bipt/.staging/job_1574549619367_0002
2019-11-24 06:55:50,363 INFO sasl.SaslDataTransferClient: SASL encryption trust check: localHostTrusted = false, remoteHostTrusted = false
2019-11-24 06:55:50,524 INFO input.FileInputFormat: Total input files to process : 10
2019-11-24 06:55:50,573 INFO sasl.SaslDataTransferClient: SASL encryption trust check: localHostTrusted = false, remoteHostTrusted = false
2019-11-24 06:55:50,679 INFO sasl.SaslDataTransferClient: SASL encryption trust check: localHostTrusted = false, remoteHostTrusted = false
2019-11-24 06:55:51,098 INFO mapreduce.JobSubmitter: number of splits:10
2019-11-24 06:55:51,392 INFO sasl.SaslDataTransferClient: SASL encryption trust check: localHostTrusted = false, remoteHostTrusted = false
2019-11-24 06:55:51,477 INFO mapreduce.JobSubmitter: Submitting tokens for job: job_1574549619367_0002
2019-11-24 06:55:51,477 INFO mapreduce.JobSubmitter: Executing with tokens: []
2019-11-24 06:55:51,766 INFO conf.Configuration: resource-types.xml not found
2019-11-24 06:55:51,767 INFO resource.ResourceUtils: Unable to find 'resource-types.xml'.
2019-11-24 06:55:51,885 INFO impl.YarnClientImpl: Submitted application application_1574549619367_0002
2019-11-24 06:55:51,979 INFO mapreduce.Job: The url to track the job: http://master:8088/proxy/application_1574549619367_0002/
```

图 2-40　执行 Hadoop 的 PI 计算样例程序过程

```
                HDFS: Number of bytes read erasure-coded=0
        Job Counters
                Launched map tasks=10
                Launched reduce tasks=1
                Data-local map tasks=10
                Total time spent by all maps in occupied slots (ms)=166191
                Total time spent by all reduces in occupied slots (ms)=17113
                Total time spent by all map tasks (ms)=166191
                Total time spent by all reduce tasks (ms)=17113
                Total vcore-milliseconds taken by all map tasks=166191
                Total vcore-milliseconds taken by all reduce tasks=17113
                Total megabyte-milliseconds taken by all map tasks=170179584
                Total megabyte-milliseconds taken by all reduce tasks=17523712
        Map-Reduce Framework
                Map input records=10
                Map output records=20
                Map output bytes=180
                Map output materialized bytes=280
                Input split bytes=1430
                Combine input records=0
                Combine output records=0
                Reduce input groups=2
                Reduce shuffle bytes=280
                Reduce input records=20
                Reduce output records=0
                Spilled Records=40
                Shuffled Maps =10
                Failed Shuffles=0
                Merged Map outputs=10
                GC time elapsed (ms)=2152
                CPU time spent (ms)=5230
                Physical memory (bytes) snapshot=2101633024
                Virtual memory (bytes) snapshot=30045659136
                Total committed heap usage (bytes)=1383833600
                Peak Map Physical memory (bytes)=208826368
                Peak Map Virtual memory (bytes)=2735603712
                Peak Reduce Physical memory (bytes)=106790912
                Peak Reduce Virtual memory (bytes)=2738507776
        Shuffle Errors
                BAD_ID=0
                CONNECTION=0
                IO_ERROR=0
                WRONG_LENGTH=0
                WRONG_MAP=0
                WRONG_REDUCE=0
        File Input Format Counters
                Bytes Read=1180
        File Output Format Counters
                Bytes Written=97
Job Finished in 54.186 seconds
2019-11-24 06:56:43,620 INFO sasl.SaslDataTransferClient: SASL encryption trust check: localHostTrusted = false, remoteHostTrusted = false
Estimated value of Pi is 3.16000000000000000000
```

图 2-41　执行 Hadoop 的 PI 计算结果

可见，PI的估算值为3.160。如果增大参数，则能提高估算精度。

实验要求：选择不同的MapReduce模块，如8～16，进行参数计算，在表2-1中记录不同的计算时间和计算结果，然后构造出5～9个点，画出表格和图形。

表2-1　参数计算结果记录

序号	MapReduce	计算时间/秒	计算结果
1			
2			
3			
…			

2.7.3　WordCount实例的运行

打开终端，创建文件夹files。命令如下：

```
mkdir ~/files
```

然后输入命令ll来查看是否创建成功(看列表内是否有files文件夹，如图2-42所示)。

```
[bipt@master ~]$ ll
total 575792
drwxr-xr-x.  2 bipt bipt         6 Nov 20 01:30 Desktop
drwxr-xr-x.  3 bipt bipt        75 Nov 24 03:42 Documents
drwxr-xr-x.  2 bipt bipt         6 Nov 20 01:30 Downloads
drwxrwxr-x.  2 bipt bipt         6 Nov 24 07:25 files
drwxr-xr-x. 12 bipt bipt       184 Nov 24 05:35 hadoop-3.2.1
-rwxrwxrwx.  1 bipt bipt 359196911 Oct 31 17:37 hadoop-3.2.1.tar.gz
-rw-r--r--.  1 bipt bipt    316534 Sep 11 00:36 hadoop-mapreduce-examples-3.2.1.jar
drwxr-xr-x.  2 bipt bipt         6 Nov 20 01:30 Music
drwxrwxr-x.  2 bipt bipt         6 Nov 20 01:30 perl5
drwxr-xr-x.  2 bipt bipt         6 Nov 20 01:30 Pictures
drwxr-xr-x.  2 bipt bipt         6 Nov 20 01:30 Public
-rwxrwxrwx.  1 bipt bipt 230091034 Oct 31 17:39 spark-2.4.4-bin-hadoop2.7.tgz
drwxr-xr-x.  2 bipt bipt         6 Nov 20 01:30 Templates
drwxr-xr-x.  2 bipt bipt         6 Nov 20 01:30 Videos
[bipt@master ~]$
```

图2-42　文件列表显示

文件夹创建成功后，进入该文件夹，并创建3个txt文件。命令如下：

```
cd files
echo "Hello World"> file1.txt
echo "Hello BIPT"> file2.txt
echo "Hello Hadoop Spark"> file3.txt
```

创建后检查是否创建成功，如图2-43所示。

```
[bipt@master files]$ more file1.txt
Hello World
[bipt@master files]$ more file2.txt
Hello BIPT
[bipt@master files]$ more file3.txt
Hello Spark
[bipt@master files]$ ll
total 12
-rw-rw-r--. 1 bipt bipt 12 Nov 24 07:28 file1.txt
-rw-rw-r--. 1 bipt bipt 11 Nov 24 07:27 file2.txt
-rw-rw-r--. 1 bipt bipt 12 Nov 24 07:28 file3.txt
[bipt@master files]$
```

图2-43　检查是否创建成功

创建成功后在 HDFS 上创建输入文件夹（后面的 input 为文件夹名称，命名其他也可以）：

```
hadoop fs-mkdir input
```

上传本地 file 中的文件到集群的 input 目录下：

```
hadoop fs-put ~/files/file*.txt input
```

上传后查看是否上传成功：

```
hadoopfs-ls input
```

结果如图 2-44 所示。

图 2-44　文件上传效果

如果上传成功，继续运行 WordCount 实例：

```
hadoop jar hadoop-mapreduce-examples-3.2.1.jar wordcount input output
```

命令说明：

- hadoop jar 为执行 jar 命令。
- hadoop-mapreduce-examples-3.2.1.jar 为 WordCount 实例所在的 jar 包。
- wordcount 为实例的主类名。
- input output 为输入/输出文件夹。

MapReduce 的词频统计应用过程如图 2-45 所示。执行成功后，会有如图 2-46 所示的输出。

图 2-45　MapReduce 的词频统计应用过程

```
                              bipt@master:~
File  Edit  View  Search  Terminal  Help
                Map input records=3
                Map output records=6
                Map output bytes=59
                Map output materialized bytes=89
                Input split bytes=327
                Combine input records=6
                Combine output records=6
                Reduce input groups=4
                Reduce shuffle bytes=89
                Reduce input records=6
                Reduce output records=4
                Spilled Records=12
                Shuffled Maps =3
                Failed Shuffles=0
                Merged Map outputs=3
                GC time elapsed (ms)=429
                CPU time spent (ms)=2100
                Physical memory (bytes) snapshot=721715200
                Virtual memory (bytes) snapshot=10930987008
                Total committed heap usage (bytes)=436482048
                Peak Map Physical memory (bytes)=206856192
                Peak Map Virtual memory (bytes)=2732036096
                Peak Reduce Physical memory (bytes)=106426368
                Peak Reduce Virtual memory (bytes)=2739073024
        Shuffle Errors
                BAD_ID=0
                CONNECTION=0
                IO_ERROR=0
                WRONG_LENGTH=0
                WRONG_MAP=0
                WRONG_REDUCE=0
        File Input Format Counters
                Bytes Read=35
        File Output Format Counters
                Bytes Written=31
[bipt@master ~]$
```

图 2-46 MapReduce 的词频统计结果

然后查看结果。

（1）查看 HDFS 上 output 目录内容，如图 2-47 所示。

```
[bipt@master ~]$ hadoop fs -ls output
Found 2 items
-rw-r--r--   1 bipt supergroup          0 2019-11-24 07:34 output/_SUCCESS
-rw-r--r--   1 bipt supergroup         31 2019-11-24 07:34 output/part-r-00000
[bipt@master ~]$
```

图 2-47 HDFS 上 output 目录结果

从中可知生成了两个文件，计算结果放在 part-r-00000 文件中。

（2）查看输出文件内容，如图 2-48 所示。

hadoop fs -cat output/part-r-00000

```
[bipt@master ~]$ hadoop fs -cat output/part-r-00000
2019-11-24 07:38:26,512 INFO sasl.SaslDataTransferClient
e, remoteHostTrusted = false
BIPT    1
Hello   3
Spark   1
World   1
[bipt@master ~]$
```

图 2-48 词频统计最终结果

如图 2-48 所示，表示 WordCount 实例运行成功，并统计了单词的出现次数。

第 3 章

Spark 应用开发基础

3.1 Spark 的 Python 编程环境设置

Apache Spark 是 Scala 语言实现的一个计算框架。为了支持 Python 语言使用 Spark，Apache Spark 社区开发了一个工具 PySpark。利用 PySpark 中的 Py4j 库，可以通过 Python 语言操作 RDDs。

PySpark 提供了 PySpark Shell，它是一个结合了 Python API 和 Spark Core 的工具，同时能够初始化 Spark 环境。目前，由于 Python 具有丰富的扩展库，大量的数据科学家和数据分析从业人员都在使用 Python。因此，PySpark 将 Spark 支持 Python 是对两者的一次共同促进。

Spark 可以独立安装使用，也可以和 Hadoop 一起安装使用。在安装 Spark 之前，首先确保安装了 Java 8 或者更高的版本，并安装配置好 Scala。

1. Spark 安装

访问 Spark 官网 http://spark.apache.org/，并选择最新版本的 Spark 直接下载。截止到 2020 年 9 月 11 日，Spark 的最新版本是 3.0.1。下面以版本 2.4.5 为例，描述 Windows 10 下的环境配置过程。

（1）将 spark-2.4.5-bin-hadoop2.7 解压缩到文件夹 D:\ProgramFiles 中。

（2）配置环境变量，见表 3-1。

表 3-1 大数据平台的环境变量设置

变量名	变量值
JAVA_HOME	D:\ProgramFiles\Java\jdk1.8.0_202
HADOOP_HOME	D:\ProgramFiles\hadoop-3.1.3
HIVE_HOME	D:\ProgramFiles\hive-3.1.2
SCALA_HOME	D:\ProgramFiles\scala-2.12.11
SPARK_HOME	D:\ProgramFiles\spark-2.4.5-bin-hadoop2.7
PYSPARK_DRIVER_PYTHON	ipython
PYSPARK_DRIVER_PYTHON_OPTS	notebook

（3）配置 PATH 路径，例如：

PATH=％JAVA_HOME％\bin;％JAVA_HOME％\jre\bin;％HADOOP_HOME％\bin;％HADOOP_HOME％\sbin;％HIVE_HOME％\bin;％SCALA_

HOME%\bin;%SPARK_HOME%\bin

配置完成后,在 shell 中输入 spark-shell 或者 pyspark 就可以进入 Spark 的交互式编程环境中,前者是进入 Scala 交互式环境,后者是进入 Python 交互式环境,如图 3-1 所示。

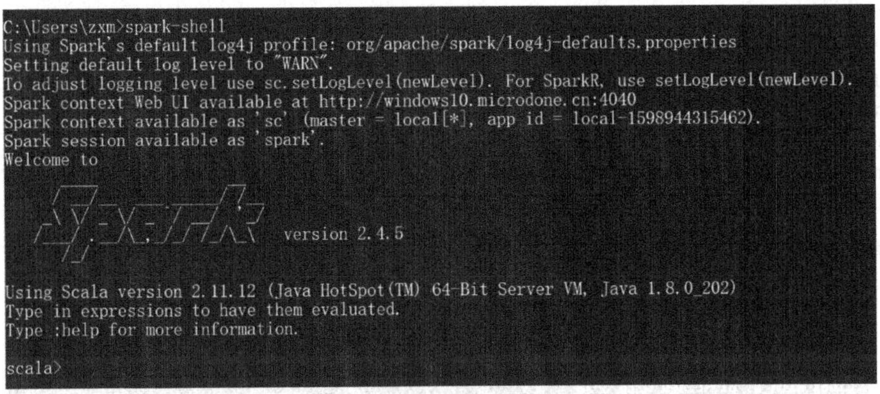

```
C:\Users\zxm>spark-shell
Using Spark's default log4j profile: org/apache/spark/log4j-defaults.properties
Setting default log level to "WARN".
To adjust logging level use sc.setLogLevel(newLevel). For SparkR, use setLogLevel(newLevel).
Spark context Web UI available at http://windows10.microdone.cn:4040
Spark context available as 'sc' (master = local[*], app id = local-1598944315462).
Spark session available as 'spark'.
Welcome to

     ____              __
    / __/__  ___ _____/ /__
   _\ \/ _ \/ _ `/ __/  '_/
  /___/ .__/\_,_/_/ /_/\_\   version 2.4.5
     /_/

Using Scala version 2.11.12 (Java HotSpot(TM) 64-Bit Server VM, Java 1.8.0_202)
Type in expressions to have them evaluated.
Type :help for more information.

scala>
```

图 3-1 Spark 的安装测试

2. 配置 Python 编程环境

介绍两种编程环境:Jupyter 和 Visual Studio Code。前者便于进行交互式编程,后者便于集成式开发。

1) PySpark in Jupyter Notebook

方法一:配置 PySpark 启动器的 2 个环境变量。

```
PYSPARK_DRIVER_PYTHON= jupyter
PYSPARK_DRIVER_PYTHON_OPTS= notebook
```

方法二:使用 findSpark 包,在代码中提供 Spark 上下文环境。该方法具有通用性,值得推荐。首先安装 findspark。

```
pip install findspark
```

然后打开一个 Jupyter notebook。在进行 Spark 编程时,先导入 findspark 包,示例如图 3-2 所示。

```
1  # 导入 findspark 并初始化
2  import findspark
3  findspark.init()
4  from pyspark import SparkConf, SparkContext
5  import random # 配置
6  conf = SparkConf().setMaster("local[*]").setAppName("Pi") # 利用上下文启动
7  sc = SparkContext(conf=conf)
8  num_samples = 100000000
9  def inside(p):
10     x, y = random.random(), random.random()
11     return x*x + y*y < 1
12 count = sc.parallelize(range(0, num_samples)).filter(inside).count()
13 pi = 4 * count / num_samples
14 print(pi)
15 sc.stop()
```

3.14168196

图 3-2 基于 findspark 包的 Spark 计算 pi 值

2) PySpark in VScode

在 VScode 上使用 Spark，不需要使用 findspark 包，可以直接进行编程。

```
from pyspark import SparkContext, SparkConf
conf = SparkConf().setMaster("local[*]").setAppName("test")
sc = SparkContext(conf=conf)
logFile = "d:/ProgramFiles/spark-2.4.5-bin-hadoop2.7/README.md"
logData = sc.textFile(logFile, 2).cache()
numAs = logData.filter(lambda line: 'a'in line).count()
numBs = logData.filter(lambda line: 'b' in line).count()
print("Lines with a: {0}, Lines with b:{1}".format(numAs, numBs))
```

运行结果如图 3-3 所示。

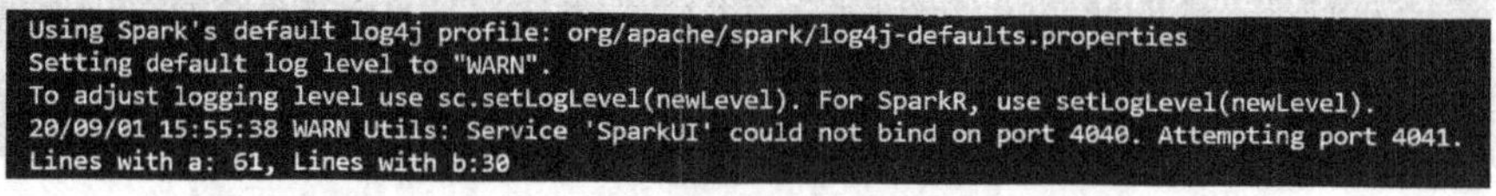

```
Using Spark's default log4j profile: org/apache/spark/log4j-defaults.properties
Setting default log level to "WARN".
To adjust logging level use sc.setLogLevel(newLevel). For SparkR, use setLogLevel(newLevel).
20/09/01 15:55:38 WARN Utils: Service 'SparkUI' could not bind on port 4040. Attempting port 4041.
Lines with a: 61, Lines with b:30
```

图 3-3 在 VSCode 环境中运行 Spark 程序示例

3. SparkSession 介绍

SparkSession 是 Spark2.0 引入的新概念。SparkSession 为用户提供了统一的切入点，来让用户学习 Spark 的各项功能。

在 Spark 的早期版本中，SparkContext 是 Spark 的主要切入点，由于 RDD 是主要的 API，通过 SparkContext 来创建和操作 RDD。对于每个其他的 API，就需要使用不同的 Context。例如，对于 Streming，使用 StreamingContext；对于 SQL，使用 SQLContext；对于 Hive，使用 HiveContext。但是随着 DataSet 和 DataFrame 的 API 逐渐成为标准的 API，就需要为它们建立接入点。所以在 Spark2.0 中，引入 SparkSession 作为 DataSet 和 DataFrame API 的切入点，SparkSession 封装了 SparkConf、SparkContext 和 SQLContext。为了向后兼容，SQLContext 和 HiveContext 也被保存下来。

SparkSession 实质上是 SQLContext 和 HiveContext 的组合（未来可能还会加上 StreamingContext），所以在 SQLContext 和 HiveContext 上可用的 API 在 SparkSession 上同样是可以使用的。SparkSession 内部封装了 SparkContext，所以计算实际上是由 SparkContext 完成的。

在 PySpark 中，SparkContext 使用 Py4J 来启动一个 JVM 并创建一个 JavaSparkContext。默认情况下，PySpark 已经创建了一个名为 sc 的 SparkContext，并且在一个 JVM 进程中可以创建多个 SparkContext，但是只能有一个 active 级别的，因此，如果再创建一个新的 SparkContext 是不能正常使用的。

4. Spark 三种部署方式

Spark 支持以下三种不同类型的部署方式。

（1）Standalone（类似于 MapReduce1.0，slot 为资源分配单位）。

（2）Spark on Mesos（和 Spark 有"血缘"关系，能更好支持 Mesos）。

（3）Spark on YARN。

3.2 Spark 的工作机制

1. Spark 的基本架构

Spark 运行架构包括集群资源管理器(Cluster Manager)、运行作业任务的工作节点(Worker Node)、每个应用的任务控制节点(Driver)和每个工作节点上负责具体任务的执行进程(Executor),如图 3-4 所示。资源管理器可以自带或 Mesos 或 YARN。

与 Hadoop MapReduce 计算框架相比,Spark 所采用的 Executor 有两个优点。

(1) 利用多线程来执行具体的任务,减少任务的启动开销;

(2) Executor 中有一个 BlockManager 存储模块,会将内存和磁盘共同作为存储设备,有效减少 IO 开销。

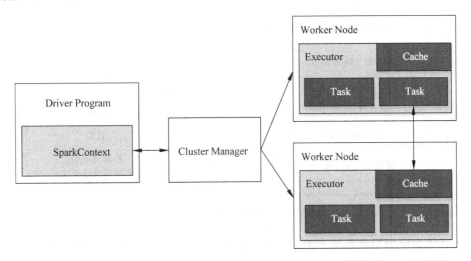

图 3-4 Spark 的运行架构图

一个 Application 由一个 Driver 和若干个 Job 构成,一个 Job 由多个 Stage 构成,一个 Stage 由多个没有 Shuffle 关系的 Task 组成,如图 3-5 所示。

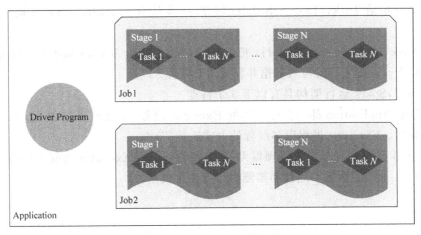

图 3-5 Application 的组成

当执行一个 Application 时，Driver 会向集群管理器申请资源，启动 Executor，并向 Executor 发送应用程序代码和文件。然后在 Executor 上执行 Task。运行结束后，执行结果则会返回给 Driver，或者写到 HDFS、其他数据库中。

2. Spark 的执行过程

Spark 的基本运行流程如图 3-6 所示。

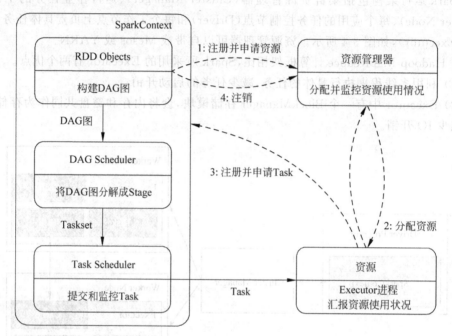

图 3-6　Spark 运行基本流程

（1）首先为应用构建起基本的运行环境，即由 Driver 创建一个 SparkContext，进行资源的申请、任务的分配和监控。

（2）资源管理器为 Executor 分配资源，并启动 Executor 进程。

（3）SparkContext 根据 RDD 的依赖关系构建 DAG 图；DAG 图提交给 DAGScheduler 解析成 Stage，然后把一个个 TaskSet 提交给底层调度器 TaskScheduler 处理；Executor 向 SparkContext 申请 Task；Task Scheduler 将 Task 发放给 Executor 运行，并提供应用程序代码。

（4）Task 在 Executor 上运行，把执行结果反馈给 TaskScheduler，然后反馈给 DAGScheduler，运行完毕后写入数据并释放所有资源。

总体而言，Spark 运行架构具有以下 3 个特点。

（1）每个 Application 都有自己专属的 Executor 进程，并且该进程在 Application 运行期间一直驻留。Executor 进程以多线程的方式运行 Task。

（2）Spark 运行过程与资源管理器无关，只要能够获取 Executor 进程并保持通信即可。

（3）Task 采用了数据本地性和推测执行等优化机制。

3.3 弹性分布式数据集RDD基础

许多迭代式算法(如机器学习、图算法等)和交互式数据挖掘工具的共同之处是,不同计算阶段之间会重用中间结果。目前的 MapReduce 框架都是把中间结果写入到 HDFS 中,带来了大量的数据复制、磁盘 IO 和序列化开销。

RDD 就是为了解决这种问题而出现的,它提供了一个抽象的数据架构,从而不必担心底层数据的分布式特性,只需将具体的应用逻辑表达为一系列转换处理,不同 RDD 之间的转换操作形成依赖关系,可以实现管道化,避免中间数据存储。

Spark 的核心是 RDD(resilient distributed dataset),即弹性分布式数据集,是由 AMPLab 实验室提出的概念,属于一种分布式的内存系统数据集应用。

Spark 的主要优势来自 RDD 本身的特性,RDD 能与其他系统兼容,可以导入外部存储系统的数据集,例如 HDFS、HBase 或其他 Hadoop 数据源。

1. RDD 的概念

一个 RDD 就是一个分布式对象集合,本质上是一个只读的分区记录集合,每个 RDD 可分成多个分区,每个分区就是一个数据集片段,并且一个 RDD 的不同分区可以被保存到集群中不同的节点上,从而可以在集群中的不同节点上进行并行计算。

RDD 提供了一种高度受限的共享内存模型,即 RDD 是只读的记录分区的集合,不能直接修改,只能基于稳定的物理存储中的数据集创建 RDD,或者通过在其他 RDD 上执行确定的转换操作(如 map、join 和 group by)而创建得到新的 RDD。

RDD 是 Spark 的基石,也是 Spark 的灵魂。RDD 是弹性分布式数据集,是只读的分区记录集合。每个 RDD 有 5 个主要的属性。

(1) 一组分片(partition):数据集的最基本组成单位。

(2) 一个计算每个分片的函数:对于给定的数据集,需要做哪些计算。

(3) 依赖(Dependencies):RDD 的依赖关系,描述了 RDD 之间的 lineage。

(4) preferredLocations(可选):对于 data partition 的位置偏好。

(5) partitioner(可选):对于计算出来的数据结果如何分发。

2. RDD 的两种操作类型

RDD 提供了一组丰富的操作以支持常见的数据运算,有转换和动作两种操作方式。

(1) 转换(Transformations):返回 RDD,基于现有的数据集创建一个新的数据集,如 map、filter、groupBy、join 等。

(2) 动作(Actions):在数据集上进行运算,返回计算值,而不是一个 RDD,如 count、collect、save 等。RDD 通过"转换"运算得到新的 RDD,原 RDD 不受影响。但 Spark 会延迟这个转换的发生时间点,不会马上执行,而是等到执行了 Action 之后才会基于所有的 RDD 关系来执行转换。

RDD 提供的转换接口都非常简单,都是类似 map、filter、groupBy、join 等粗粒度的数据转换操作,而不是针对某个数据项的细粒度修改(不适合网页爬虫)。

1) RDD 转换操作

下面以 RDD 包含{1,2,3,3}为例,说明基本的转换结果。基本的 RDD 转换函数见表 3-2。

表 3-2 基本的 RDD 转换函数

函数名	功能	例子	结果
map()	通过自定义函数进行映射。对每个元素应用函数	rdd.map(x=>x+1)	{2,3,4,4}
flatMap()	先映射(map),再把元素合并为一个集合。常用来抽取单词	rdd.flatMap(x=>x.to(3))	{1,2,3,2,3,3,3}
filter()	对元素过滤,保留符合条件的元素	rdd.filter(x=>x!=1)	{2,3,3}
distinct()	去重	rdd.distinct()	{1,2,3}
sample(withReplacement, fraction,[seed])	根据给定的随机种子 seed,随机抽样出比例为 fraction 的数据	list = numpy.arange(1,100,2) listRDD = sc.parallelize(list) sampleRDD = listRDD.sample(0,0.2).collect()	[25, 33, 41, 53, 63, 65, 69, 77, 87, 95]
groupByKey()	应用于(K,V)键值对的数据集时,返回一个新的(K,Iterable<V>)形式的数据集。Key 相同的值被分为一组	kvd.groupByKey().map(lambda x:(x[0],list(x[1]))).collect()	[(1, [2]), (3, [4, 6]), (5, [6])]
reduceByKey(func)	应用于(K,V)键值对的数据集时,返回一个新的(K,V)形式的数据集,其中的每个值是将每个 key 传递到函数 func 中进行聚合	kvd.reduceByKey(lambda x,y: x+y).collect()	[(1, 2), (3, 10), (5, 6)]
sortByKey	通过 Key 值对 KV 对数据集排序	kvd.sortByKey(ascending = False).collect()	[(5,6), (3,4), (3,6), (1,2)]
join	对两个 RDD 进行 cogroup、笛卡尔积、展平操作,(K,V)和(K,W)转换为(K,(V,W))	x = sc.parallelize([("a", 1), ("b", 4)]) y = sc.parallelize([("a", 2), ("a", 3)]) sorted(x.join(y).collect())	[('a', (1, 2)), ('a', (1, 3))]

其他转换操作还包括 mapPartitions、mapPartitionsWithIndex、intersection、aggregateByKey、cartesian、pipe、coalesce、repartition、repartitionAndSortWithinPartitions 等。

2) 比较 map() 和 flatMap()

flatMap() 对每个输入元素输出多个输出元素。flat 是压扁的意思,即将 RDD 中元素压扁后返回一个新的 RDD。其工作原理如图 3-7 所示。

3) RDD 的动作

主要的动作见表 3-3。

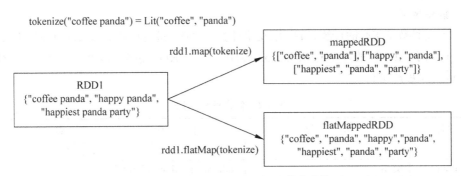

图 3-7 map() 和 flatMap() 函数的比较

表 3-3 RDD 的动作操作示例

函数名	功 能	例 子	结 果
collect()	相当于 toArray,将分布式的 RDD 返回为一个单机的 Array 数组	rdd.collect()	{1,2,3,3}
count()	返回 RDD 中元素的个数	rdd.count()	4
countByValue()	返回一个 map,表示唯一元素出现的个数	rdd.countByValue()	{(1,1),(2,1),(3,2)}
take(num)	返回数据集中前 num 个元素形成的数组	rdd.take(2)	{1,2}
top(num)	返回前几个元素	rdd.top(2)	{3,3}
takeOrdered (num)(ordering)	返回基于提供的排序算法的前几个元素	rdd.takeOrdered(2)(myOrdering)	{3,3}
takeSample (withReplacement, num,[seed])	取样例	rdd.takeSample(false,1)	不确定
reduce(func)	合并 RDD 中元素	rdd.reduce((x,y)=>x+y)	9
fold(zero)(func)	与 reduce() 相似提供 zero value	rdd.fold(0)((x,y)=>x+y)	9
aggregate (zeroValue)(seqOp, combOp)	与 fold() 相似,返回不同类型	rdd.aggregate((0,0))((x,y)=>(x._1+y,x._2+1),(x,y)=>(x._1+y._1,x._2+y._2))	(9,4)
foreach(func)	对数据集中每个元素使用 func() 函数,无返回	rdd.foreach(func)	什么也没有
first	返回数据集中第一个元素,与 take(1) 类似	rdd.first()	1
countByKey	只用于 KV 类型 RDD,返回每个 Key 的个数	kvd.countByKey()	defaultdict(int,{3:2,5:1,1:1})
saveAsTextFile	保存数据到文本文件	rdd.saveAsTextFile("file:///db/spark")将文件保存到本地文件系统;saveAsTextFile("hdfs://db/spark/")//保存到 HDFS	文本文件
saveAsSequenceFile	保存数据为序列化文件	用法同 saveAsTextFile	序列化文件
saveAsObjectFile	保存数据为对象文件	用法同 saveAsTextFile	对象文件

3. 集合运算

RDDs 支持数学集合的计算，如并集、交集计算。注意：进行计算的 RDDs 应该是相同类型。

下面以两个 RDD 的 Transformations 为例：一个 RDD 包含{1, 2, 3}，另一个 RDD 包含{3, 4, 5}，见表 3-4。

表 3-4 集合运算示例

函数名	功　能	例　子	结　果
union()	并集	rdd. union(other)	{1, 2, 3, 3, 4, 5}
intersection()	交集	rdd. intersection(other)	{3}
subtract()	取存在第一个 RDD，而不存在第二个 RDD 的元素（使用场景，机器学习中，移除训练集）	rdd. subtract(other)	{1, 2}
cartesian()	笛卡尔积	rdd. cartesian(other)	{(1, 3), (1,4), …(3,5)}

cartesian() 操作非常耗时，其技术原理如图 3-8 所示。

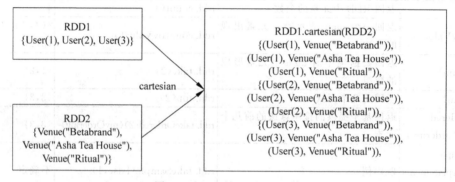

图 3-8 RDD 的 catesian 运算

4. RDD 典型的执行过程

表面上 RDD 的功能很受限、不够强大，实际上 RDD 已经被实践证明可以高效地表达许多框架的编程模型（如 MapReduce、SQL、Pregel）。Spark 用 Scala 语言实现了 RDD 的 API，程序员可以通过调用 API 实现对 RDD 的各种操作。其基本执行过程如图 3-9 所示。

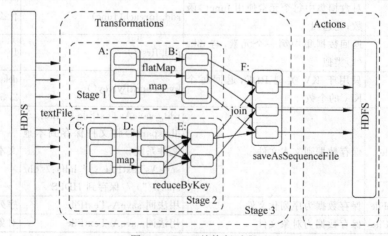

图 3-9 RDD 的执行过程

(1) RDD 读入外部数据源进行创建。

(2) RDD 经过一系列的转换（Transformation）操作，每一次都会产生不同的 RDD，供给下一个转换操作使用。

(3) 最后一个 RDD 经过"动作"操作进行转换，并输出到外部数据源。

这一系列处理称为一个 lineage（血缘关系），即 DAG 拓扑排序的结果。这样操作的优点是惰性调用、管道化、避免同步等待、不需要保存中间结果、每次操作变得简单。

5．RDD 之间的依赖关系

RDD 只能基于稳定物理存储中的数据集和其他已有的 RDD 上执行确定性操作来创建。能从其他 RDD 通过确定操作创建新的 RDD 的原因是 RDD 含有从其他 RDD 衍生（即计算）出本 RDD 的相关信息（即 lineage）。Dependency 代表了 RDD 之间的依赖关系，即血缘（Lineage），分为窄依赖和宽依赖。

(1) 窄依赖：一个父 RDD 最多被一个子 RDD 用在一个集群节点上管道式执行。例如 map、filter、union 等。

(2) 宽依赖：指子 RDD 的分区依赖于父 RDD 的所有分区，这是因为 shuffle 类操作要求所有父分区可用。例如 groupByKey、reduceByKey、sort、partitionBy 等。

注意：一个 RDD 对不同的父节点可能有不同的依赖方式，可能对父节点 1 是宽依赖，对父节点 2 是窄依赖。

窄依赖和宽依赖的比较如图 3-10 所示。

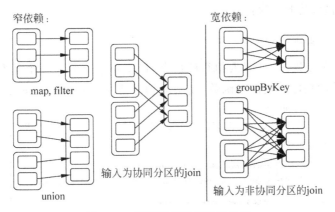

图 3-10 窄依赖和宽依赖的比较

3.4 RDD 的 Python 程序设计

本节利用 Python 语言，采用 Jupyter Notebook 环境开展 RDD 的操作。

1．基本 RDD 的转换运算

1）创建 intRDD

创建 intRDD 最简单的方式就是使用 SparkContext 的 parallelize 方法，命令如下：

```
intRDD=sc.parallelize([3,1,2,5,5])
```

这是一个转换运算，不会立即执行。通过执行 collect() 的动作运算，就能够立即完成。

如图 3-11 所示。

```
In [1]:  1  from pyspark import SparkContext
         2  sc = SparkContext()

In [2]:  1  intRDD=sc.parallelize([3,1,2,5,5])
         2  intRDD.collect()
Out[2]:  [3, 1, 2, 5, 5]
```

图 3-11 创建 intRDD

2）创建 stringRDD

parallelize 方法除了可以创建 Int 类型的 RDD，也能创建 String 类型的 RDD，示例如图 3-12 所示。

```
In [3]:  1  stringRDD=sc.parallelize(["Apple","Orange","Banana","Grape","Apple"])
         2  stringRDD.collect()
Out[3]:  ['Apple', 'Orange', 'Banana', 'Grape', 'Apple']
```

图 3-12 创建 stringRDD

3）其他转换示例

先看 map 运算，可以通过传入的函数，将每一个元素经过函数运算产生另外一个 RDD。在 Spark 的 map 运算中，可以使用匿名函数和具名函数两种语句。匿名函数是 lambda 语句的函数，其形式为：

```
intRDD.map(lambda x:x+1).collect()
```

其中，x 是传入参数，x+1 是要执行的命令，告知 map 运算每一个元素都要加 1。

一般地，简单的功能使用匿名函数，复杂的功能使用具名函数。重复使用的功能，应使用具名函数。如图 3-13 所示。

```
In [4]:   1  intRDD.map(lambda x:x+1).collect()
Out[4]:   [4, 2, 3, 6, 6]

In [5]:   1  stringRDD.map(lambda x:"fruit:"+x).collect()
Out[5]:   ['fruit:Apple', 'fruit:Orange', 'fruit:Banana', 'fruit:Grape', 'fruit:Apple']

In [6]:   1  intRDD.filter(lambda x:x<3).collect()
Out[6]:   [1, 2]

In [7]:   1  intRDD.filter(lambda x:1<x and x<5).collect()
Out[7]:   [3, 2]

In [8]:   1  intRDD.distinct().collect()
Out[8]:   [1, 2, 3, 5]

In [10]:  1  stringRDD.distinct().collect()
Out[10]:  ['Orange', 'Grape', 'Apple', 'Banana']

In [12]:  1  gRDD = intRDD.groupBy(lambda x:"even" if(x%2==0) else "odd").collect()

In [13]:  1  print(gRDD[0][0], sorted(gRDD[0][1]))
             even [2]

In [14]:  1  print(gRDD[1][0], sorted(gRDD[1][1]))
             odd [1, 3, 5, 5]
```

图 3-13 部分 RDD 的转换运算示例

图 3-13 中,使用 groupBy 运算时,传入的匿名函数为(lambda x: "even" if(x%2==0) else "odd")。以 if(x%2==0)判断传入的数字除以 2 的余数是否为 0,如果是,就是偶数;否则为奇数。该结果将产生奇数与偶数两个 List,可以通过 pring 语句来查看。

2. 多个 RDD 的转换运算

RDD 支持执行多个 RDD 的运算,包括并集、交集、差集、笛卡尔乘积运算。具体示例如图 3-14 所示。注意差集中,intRDD1 是[3,1,2,5,5],减去与 intRDD2[5,6]重复的部分 5,所以结果是[1,2,3]。

```
In [19]:  1  intRDD1 =sc.parallelize([3,1,2,5,5])
          2  intRDD2 =sc.parallelize([5,6])
          3  intRDD3 =sc.parallelize([2,7])

In [20]:  1  intRDD1.union(intRDD2).union(intRDD3).collect()
Out[20]: [3, 1, 2, 5, 5, 5, 6, 2, 7]

In [21]:  1  intRDD1.intersection(intRDD2).collect()
Out[21]: [5]

In [22]:  1  intRDD1.subtract(intRDD2).collect()
Out[22]: [1, 2, 3]
```

图 3-14 多个 RDD 的转换运算示例

3. 基本 RDD 的动作运算

可以采用动作运算,读取指定的元素,也可以对 RDD 的元素进行统计运算。例如:
- 执行 intRDD.takeOrdered(3),结果是[1,2,3]。
- 执行 intRDD.sum(),结果是 16。

4. RDD Key-Value 基本转换运算

Spark RDD 支持键值运算。Key-Value 运算也是 MapReduce 的基础。

示例如图 3-15 所示。在数据(3,4)中,3 是 key 值,4 是 value。

```
In [1]:  1  from pyspark import SparkContext
         2  sc=SparkContext()

In [2]:  1  kvRDD1=sc.parallelize([(3,4),(3,6),(5,6),(1,2)])
         2  kvRDD1.collect()
Out[2]: [(3, 4), (3, 6), (5, 6), (1, 2)]

In [3]:  1  kvRDD1.keys().collect()
Out[3]: [3, 3, 5, 1]

In [5]:  1  kvRDD1.values().collect()
Out[5]: [4, 6, 6, 2]

In [6]:  1  kvRDD1.first()
Out[6]: (3, 4)

In [7]:  1  kvRDD1.take(3)
Out[7]: [(3, 4), (3, 6), (5, 6)]
```

图 3-15 创建 Key-Value 的 RDD 示例

可以基于 key 和 value，使用 filter 筛选 RDD 数据，如图 3-16 所示。

```
In [8]:    1  kvRDD1.filter(lambda keyValue:keyValue[0]<5).collect()
Out[8]:    [(3, 4), (3, 6), (1, 2)]

In [9]:    1  kvRDD1.filter(lambda keyValue:keyValue[1]<5).collect()
Out[9]:    [(3, 4), (1, 2)]
```

图 3-16　使用 filter 筛选

以 kvRDD1 为例，在(3,4)、(3,6)、(5,6)、(1,2)中，keyValue[0]（第一个字段是 Key 值）小于 5 的，共有 3 项数据(3,4)、(3,6)、(1,2)。而 keyValue[1]小于 5 的，只有 2 项数据(3,4)、(1,2)。

3.5　Spark SQL

Spark SQL 是一个用于结构化的数据处理的模块。可以通过三种方式与 Spark SQL 进行交互：SQL、DataFrames API 和 Datasets API。这三种 API 语言最终都通过同一个执行引擎来完成操作。

3.5.1　Spark SQL 的特点

Shark 在 Hive 架构基础上，改写了"内存管理""执行计划"和"执行模块"三个模块，使 HQL 从 MapReduce 转到 Spark 上。Spark SQL 沿袭了 Shark 的架构，在原有架构上重写了优化部分，并增加了 RDD-Aware optimizer 和多语言接口。Spark SQL 主要特点如下。

（1）数据兼容：不仅兼容 Hive，还可以从 RDD、parquet 文件、Json 文件获取数据、支持从 RDBMS 获取数据。

（2）性能优化：采用内存列式存储、自定义序列化器等方式提升性能。

（3）组件扩展：SQL 的语法解析器、分析器、优化器都可以重新定义和扩展。

（4）兼容：Hive 兼容层面仅依赖 HiveQL 解析、Hive 元数据。从 HQL 被解析成抽象语法树（AST）起，就全部由 Spark SQL 接管了，Spark SQL 执行计划生成和优化都由 Catalyst（函数式关系查询优化框架）负责。

（5）支持：数据既可以来自 RDD，也可以是 Hive、HDFS、Cassandra 等外部数据源，还可以是 JSON 格式的数据。

（6）Spark SQL 目前支持 Scala、Java、Python、R 和 SQL 五种语言，支持 SQL-92 规范。

3.5.2　RDD、DataFrame 和 DataSet 比较

1. RDD、DataFrame 和 DataSet 的演进历史

如图 3-17 所示，经历了从 RDD、DataFrame 到 DataSet 的演进过程。

2. 共性

（1）RDD、DataFrame、DataSet 都是 Spark 平台下的分布式弹性数据集，为处理超大型数据提供了便利。

（2）三者都有惰性机制。在进行创建、转换时（如 map 方法），不会立即执行；只有在遇

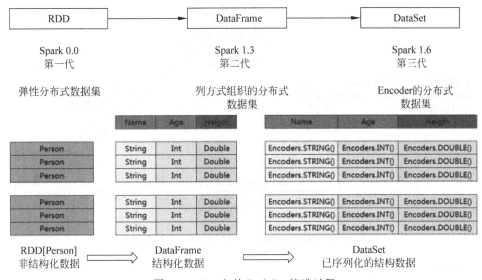

图 3-17 Spark 的 DadaSet 演进过程

到 Action 时（如 foreach），才会开始遍历运算。在极端情况下，如果代码里面仅有创建、转换，但后面没有在 Action 中使用对应的结果，在执行时会被直接跳过。

（3）三者都有 partition 的概念，进行缓存（cache）操作、还可以进行检查点（checkpoint）操作。

（4）三者有许多相似的函数，如 map、filter、排序等。

（5）在对 DataFrame 和 DataSet 进行操作时，很多情况下需要 spark.implicits._ 进行支持。

3. 不同点

DataSet 不同于 RDD，没有使用 Java 序列化器或者 Kryo 进行序列化，而是使用一个特定的编码器进行序列化，这些序列化器可以自动生成，而且在 Spark 执行很多操作（过滤、排序、Hash）时不用进行反序列化。

DataSet 编译时的类型安全检查，性能极大地提升，内存使用极大降低、减少 GC、极大地减少网络数据的传输，极大地减少 Scala 和 Java 之间代码的差异性。

DataFrame 每一行对应了一个 Row。而 DataSet 的定义更加宽松，每一个 Record 对应了一个任意的类型。DataFrame 只是 DataSet 的一种特例。

不同于 Row 是一个泛化的无类型 JVM object，DataSet 是由一系列的强类型 JVM object 组成的 Scala 的 case class 或者 Java class 定义。因此 DataSet 可以在编译时进行类型检查 DataSet 以 Catalyst 逻辑执行计划表示，并且数据以编码的二进制形式被存储，不需要反序列化就可以执行 sorting、shuffle 等操作。

DataSet 创立需要一个显式的 Encoder，把对象序列化为二进制。

4. RDD、DataFrame 和 DataSet 的相互转换

RDD、DataFrame 和 DataSet 的相互转换如图 3-18 所示。

它们之间的关系补充：

- 与 RDD 和 DataSet 不同，DataFrame 每一行的类型固定为 Row，只有通过解析才能

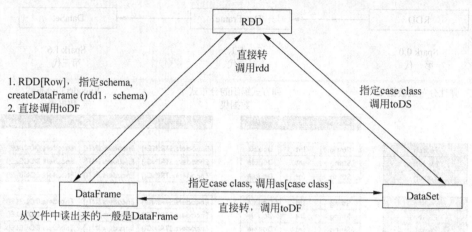

图 3-18 RDD、DataFrame 和 DataSet 的相互转换

获取各个字段的值；
- DataFrame 与 DataSet 一般与 spark ml 同时使用；
- DataFrame 与 DataSet 均支持 SparkSQL 的操作，如 select、groupBy 等，还能注册临时视图，进行 SQL 语句操作；
- DataFrame 与 DataSet 支持一些特别方便的保存方式，如保存成 csv 格式，可以带上表头，这样每一列的字段名一目了然；
- DataSet 和 DataFrame 拥有完全相同的成员函数，区别只是每一行的数据类型不同；
- DataFrame 定义为 DataSet[Row]。每一行的类型是 Row，每一行究竟有哪些字段，各个字段又是什么类型都无从得知，只能用前面提到的 getAS 方法或者模式匹配拿出特定字段；
- DataSet 每一行的类型都是一个 case class，在自定义了 case class 之后可以很自由地获得每一行的信息。

3.5.3　Spark SQL 的核心 API

SparkSession 是 Spark 的一个全新的切入点，统一 Spark 入口。统一封装 SparkConf、SparkContext、SQLContex。主要任务是配置运行参数、读取文件、创建数据和使用 SQL。

（1）创建 SparkSession。

```
spark = SparkSession \
    .builder \
    .appName("Python Spark SQL basic example") \
    .config("spark.some.config.option", "some-value") \
    .getOrCreate()
```

（2）使用 DataSet。统一 DataSet 接口，其中 DataFrame==DataSet[Row]。基本实现了类似 RDD 的所有算子。

column：DataSet 的列对象，包括对列操作的基本函数；
ROW：DataFrame 的行对象，包括对行操作的基本函数。

(3) Encoder：序列化，支持常用的数据类型，可以直接序列化，也支持 case class 自定义数据对象进行序列化。

(4) functions：DataSet 的内置函数，支持丰富的操作函数（聚合，collection……）。

(5) SQlImplict：隐式转换，其中 RDD 转换成 DF/DS，DF/DS 使用 Map/FlatMap 方法等。

注意：DataSet 是一个类（RDD 是一个抽象类，而 DataSet 不是抽象类），其中有三个参数。

- SparkSession（包含环境信息）。
- QueryExecution（包含数据和执行逻辑）。
- Encoder[T]为数据结构编码信息（包含序列化、schema、数据类型）。

3.5.4 Spark SQL 编程示例

下面给出一个简单的 Python 程序，说明 Spark SQL 的基本应用方法。该程序来源于 Spark 安装目录的文件夹\examples\src\main\python\sql\basic.py。

```
from __future__ import print_function
#$example on:init_session$
from pyspark.sql import SparkSession
#$example off:init_session$
#$example on:schema_inferring$
from pyspark.sql import Row
#$example off:schema_inferring$
#$example on:programmatic_schema$
# Import data types
from pyspark.sql.types import *
#$example off:programmatic_schema$

def basic_df_example(spark):
    #$example on:create_df$
    # spark is an existing SparkSession
    df = spark.read.json("resources/people.json")
    # Displays the content of the DataFrame to stdout
    df.show()
    # +----+-------+
    # | age|   name|
    # +----+-------+
    # |null|Michael|
    # |  30|   Andy|
    # |  19| Justin|
    # +----+-------+
    #$example off:create_df$

    #$example on:untyped_ops$
    # spark, df are from the previous example
    # Print the schema in a tree format
    df.printSchema()
    # root
```

```
# |-- age: long (nullable = true)
# |-- name: string (nullable = true)

#Select only the "name" column
df.select("name").show()
#+-------+
#|   name|
#+-------+
#|Michael|
#|   Andy|
#| Justin|
#+-------+

#Select everybody, but increment the age by 1
df.select(df['name'], df['age']+1).show()
#+-------+---------+
#|   name|(age + 1)|
#+-------+---------+
#|Michael|     null|
#|   Andy|       31|
#| Justin|       20|
#+-------+---------+

#Select people older than 21
df.filter(df['age'] > 21).show()
#+---+----+
#|age|name|
#+---+----+
#| 30|Andy|
#+---+----+

#Count people by age
df.groupBy("age").count().show()
#+----+-----+
#| age|count|
#+----+-----+
#|  19|    1|
#|null|    1|
#|  30|    1|
#+----+-----+
#$example off:untyped_ops$
#$example on:run_sql$
#Register the DataFrame as a SQL temporary view
df.createOrReplaceTempView("people")
sqlDF = spark.sql("SELECT * FROM people")
sqlDF.show()
#+----+-------+
#| age|   name|
#+----+-------+
#|null|Michael|
#|  30|   Andy|
```

```python
        #|  19| Justin|
        #+----+-----+
        #$example off:run_sql$

        #$example on:global_temp_view$
        #Register the DataFrame as a global temporary view
        df.createGlobalTempView("people")
        #Global temporary view is tied to a system preserved database 'global_temp'
        spark.sql("SELECT * FROM global_temp.people").show()
        #+----+-------+
        #| age|   name|
        #+----+-------+
        #|null|Michael|
        #|  30|   Andy|
        #|  19| Justin|
        #+----+-------+

        #Global temporary view is cross- session
        spark.newSession().sql("SELECT * FROM global_temp.people").show()
        #+----+-------+
        #| age|   name|
        #+----+-------+
        #|null|Michael|
        #|  30|   Andy|
        #|  19| Justin|
        #+----+-------+
        #$example off:global_temp_view$

def schema_inference_example(spark):
        #$example on:schema_inferring$
        sc = spark.sparkContext
        #Load a text file and convert each line to a Row.
        lines = sc.textFile("examples/src/main/resources/people.txt")
        parts = lines.map(lambda l: l.split(","))
        people = parts.map(lambda p: Row(name= p[0], age= int(p[1])))

        #Infer the schema, and register the DataFrame as a table.
        schemaPeople = spark.createDataFrame(people)
        schemaPeople.createOrReplaceTempView("people")

        #SQL can be run over DataFrames that have been registered as a table.
        teenagers = spark.sql("SELECT name FROM people WHERE age >= 13 AND age <= 19")

        #The results of SQL queries are Dataframe objects.
        #rdd returns the content as an :class:`pyspark.RDD` of :class:`Row`.
        teenNames = teenagers.rdd.map(lambda p: "Name: " + p.name).collect()
        for name in teenNames:
            print(name)
        #Name: Justin
        #$example off:schema_inferring$
```

```python
def programmatic_schema_example(spark):
    #$example on:programmatic_schema$
    sc = spark.sparkContext
    # Load a text file and convert each line to a Row.
    lines = sc.textFile("examples/src/main/resources/people.txt")
    parts = lines.map(lambda l: l.split(","))
    # Each line is converted to a tuple.
    people = parts.map(lambda p: (p[0], p[1].strip()))

    # The schema is encoded in a string.
    schemaString = "name age"

    fields = [StructField(field_name, StringType(), True) for field_name in schemaString.split()]
    schema = StructType(fields)

    # Apply the schema to the RDD.
    schemaPeople = spark.createDataFrame(people, schema)

    # Creates a temporary view using the DataFrame
    schemaPeople.createOrReplaceTempView("people")

    # SQL can be run over DataFrames that have been registered as a table.
    results = spark.sql("SELECT name FROM people")
    results.show()
    # +-------+
    # |   name|
    # +-------+
    # |Michael|
    # |   Andy|
    # | Justin|
    # +-------+
    #$example off:programmatic_schema$

if __name__ == "__main__":
    #$example on:init_session$
    spark = SparkSession \
        .builder \
        .appName("Python Spark SQL basic example") \
        .config("spark.some.config.option", "some-value") \
        .getOrCreate()
    #$example off:init_session$
    basic_df_example(spark)
    schema_inference_example(spark)
    programmatic_schema_example(spark)
    spark.stop()
```

3.5.5 部分 Spark SQL 编程要点

1. select 相关

//列的多种表示方法(5 种)。使用""、$ ""、'、col()、ds("")

```
//注意：不要混用；必要时使用 spark.implicitis._;并非每个表示在所有的地方都有效
df1.select($"ename", $"hiredate", $"sal").show
df1.select("ename", "hiredate", "sal").show
df1.select('ename, 'hiredate, 'sal).show
df1.select(col("ename"), col("hiredate"), col("sal")).show
df1.select(df1("ename"), df1("hiredate"), df1("sal")).show

//下面的写法无效,其他列的表示法有效
df1.select("ename", "hiredate", "sal"+ 100).show
df1.select("ename", "hiredate", "sal+ 100").show

//可使用 expr 表达式(expr 里面只能使用引号)
df1.select(expr("comm+ 100"), expr("sal+ 100"), expr("ename")).show
df1.selectExpr("ename as name").show
df1.selectExpr("power(sal, 2)", "sal").show
//四舍五入,负数取小数点以前的位置,正数取小数点后的位数
df1.selectExpr("round(sal, - 3) as newsal", "sal", "ename").show

drop、withColumn、withColumnRenamed、casting
// drop 删除一个或多个列,得到新的 DF
df1.drop("mgr")
df1.drop("empno", "mgr")

//withColumn,修改列值
val df2 = df1.withColumn("sal", $"sal"+ 1000)
df2.show

//withColumnRenamed,更改列名
df1.withColumnRenamed("sal", "newsal")

// 备注：drop、withColumn、withColumnRenamed 返回的是 DF
df1.selectExpr("cast(empno as string)").printSchema
import org.apache.spark.sql.types._
df1.select('empno.cast(StringType)).printSchema
```

2. where 相关

```
// where 操作
df1.filter("sal> 1000").show
df1.filter("sal> 1000 and job= = 'MANAGER'").show
// filter 操作
df1.where("sal> 1000").show
df1.where("sal> 1000 and job= = 'MANAGER'").show
```

3. groupBy 相关

```
// groupBy、max、min、mean、sum、count(与 df1.count 不同)
df1.groupBy("列名").sum("sal").show
df1.groupBy("Job").max("sal").show
df1.groupBy("Job").min("sal").show
df1.groupBy("Job").avg("sal").show
df1.groupBy("Job").count.show
```

```
// agg
df1.groupBy().agg("sal"->"max", "sal"->"min", "sal"->"avg", "sal"->"sum", "sal"->"count").show
df1.groupBy("Job").agg("sal"->"max", "sal"->"min", "sal"->"avg", "sal"->"sum", "sal"->"count").show
df1.groupBy("deptno").agg("sal"->"max", "sal"->"min", "sal"->"avg", "sal"->"sum","sal"->"count").show

// 这种方式更好理解
df1.groupBy("Job").agg(max("sal"), min("sal"), avg("sal"), sum("sal"), count("sal")).show
//给列取别名
df1.groupBy("Job").agg(max("sal"),  min("sal"),  avg("sal"),  sum("sal"), count("sal")).withColumnRenamed("min(sal)", "min1").show
// 给列取别名,最简便
df1.groupBy("Job").agg(max("sal").as("max1"),  min("sal").as("min2"),  avg("sal").as("avg3"),
sum("sal").as("sum4"), count("sal").as("count5")).show
```

4. orderBy、sort 相关

```
// orderBy
df1.orderBy("sal").show
df1.orderBy($"sal").show
df1.orderBy($"sal".asc).show
df1.orderBy('sal).show
df1.orderBy(col("sal")).show
df1.orderBy(df1("sal")).show
//降序
df1.orderBy($"sal".desc).show
df1.orderBy(-'sal).show
df1.orderBy(-'deptno, -'sal).show


// sort,以下语句等价
df1.sort("sal").show
df1.sort($"sal").show
df1.sort($"sal".asc).show
df1.sort('sal).show
df1.sort(col("sal")).show
df1.sort(df1("sal")).show
//降序
df1.sort($"sal".desc).show
df1.sort(-'sal).show
df1.sort(-'deptno, -'sal).show
```

5. 集合相关(交、并、差)

```
// union、unionAll、intersect、except。集合的交、并、差
val ds3 = ds1.select("sname")
val ds4 = ds2.select("sname")
```

```
// union 求并集,不去重
ds3.union(ds4).show

// unionAll、union 等价; unionAll 过期方法,不建议使用
ds3.unionAll(ds4).show

// intersect 求交
ds3.intersect(ds4).show

// except 求差
ds3.except(ds4).show
```

6. join 相关(DS 在 join 操作之后变成了 DF)

```
// 10 种 join 的连接方式(下面有 9 种,还有一种是笛卡尔积)
ds1.join(ds2, "sname").show
ds1.join(ds2, Seq("sname"), "inner").show

ds1.join(ds2, Seq("sname"), "left").show
ds1.join(ds2, Seq("sname"), "left_outer").show

ds1.join(ds2, Seq("sname"), "right").show
ds1.join(ds2, Seq("sname"), "right_outer").show

ds1.join(ds2, Seq("sname"), "outer").show
ds1.join(ds2, Seq("sname"), "full").show
ds1.join(ds2, Seq("sname"), "full_outer").show

ds1.join(ds2, Seq("sname"), "left_semi").show
ds1.join(ds2, Seq("sname"), "left_anti").show

//备注: DS 在 join 操作之后变成了 DF
val ds1 = spark.range(1, 10)
val ds2 = spark.range(6, 15)
//类似于集合求交
ds1.join(ds2, Seq("id"), "left_semi").show
//类似于集合求差
ds1.join(ds2, Seq("id"), "left_anti").show
```

7. 空值处理

```
// NaN 非法值
math.sqrt(- 1.0); math.sqrt(- 1.0).isNaN()


df1.show
// 删除所有列的空值和 NaN
df1.na.drop.show

// 删除某列的空值和 NaN
df1.na.drop(Array("mgr")).show
```

```
// 对全部列填充；对指定单列填充；对指定多列填充
df1.na.fill(1000).show
df1.na.fill(1000, Array("comm")).show
df1.na.fill(Map("mgr"-> 2000, "comm"-> 1000)).show

// 对指定的值进行替换
df1.na.replace("comm":: "deptno" :: Nil, Map(0 -> 100, 10 -> 100)).show

// 查询空值列或非空值列。isNull、isNotNull 为内置函数
df1.filter("comm is null").show
df1.filter($"comm".isNull).show
df1.filter(col("comm").isNull).show

df1.filter("comm is not null").show
df1.filter(col("comm").isNotNull).show
```

8. 时间日期函数

```
//各种时间函数
df1.select(year($"hiredate")).show
df1.select(weekofyear($"hiredate")).show
df1.select(minute($"hiredate")).show
df1.select(date_add($"hiredate", 1), $"hiredate").show
df1.select(current_date).show
df1.select(unix_timestamp).show

val df2 = df1.select(unix_timestamp as "unixtime")
df2.select(from_unixtime($"unixtime")).show

//计算年龄
df1.select(round(months_between(current_date, $"hiredate")/12)).show
```

9. json 数据源建表

```
// 读数据(txt、csv、json、parquet、jdbc)
val df2 = spark.read.json("data/employees.json")
df2.show
// 备注：SparkSQL 中支持的 json 文件,文件内容必须在一行中
//写文件
df1.select("ename", "sal").write.format("csv").save("data/t2")
df1.select("ename", "sal").write
.option("header", true)
.format("csv").save("data/t2")

//建表：
val data = spark.read.json("/project/weibo/*.json")
data.createOrReplaceTempView("t2")
    spark.sql("create table sparkproject.weibo as select * from t2")
    spark.sql("select * from sparkproject.weibo limit 5").show
```

10. DF、DS 对象上的 SQL 语句

```
// 注册为临时视图。
// 有两种形式：createOrReplaceTempView / createTempView
df1.createOrReplaceTempView("temp1")
spark.sql("select * from temp1").show
df1.createTempView("temp2")
spark.sql("select * from temp2").show
// 使用下面的语句可以看见注册的临时表
spark.catalog.listTables.show
```

备注：
- spark.sql 返回的是 DataFrame；
- 如果 TempView 已经存在，使用 createTempView 会报错；
- SQL 的语法与 HQL 兼容。

3.6 Spark Streaming 的应用编程技术

3.6.1 Spark Streaming 的工作原理

Spark Streaming 是对核心 Spark API 的一个扩展，它能够实现对实时数据流的流式处理，并具有很好的可扩展性、高吞吐量和容错性。Spark Streaming 支持从多种数据源提取数据，如 Kafka、Flume、Twitter、ZeroMQ、Kinesis 以及 TCP 套接字，并且可以提供一些高级 API 来表达复杂的处理算法，如 map、reduce、join 和 window 等。最终，Spark Streaming 支持将处理完的数据推送到文件系统、数据库或者实时仪表盘中展示，如图 3-19 所示。实际上，可以将 Spark 的机器学习和图计算算法应用于 Spark Streaming 的数据流中。

图 3-19 Spark Streaming 的作业

图 3-20 展示了 Spark Streaming 的内部工作原理。Spark Streaming 将接收到的实时流数据按照一定的时间间隔对数据进行拆分，交给 Spark Engine 引擎，最终得到一批批的结果。

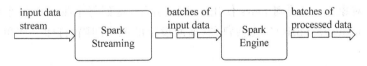

图 3-20 Spark Streaming 的工作原理

Spark Streaming 为这种持续的数据流提供了的一个高级抽象，即 discretized stream（离散数据流，DStream）。DStream 既可以从输入数据源创建得来，如 Kafka、Flume 或者

Kinesis,也可以从其他 DStream 经一些算子操作得到。在内部,一个 DStream 可以看作一组 RDDs。

3.6.2 Spark Streaming 的编程示例

任务说明:在一个 TCP 端口上需要监听一个数据服务器的数据,并对收到的文本数据进行单词计数。

下面给出解决思路与过程。

首先,需要导入 Spark Streaming,并创建一个本地 StreamingContext 对象,包含两个执行线程,并将批次间隔设为 1 秒。

```
from pyspark import SparkContext
from pyspark.streaming import StreamingContext
#Create a local StreamingContext with two working thread and batch interval of 1 second
sc = SparkContext("local[2]", "NetworkWordCount")
ssc = StreamingContext(sc, 1)
```

由此,可以创建一个 DStream,代表从前面的 TCP 数据源流入的数据流,表示为主机名(如 localhost)和端口(如 9999)。

```
#Create a DStream that will connect to hostname:port, like localhost:9999
lines = ssc.socketTextStream("localhost", 9999)
```

这里的 lines 就是从数据服务器接收到的数据流。其中每一条记录都是一行文本。下面,需要把这些文本行按空格分割成单词。

```
#Split each line into words
words = lines.flatMap(lambda line: line.split(" "))
```

flatMap 是一种一到多的算子,它可以将源 DStream 中每一条记录映射成多条记录,从而产生一个新的 DStream 对象。在本例中,lines 中的每一行都会被划分为多个单词,从而生成新的 words DStream 对象。然后就能对这些单词进行计数了。

```
#Count each word in each batch
pairs = words.map(lambda word: (word, 1))
wordCounts = pairs.reduceByKey(lambda x, y: x + y)
#Print the first ten elements of each RDD generated in this DStream to the console
wordCounts.pprint()
```

words(DStream 对象)经过 map 算子(一到一的映射)转换为一个包含(word,1)键值对的 DStream 对象 pairs,再对 pairs 使用 reduce 算子,得到每个批次中各个单词的出现频率。最后,wordCounts.pprint()将会每秒(前面设定的批次间隔)打印一些单词计数到控制台上。

注意,执行以上代码后,Spark Streaming 只是将计算逻辑设置好,此时并未真正的开始处理数据。要启动之前的处理逻辑,还需要如下调用:

```
ssc.start()              # Start the computation
ssc.awaitTermination()   # Wait for the computation to terminate
```

完整的代码可以在 Spark Streaming 的例子 Network_WordCount 中找到。为了便于运行，首先需要运行 netcat 网络调试工具，将其作为数据服务器，并在端口 6789 启动监听服务：

```
nc -l -p 6789      (Windows 系统)
nc -l -k 6789      (类 UNIX 系统)
```

然后，在另一个终端，按如下指令执行这个例子：

```
spark-submit examples/src/main/python/streaming/network_wordcount.py localhost 6789
```

或者

```
python examples/src/main/python/streaming/network_wordcount.py localhost 6789
```

至此，可以在运行 netcat 的终端里输入几个单词，就会发现这些单词以及相应的计数会出现在启动 Spark Streaming 例子的终端屏幕上。结果应该与图 3-21 类似。

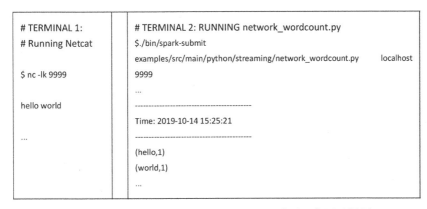

图 3-21　Linux 系统下 Spark Streaming 程序的网络测试样例

探究题

1. Python Spark 的词频统计编程。基于图 3-22 需求，编写 Spark 平台下的 Python 程序，要求输出结果能保存到文件中。

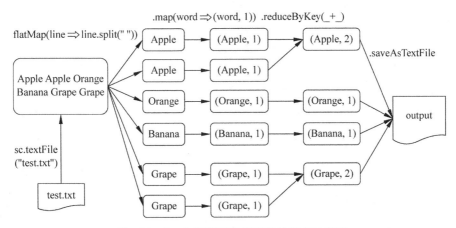

图 3-22　Spark 环境下的词频统计需求示意图

2. 基于 Spark 的中文文档词频统计程序设计。
(1) 实验内容和要求：
① 针对大规模中文文档，通过编程实现其主题词汇的自动统计功能。
② 中文文档建议选择中文长篇小说、大规模电商购物评论等内容。
③ 中文分词库优先选择 jieba。
(2) 编程平台选择：Spark-2.4.5，Scala-2.12.11，采用 Python 语言。
(3) 具体设计任务：
① 在 Windows 系统中建立 Spark 环境。
② 根据文档特点，设置中文停用词字典。
③ 输入内容为文本文件，输出为词频倒排序后的中文主题词汇文件。
④ 根据排序，制作词云图。

第 4 章

大数据采集与存储技术

4.1 网络爬虫

网络爬虫,是指按照一定的规则、自动抓取互联网上信息的程序组件或脚本程序。在搜索引擎中,网络爬虫就是搜索引擎发现和抓取文档的自动化程序。

网络爬虫是搜索引擎抓取系统的重要组成部分。爬虫的主要目的是将互联网上的网页下载到本地形成一个或联网内容的镜像备份。面对亿级网页数量,重复内容很高,网络爬虫所面临的问题是为了提高效率和效果,就需要在一定的时间内获得更多高质量页面,摒弃那些原创度低、复制内容、拼接内容的页面。

4.1.1 网络爬虫的基本结构及工作流程

一个通用的网络爬虫的框架如图 4-1 所示。

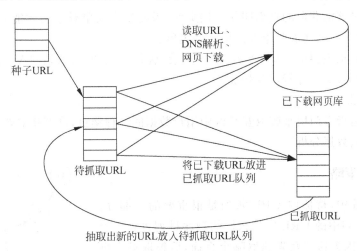

图 4-1 网络爬虫的基本框架

网络爬虫的基本工作流程如下。
(1) 首先选取一部分精心挑选的种子 URL。
(2) 将这些 URL 放入待抓取 URL 队列。
(3) 从待抓取 URL 队列中取出待抓取在 URL,解析 DNS,并且得到主机的 IP,并将 URL 对应的网页下载下来,存储进已下载网页库中。此外,将这些 URL 放进已抓取 URL 队列。

（4）分析已抓取 URL 队列中的 URL，分析其中的其他 URL，并且将 URL 放入待抓取 URL 队列，从而进入下一个循环。

4.1.2 网络爬虫分类

1. 通用网络爬虫

通用网络爬虫也称全网爬虫，从一些种子网站开始爬行，逐步扩展到整个互联网。爬取的目标是互联网中的所有数据资源，目标数据庞大。主要应用于大型搜索引擎中，如百度搜索引擎的百度蜘蛛，商业价值巨大。

通用网络爬虫策略：深度优先策略和广度优先策略。

2. 聚焦网络爬虫（focused crawler）

聚焦网络爬虫也称主题网络爬虫，按照预先定义好的主题有选择地进行网页爬取，爬取特定的资源。该爬虫大幅节省爬取所需的带宽和服务器资源，适用于特定人群。

聚焦网络爬虫策略：聚焦网络爬虫增加了链接和内容评价模块，所以其爬行策略的关键是评价页面的链接和内容后再进行爬行。

聚焦网络爬虫主要由初始 URL 集合、URL 队列、页面爬行模块、页面分析模块、页面数据库、链接过滤模块、内容评价模块、链接评价模块等构成。

3. 增量式网络爬虫（incremental web crawler）

增量式网络爬虫，即爬取相同网页时只爬取内容发生变化的数据，对于没有发生变化的不再爬取。

增量式网络爬虫策略：广度优先策略和 PageRank 优先策略等。

4. 深层网络爬虫（deep web crawler）

不需要登录就能获取的页面叫作表层页面，需要提交表单登录后才能获取的页面叫作深层页面，爬取深层页面需要想办法填写好表单。

深层网络爬虫主要由 URL 列表、LVS 列表、爬行控制器、解析器、LVS 控制器、表单分析器、表单处理器、响应分析器等构成。

5. 用户爬虫

用户爬虫是指专门用来爬取互联网中用户数据的一种爬虫，价值相对较高，可以用来做抽样统计、营销、数据分析。

4.1.3 抓取策略

在爬虫系统中，待抓取 URL 队列是很重要的一部分。待抓取 URL 队列中的 URL 以什么样的顺序排列也是一个很重要的问题，因为这涉及先抓取哪个页面，后抓取哪个页面。而决定这些 URL 排列顺序的方法叫作抓取策略。下面重点介绍几种常见的抓取策略。

1. 深度优先遍历策略

深度优先遍历策略是指网络爬虫会从起始页开始，顺着一个链接一直爬行，直到某一页面再也没有链接，再开始爬行另外一条链接。以图 4-2 为例。

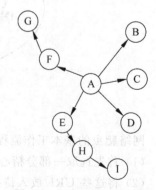

图 4-2 一个网络链接示例

遍历的路径：A-F-G E-H-I B C D

2. 广度优先遍历策略

广度优先遍历策略的基本思路是，搜索完当前页面所有链接，才开始进入下一层。将新下载网页中发现的链接直接插入待抓取URL队列的末尾。也就是指网络爬虫会先抓取起始网页中链接的所有网页，然后再选择其中的一个链接网页，继续抓取在此网页中链接的所有网页。依然以图4-2为例。

遍历路径：A-B-C-D-E-F G H I

3. 反向链接数策略

反向链接数是指该网页被其他网页指向的次数，这个次数在一般程度上代表着该网页被推荐的次数，因此反链数量多的被优先爬取。

4. Partial PageRank策略

Partial PageRank算法借鉴了PageRank算法的思想：对于已经下载的网页，连同待抓取URL队列中的URL，形成网页集合，计算每个页面的PageRank值，计算完之后，将待抓取URL队列中的URL按照PageRank值的大小排列，并按照该顺序抓取页面。

如果每次抓取一个页面，就重新计算PageRank值，一种折中方案是：每抓取K个页面后，重新计算一次PageRank值。但是这种情况还会有一个问题：对于已经下载下来的页面中分析出的链接，也就是我们之前提到的未知网页那一部分，暂时是没有PageRank值的。为了解决这个问题，会给这些页面一个临时的PageRank值：将这个网页所有入链传递进来的PageRank值进行汇总，这样就形成了该未知页面的PageRank值，从而参与排序。

5. OPIC策略

该算法实际上也是对页面进行一个重要性打分。在算法开始前，给所有页面一个相同的初始现金(cash)。当下载了某个页面P之后，将P的现金分摊给所有从P中分析出的链接，并且将P的现金清空。对于待抓取URL队列中的所有页面按照现金数进行排序。

6. 大站优先策略

对于待抓取URL队列中的所有网页，按照网页所属的网站进行分类。如果某个网站的网页数量多，就称其为大站，优先爬取。

4.1.4 网络爬虫的分析算法

爬虫节点爬取到的网页数据会存放到资源库中，资源库对爬取到的数据进行分析并建立索引，分析算法有以下几种。

(1) 基于用户行为的分析算法：根据用户对网页的访问频率、访问时长、点击率等对网页数据进行分析。

(2) 基于网络拓扑的分析算法：根据网页的外链、网页的层次、网页的等级等对网页数据进行分析，计算出网页的权重，对网页进行排名。

(3) 基于网页内容的分析算法：根据网页的外观、网页的文本等内容特征对网页数据进行分析。

注意：

(1) URL地址的标准化。在互联网上，一个URL地址可以有多种表示方法，可以用IP地址来表示，也可以用域名来表示。为了避免爬虫重复访问同一地址，

（2）避免掉进网络陷阱。网络上的链接情况比较复杂，一些静态的网页可能构成闭环回路。为了避免爬虫在一条循环路线上反复抓取，在把 URL 加入待搜索地址列表之前都要检查是否已在待搜索的地址列表中出现过。对于动态网页，爬虫应该忽略所有带参数的 URL。

（3）对于拒绝访问的页面，爬虫应该遵从"漫游拒绝访问规则"。

4.2 大数据采集平台与工具

任何完整的大数据平台，一般包括以下过程：数据采集→数据存储→数据处理→数据展现（可视化，报表和监控），如图 4-3 所示。

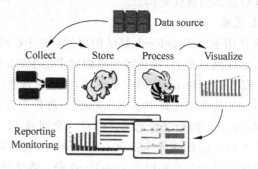

图 4-3 大数据采集的地位

其中，数据采集是所有数据系统中必不可少的，随着大数据越来越被重视，数据采集的挑战也变得尤为突出，包括以下几个方面。

- 数据源多种多样；
- 数据量大；
- 变化快；
- 如何保证数据采集的可靠性的性能；
- 如何避免重复数据；
- 如何保证数据的质量。

本节主要介绍几款数据平台或网页爬取工具。

4.2.1 Apache Flume

Flume 是 Apache 旗下的一款开源、高可靠、高扩展、容易管理、支持客户扩展的数据采集系统，官网是 https://flume.apache.org/。Flume 使用 JRuby 来构建，所以依赖 Java 运行环境。

Flume 最初是由 Cloudera 的工程师设计用于合并日志数据的系统，后来逐渐发展用于处理流数据事件。Flume 的基本流程如图 4-4 所示。

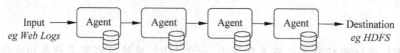

图 4-4 Flume 的基本流程

Flume 设计成一个分布式的管道架构,如图 4-5 所示,可以看作在数据源和目的地之间有一个 Agent 的网络,支持数据路由。

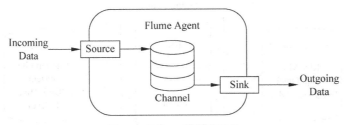

图 4-5 Flume 的管道架构

每一个 Agent 都由 Source、Channel 和 Sink 组成。

(1) Source:Source 负责接收输入数据,并将数据写入管道。Flume 的 Source 支持 HTTP、JMS、RPC、NetCat、Exec、Spooling Directory。其中,Spooling Directory 支持监视一个目录或者文件,解析其中新生成的事件。

(2) Channel:Channel 存储,缓存从 Source 到 Sink 的中间数据。可使用不同的配置来作为 Channel,例如内存、文件、JDBC 等。使用内存,性能高但不持久,有可能丢数据;使用文件,更可靠,但性能却不如内存。

(3) Sink:Sink 负责从管道中读出数据并发给下一个 Agent 或者最终的目的地。Sink 支持的不同目的地种类包括 HDFS、HBASE、Solr、ElasticSearch、File、Logger 或者其他的 Flume Agent。

Flume 的管道接口关系如图 4-6 所示。

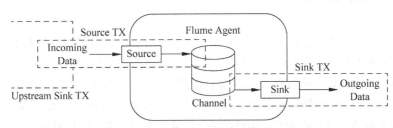

图 4-6 Flume 的管道接口关系

Flume 在 Source 和 Sink 端都使用了 Transaction 机制保证在数据传输中没有数据丢失。

4.2.2 Sqoop

Sqoop 产生的原因如下。

(1) 多数使用 Hadoop 技术的处理大数据业务的企业,有大量的数据存储在关系型数据中。

(2) 由于没有工具支持,在 Hadoop 和关系型数据库之间传输数据是一个很困难的事。

Sqoop 是连接关系型数据库和 Hadoop 的桥梁,如图 4-7 所示,主要有两个方面(导入和导出)的作用。

(1) 将关系型数据库的数据导入到 Hadoop 及其相关的系统中,如 Hive 和 HBase;

(2)将数据从 Hadoop 系统里抽取并导入到关系型数据库。

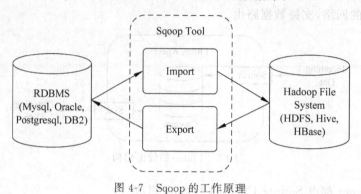

图 4-7 Sqoop 的工作原理

Sqoop 项目开始于 2009 年，最早是作为 Hadoop 的一个第三方模块存在，后来为了让使用者能够快速部署，也为了让开发人员能够更快速地迭代开发，Sqoop 独立成为一个 Apache 项目。

Sqoop 的优点如下。

(1)可以高效、可控地利用资源，可以通过调整任务数来控制任务的并发度。

(2)可以自动地完成数据映射和转换。由于导入数据库是有类型的，它可以自动根据数据库中的类型转换到 Hadoop 中，当然用户也可以自定义它们之间的映射关系。

(3)支持多种数据库，如 MySQL、Orcale 等数据库。

4.2.3 常用网络爬虫工具

1. 火车头

火车头作为采集界的老前辈，火车头是一款互联网数据抓取、处理、分析和挖掘的软件，可以抓取各种网页上散乱分布的数据信息，并通过一系列的分析处理，准确地挖掘出所需数据。它的用户定位主要针对拥有一定代码基础的人群，适合编程老手。它的特点是采集功能完善，不限网页与内容，任意文件格式都可下载，具有智能多识别系统以及可选的验证方式保护安全，并且支持 PHP 和 C# 插件扩展，方便修改处理数据，具有同义词替换、近义词替换、参数替换等功能。

2. 集搜客

集搜客是一款简单易用的网页信息抓取软件，能够抓取网页上的文字、图表、超链接等多种网页元素。同样可以通过简单可视化的流程进行采集，服务于任何对数据有采集需求的人群。可视化流程操作，与八爪鱼不同，集搜客的流程重在定义所抓取的数据和爬虫路线，八爪鱼的规则流程十分明确，由用户决定软件的每一步操作，支持抓取在指数图表上悬浮显示的数据，还可以抓取手机网站上的数据，会员可以互助抓取，提升采集效率，同时还有模板资源可以套用。

3. 狂人采集器

狂人采集器是一套专业的网站内容采集软件，支持各类论坛的帖子和回复采集，网站和博客文章内容抓取，分论坛采集器、CMS 采集器和博客采集器三类。狂人采集器专注论坛、博客文本内容的抓取，对于全网数据的采集通用性不高。

4. 八爪鱼

八爪鱼具有以下特点。

（1）行业知名，百万用户都在使用。

（2）内置数百个主流网站采集模版，满足绝大部分采集需求，只需会鼠标点击以及文本输入即可采集数据。

（3）智能防采集，自动识别多种验证码，提供代理IP池，结合UA切换可有效突破封锁，顺利采集数据。

（4）可视化操作流程，眼见即可采，不管是图片电话，还是自媒体论坛，支持所有业务渠道的爬虫，以满足各种采集需求。

（5）云采集，5000台云服务器，24×7高效稳定采集，结合API可无缝对接内部系统，定期同步爬取数据。

4.3 网络爬虫程序设计

本节重点阐述Requests库的基本知识和编程方法，以及Beautiful Soup和Selenium等第三方库的使用技术，为网络爬虫设计能力打下基础。

4.3.1 Python爬虫基本流程

Python爬虫基本流程包括4个部分：发送请求、获取响应内容、解析内容和保存数据。

1. 发送请求

使用HTTP库向目标站点发起请求，即发送一个Request。Request包含请求头、请求体等。不过，Python的Request模块不能执行JS和CSS代码。

2. 获取响应内容

如果Requests的内容存在于目标服务器上，那么服务器会返回请求内容。Response包含HTML、Json字符串、图片、视频等。

3. 解析内容

对用户而言，就是寻找自己需要的信息。例如：

（1）解析HTML数据。使用正则表达式（RE模块），第三方解析库如Beautiful Soup，Pyquery等。

（2）解析Json数据。使用Json模块。

（3）解析二进制数据。以WB的方式写入文件。

4. 保存数据

解析得到的数据可以是多种形式，如可以是文本、音频、视频，保存在本地，也可以是数据库（MySQL、Mongdb、Redis）或文件。

4.3.2 Requests库入门

Requests是用Python语言基于urllib编写的，采用的是Apache2 Licensed开源协议的HTTP库。通过pip install requests安装即可使用。

Requests的主要方法见表4-1。

表 4-1 Requests 的主要方法说明

方法	说明
requests.request()	构造一个请求，支撑下一个方法的基础方法
requests.get()	获取 HTML 网页的主要方法，对应 HTTP 的 GET
requests.head()	获取 HTML 网页投信息的方法，对应 HTTP 的 HEAD
requests.post()	向 HTML 网页提交 POST 请求的方法，对应 HTTP 的 POST
requests.put()	向 HTML 网页提交 PUT 请求的方法，对应 HTTP 的 PUT
requests.patch()	向 HTML 网页提交局部修改请求，对应 HTTP 的 PATCH
requests.delete()	向 HTML 网页提交删除请求，对应 HTTP 的 DELETE

1. requests.request(method, url, ** kwargs)

method：请求方式，对应 get/put/post/head/patch/delete/options 共七种，比如：r=requests.request('GET', url, ** kwargs)；

url：拟获取页面的 URL 链接；

** kwargs：控制访问参数，为可选项，共 13 个。

(1) params：字典或字节系列，作为参数增加到 url 中。

```
>>> kv = {'key1':'value1','key2':'value2'}
>>> r = requests.request('GET','http://python123.io/ws',params=kv)
>>> print(r.url)
https://python123.io/ws? key1=value1&key2=value2
```

(2) data：字典、字节系列或文件对象，作为 requests 的内容。

```
1  >>> kv = {'key1':'value1','key2':'value2'}
2  >>> r = requests.request('POST','http://python123.io/ws',data=kv)
3  >>> body = '主题内容'
4  >>> r = requests.request('POST','http:///python123.io/ws',data=body)
```

(3) json：JSON 格式的数据，作为 requests 的内容。

```
1  >>> kv = {'key1':'value1','key2':'value2'}
2  >>> r = requests.request('POST','http://python123.io/ws',json=kv)
```

(4) headers：字典，HTTP 定制头。

```
1  >>> hd = {'user-agent':'Chrome/10'}
2  >>> r = requests.request('POST','http://www.baidu.com',headers=hd)
```

(5) cookies：字典或 cookieJar，request 中的 cookie。

(6) files：字典类型，传输文件。

```
1  >>> f = {'file':open('/root/po.sh','rb')}
2  >>> r = requests.request('POST','http://python123.io/ws',file=f)
```

(7) timeout：设置超时时间，以秒为单位。

```
1  >>> r = requests.request('GET','http://python123.io/ws',timeout=30)
```

(8) proxies：字典类型，设置访问代理服务器，可以增加登录验证。

```
1  >>> pxs = {'http':'http://user:pass@ 10.10.10.2:1234',
2  ...  'https':'https://10.10.10.3:1234'}
3  >>> r = requests.request('GET','http://www.baidu.com',proxies=pxs)
```

(9) allow_redirects：True/False，默认为 True，重定向开关。

(10) stream：True/False，默认为 True，获取内容立即下载开关。

(11) verify：True/False，默认为 True，认证 SSL 证书开关。

(12) Cert：本地 SSL 证书路径。

(13) auth：元组类型，支持 HTTP 认证功能。

2. Requests 的 get() 方法

(1) r＝requests.get(url)，构造一个向服务器请求资源的 Requests 对象，返回一个包含服务器资源的 Response 对象。

(2) R＝requests.get(url, params＝None, ** kwargs)

url：获取页面的 URL 链接；

params：URL 中的额外参数，字典或字节流格式，可选；

** kwargs：12 个控制访问的参数。

3. Requests 的 Response 对象

Response 对象包含服务器返回的所有信息，也包含请求的 Request 信息。

Response 对象的属性见表 4-2。

表 4-2　Response 对象的属性

属　　性	说　　明
r.status_code	HTTP 请求的返回状态，200 表示连接成功，404 表示失败
r.text	HTTP 响应内容的字符串形式，即 URL 对应的页面内容
r.encoding	从 HTTP header 中猜测的响应内容编码方式
r.apparent_encoding	从内容中分析出的响应内容编码方式（备选编码方式）
r.content	HTTP 响应内容的二进制形式

下面给出一个爬取网页的通用程序框架：

```
import requests
def getHTMLText(url):
    try:
        r = requests.get(url,timeout= 30)
        r.raise_for_status()
        r.encoding = r.apparent_encoding
        return r.text
    except:
        return "产生异常"
if __name__ == "__main__":
    url = "http://www.baidu.com"
    print(getHTMLText(url))
```

4.3.3　Requests 库用于网络爬虫设计示例

1. 当当网商品页面爬取

目标页面地址为 http://product.dangdang.com/26487763.html，其界面截图如图 4-8 所示。

图 4-8 当当网页爬取示例

代码如下：

```
import requests
url = 'http://product.dangdang.com/26487763.html'

try:
    r = requests.get(url)
    r.raise_for_status()
    r.encoding = r.apparent_encoding
    print(r.text[:1000])
except IOError as e:
    print(str(e))
```

出现报错内容：

HTTPConnectionPool(host='127.0.0.1', port=80): Max retries exceeded with url: /26487763.html (Caused by NewConnectionError('<urllib3.connection.HTTPConnection object at 0x00000195E5E54048>: Failed to establish a new connection: [WinError 10061] 由于目标计算机积极拒绝,无法连接.',))

报错原因：当当网拒绝不合理的浏览器访问。

此时,可以通过 F12 进入调试界面,查看浏览器的用户代理（User-Agent）。单击 Network,并刷新一次（F5）,即可查看页面的 Headers,找到代理内容,如图 4-9 所示。

代码改进思路：Mozilla 是较早支持框架的浏览器,后来的浏览器为了兼容,都把自己伪装成 Mozilla。因此,只要构造合理的 HTTP 请求头,设置 user—agent 为 Mozilla 即可。

```
import requests
url = 'http://product.dangdang.com/26487763.html'
try:
    kv = {'user-agent':'Mozilla/5.0'}
    r = requests.get(url, headers= kv)
    r.raise_for_status()
    r.encoding = r.apparent_encoding
```

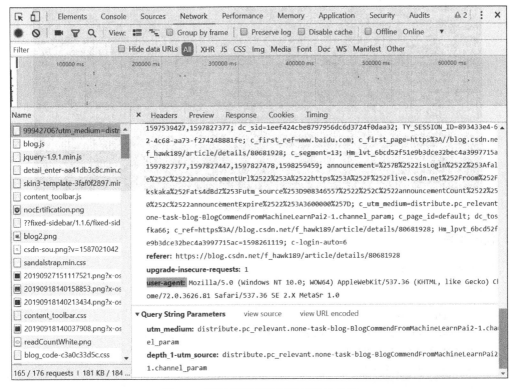

图 4-9　通过网页获取用户代理的方法

```
    print(r.text[:1000])
except IOError as e:
    print(str(e))
```

通过断点调试检查 r.request.headers 的内容，如图 4-10 所示。

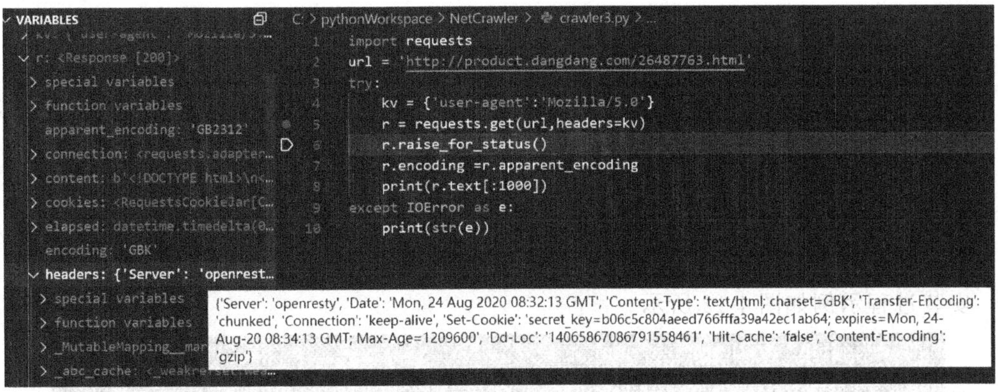

图 4-10　断点调试 r.request.headers

爬取结果在 r.text() 中显示了预期结果，如图 4-11 所示。

2. 百度搜索引擎关键词提交

百度关键词接口为 http://www.baidu.com/s?wd=keyword。

```
<!DOCTYPE html>
<html>
<head>
    <title>《流浪地球-电影制作手记》(朔方 等    人民交通出版    有容书邦发行)【简介_书评_在线阅读】- 
书</title>
    <meta http-equiv="X-UA-Compatible" content="IE=Edge">
    <meta name="description" content="当当网图书频道在线销售正版《流浪地球-电影制作手记》,作者:朔方 等    人民交
通出版    有容书邦发行,出版社:人民交通出版社.最新《流浪地球-电影制作手记》简介、书评、试读、价格、图片等相
关信息,尽在DangDang.com,网购《流浪地球-电影制作手记》,就上当当网."> 
    <meta charset="gbk">
    <link href="/26487763.html" rel="canonical">
    <link href="/??css/style.min.css,css/comment.min.css,css/iconfont.css?v=4652224415" rel="stylesheet" charset=
"gbk">
    <script src="/??js/jquery.min.js,js/jcarousellite.min.js,js/jquery.lazyload.min.js,js/juicer.min.js,js/json2.
min.js?v=7386480593" charset="gbk"></script>    <link href="//static.dangdang.com" rel="dns-prefetch">
        <link href="//a.dangdang.com" rel="dns-prefetch">
        <link href="//click.dangdang.com" rel="dns-prefetch">
        <link href="//databack.dangdang.com" rel="dns-prefetch">
        <link href="//img3.ddimg.cn" rel="dns-prefetch">
        <link href="//imip.dangdang.com"
```

图 4-11　正常爬取结果

代码实现：

```
import requests
keyword = "python"
try:
    kv = {'wd':keyword}
    r = requests.get("http://www.baidu.com/s",params=kv)
    print(r.request.url)
    r.raise_for_status()
    print(len(r.text))
except IOError as e:
    print(str(e))
```

执行结果：

```
http://www.baidu.com/s?wd=python
560743
```

4.3.4　Beautiful Soup 库的应用

Beautiful Soup 提供一些简单的、Python 式的函数用于处理导航、搜索、修改分析"标签树"等功能。能够自动将输入文档转换为 Unicode 编码,输出文档转换为 UTF-8 编码。

目前,Beautiful Soup 的最新版本是 4.x 版本,安装命令如下：

```
pip install beautifulsoup4
```

安装过程示例如图 4-12 所示。

```
C:\Users\zxm>pip install beautifulsoup4
WARNING: pip is being invoked by an old script wrapper. This will fail in a future version of pip.
Please see https://github.com/pypa/pip/issues/5599 for advice on fixing the underlying issue.
To avoid this problem you can invoke Python with '-m pip' instead of running pip directly.
Defaulting to user installation because normal site-packages is not writeable
Collecting beautifulsoup4
  Downloading beautifulsoup4-4.9.1-py3-none-any.whl (115 kB)
     |████████████████████████████████| 115 kB 5.2 kB/s
Collecting soupsieve>1.2
  Downloading soupsieve-2.0.1-py3-none-any.whl (32 kB)
Installing collected packages: soupsieve, beautifulsoup4
Successfully installed beautifulsoup4-4.9.1 soupsieve-2.0.1
```

图 4-12　安装 beautifulsoup4 示例

注意：这里虽然安装的是 beautifulsoup4 这个包，但是引入的时候却是 bs4，因为这个包源代码本身的库文件名称就是 bs4。

1. Beautiful Soup 库解析器

Beautiful Soup 库解析器见表 4-3。

表 4-3 Beautiful Soup 库解析器

解 析 器	使 用 方 法	条 件
bs4 的 HTML 解析器	BeautifulSoup(mk,'html.parser')	安装 bs4 库
lxml 的 HTML 解析器	BeautifulSoup(mk,'lxml')	pip install lxml
lxml 的 XML 解析器	BeautifulSoup(mk,'xml')	pip install lxml
html5lib 的解析器	BeautifulSoup(mk,'htmlslib')	pip install html5lib

如果使用 lxml，在初始化 Beautiful Soup 时，把第二个参数改为 lxml 即可：

```
from bs4 import BeautifulSoup
soup = BeautifulSoup('<p>Hello</p>','lxml')print(soup.p.string)
```

2. Beautiful Soup 类的基本元素

Beautiful Soup 类的基本元素见表 4-4。

表 4-4 Beautiful Soup 类的基本元素

基本元素	说 明
Tag	标签，基本信息组织单元，分别用<>和</>标明开头和结尾
Name	标签的名字，<p></p>的名字是'p'，格式：<tag>.name
Attributes	标签的属性，字典形式组织，格式：<tag>.attrs
NavigableString	标签内非属性字符串，<>...<>中字符串，格式：<tag>.string
Comment	标签内字符串的注释部分，一种特殊的 Comment 类型

3. Beautiful Soup 的基本用法

下面给出一个实例：软科中国最好学科排名 2019-计算机科学与技术，网页是 http://www.zuihaodaxue.cn/BCSR/jisuanjikexueyujishu2019.html，界面如图 4-13 所示。

代码如下：

```
import requests
from bs4 import BeautifulSoup
allUniv = []
def getHtmlText(url):
    try:
        r = requests.get(url,timeout=30)
        r.raise_for_status()
        r.encoding = "utf-8"
        return r.text
    except:
        return ""
def getUnivList(soup):
    data = soup.find_all('tr')
    for tr in data:
```

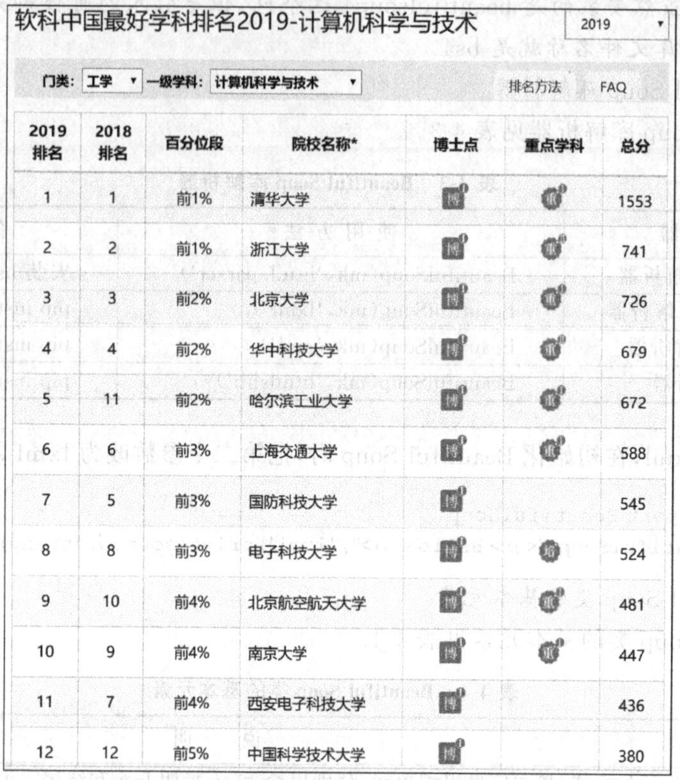

软科中国最好学科排名2019-计算机科学与技术　2019

门类：工学　一级学科：计算机科学与技术　排名方法　FAQ

2019排名	2018排名	百分位段	院校名称*	博士点	重点学科	总分
1	1	前1%	清华大学	博	重	1553
2	2	前1%	浙江大学	博	重	741
3	3	前2%	北京大学	博	重	726
4	4	前2%	华中科技大学	博	重	679
5	11	前2%	哈尔滨工业大学	博	重	672
6	6	前3%	上海交通大学	博	重	588
7	5	前3%	国防科技大学	博		545
8	8	前3%	电子科技大学	博	培	524
9	10	前4%	北京航空航天大学	博	重	481
10	9	前4%	南京大学	博	重	447
11	7	前4%	西安电子科技大学	博		436
12	12	前5%	中国科学技术大学	博		380

图 4-13　计算机科学与技术学科排名网页截图

```
        utd = tr.find_all('td')
        if len(utd) == 0:
            continue
        singleUniv = []
        for td in utd:
            singleUniv.append(td.string)
        allUniv.append(singleUniv)
def printUnivList(num):
    print("{1:^8}{2:^8}{3:^8}{4:{0}^9}{5:{0}^10}".format(chr(12288),"2019 排
名","2018 排名","百分位段","学校","总分"))
    for i in range(num):
        u = allUniv[i]
    print("{1:^10}{2:^10}{3:^10}{4:{0}^10}{5:{0}^10}".format(chr(12288),u[0],u
[1],u[2],u[3],u[6]))
def main(num):
    url = 'http://www.zuihaodaxue.cn/BCSR/jisuanjikexueyujishu2019.html'
    html = getHtmlText(url)
    soup = BeautifulSoup(html,"html.parser")
    getUnivList(soup)
    printUnivList(num)
main(15)
```

程序运行结果如图 4-14 所示。

可见，程序爬取结果与网页的完全一致。

图 4-14　计算机科学与技术学科排名网页爬取结果

4.3.5　Selenium 的应用技术

Selenium 是一个用于 Web 应用程序测试的工具，支持自动录制动作和自动生成 .Net、Java、Perl 等不同语言的测试脚本。Selenium 测试直接运行在浏览器中，就像真正的用户在操作一样。支持的浏览器包括 IE、Mozilla、Firefox、Safari、Google Chrome 和 Opera 等。

Selenium 用于爬虫，主要用于解决 javaScript 渲染的问题。

1. Selenium 的应用框架示例

该示例通过 Chrome 浏览器访问百度，并搜索关键词"大数据技术开发"，以获取搜索结果。

```
# encoding= gb2312
from selenium import webdriver
from selenium.webdriver.common.by import By
from selenium.webdriver.common.keys import Keys
from selenium.webdriver.support import expected_conditions as EC
from selenium.webdriver.support.wait import WebDriverWait
import time
browser= webdriver.Firefox()
try:
    browser.get("https://www.baidu.com")
    input= browser.find_element_by_id("kw")
    input.send_keys("大数据技术开发")
    input.send_keys(Keys.ENTER)
    wait= WebDriverWait(browser,10)
    wait.until(EC.presence_of_element_located((By.ID,"content_left")))
    print(browser.current_url)
    print(browser.get_cookies())
    print(browser.page_source)
    time.sleep(10)
finally:
    browser.close()
```

运行结果如图 4-15 所示。

2. Selenium 的基本用法

（1）声明浏览器对象。

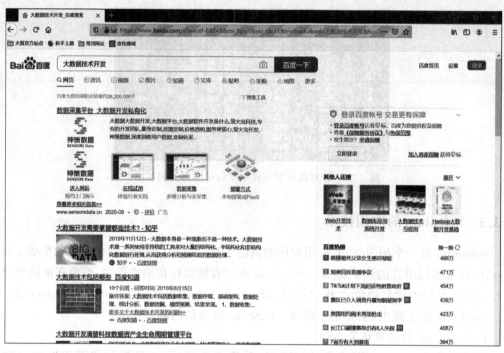

图 4-15　编程调用百度搜索"大数据技术开发"网页

```
# -*-coding: utf-8 -*-
from selenium import webdriver    # 声明谷歌、Firefox、Safari 等浏览器
browser=webdriver.Chrome()
browser=webdriver.Firefox()
browser=webdriver.Safari()
browser=webdriver.Edge()
browser=webdriver.PhantomJS()
```

（2）访问页面。

```
# -*-coding: utf-8 -*-
from selenium import webdriver
browser=webdriver.Chrome()
browser.get("http://www.taobao.com")
print(browser.page_source)
browser.close()
```

（3）查找单个元素。

```
# -*-coding: utf-8 -*-
from selenium import webdriver
from selenium.webdriver.common.by import By
browser=webdriver.Chrome()
browser.get("http://www.taobao.com")
input_first=browser.find_element_by_id("q")
input_second=browser.find_element_by_css_selector("# q")
input_third=browser.find_element(By.ID,"q")
print(input_first,input_second,input_first)
```

```
browser.close()
```

（4）查找多个元素。

```
# -*-coding: utf-8 -*-
from selenium import webdriver
from selenium.webdriver.common.by import By
browser=webdriver.Chrome()
browser.get("http://www.taobao.com")
lis=browser.find_element_by_css_selector("li")
lis_c=browser.find_element(By.CSS_SELECTOR,"li")
print(lis,lis_c)
browser.close()
```

（5）执行 JavaScript。

下面的例子是执行时，拖拽进度条到底，并弹出提示框。

```
# -*-coding: utf-8 -*-
from selenium import webdriver
browser=webdriver.Chrome()
browser.get("https://www.zhihu.com/explore")
browser.execute_script("window.scrollTo(0,document.body.scrollHeight)")
browser.execute_script("alert('To Button')")
browser.close()
```

（6）获取 ID、元素信息、文本值、位置、大小和标签名。

```
# -*-coding: utf-8 -*-
from selenium import webdriver
browser=webdriver.Chrome()
url="https://www.zhihu.com/explore"
browser.get(url)
logo=browser.find_element_by_id("zh-top-link-logo")
print(logo) # id
print(logo.get_attribute("class"))
print(logo.text)
print(logo.id) # 位置
print(logo.location) # 标签名
print(logo.tag_name) # 大小
print(logo.size)
browser.close()
```

（7）浏览器的前进和后退。

```
# -*-coding: utf-8 -*-
from selenium import webdriver
import time
browser=webdriver.Chrome()
browser.get("https://www.taobao.com")
browser.get("https://www.baidu.com")
browser.get("https://www.python.org")
browser.back()
```

```
time.sleep(1)
browser.forward()
browser.close()
```

4.4 大数据存储与管理技术

随着 Hadoop/Spark 技术的蓬勃发展，用于解决大数据分析的技术平台开始涌现。Hadoop/Spark 凭借性能强劲、高度容错、调度灵活等技术优势已渐渐成为主流技术，业界大部分厂商都提供了基于 Hadoop/Spark 的技术方案和产品。同时，基于大数据处理实时性、高性能数据管理等要求，新型数据库在不断涌现。

4.4.1 大数据存储与管理类型

在使用 Hadoop/Spark 作为大数据计算平台的解决方案中，有两种主流的编程模型，一种是基于 HadoopSpark API 或者衍生出来的语言，另一种是基于 SQL 语言。

MapReduce 模型虽然好用，但是很笨重。第二代的 Tez 和 Spark 本质上来说，是让 MapReduce 模型更通用，同时速度更快，更少的磁盘读写，从而更方便地描述复杂算法，取得更高的吞吐量。

1. 适于中低速的数据仓库架构

MapReduce 的程序写起来比较麻烦。人们希望有个更高层更抽象的语言层来描述算法和数据处理流程。于是有了 Pig 和 Hive。Pig 是接近脚本方式去描述 MapReduce，Hive 则用的是 SQL。它们把脚本和 SQL 语言翻译成 MapReduce 程序，传给计算引擎去计算，开发者就能用更简单更直观的语言去写程序了。

SQL 作为数据库领域的事实标准语言，相对于用 API（如 MapReduce API、Spark API 等）来构建大数据分析的解决方案有着先天的优势：①产业链完善，各种报表工具、ETL 工具等可以很好地对接；②用 SQL 开发有更低的技术门槛；③能够降低原有系统的迁移成本等。因此，SQL 语言渐渐成为大数据分析的主流技术标准之一。

有了 Hive 之后，用 SQL 易写易改，容易维护。对于词频统计应用，用 SQL 描述就只有一两行，比 MapReduce 程序简洁得多。而且，许多数据分析人员具有 SQL 技术基础，容易发挥原来的优势。因此，Hive 逐渐成为了大数据仓库的核心组件。

尽管如此，Hive 在 MapReduce 上的运行的确很慢。对于一个巨型网站海量数据处理，也许要花几十分钟甚至很多小时。因此，需要优化 SQL 操作，而且不需要那么多容错性保证。于是产生了两个新的解决方案，即 Hive on Tez/Spark 和 Spark SQL，采用了新一代通用计算引擎 Tez 或者 Spark 来运行 SQL。由此，基本形成了数据仓库的构架：底层是 HDFS，中间有 MapReduce/Tez/Spark，其上运行 Hive、Pig，从而解决了中低速数据处理的要求。

2. 适用高速处理的流式计算

对于类似微博的公司，希望显示的是不断变化的热播榜，更新延迟在一分钟之内，则以上手段都将无法胜任。新的计算模型是 Streaming（流）计算，Storm 是最流行的流计算平台。流计算的思路是，为了达到实时更新，应该在数据流进来时就进行处理。流计算基本无延迟,但其短处是不灵活,需要预先设置。因此,流式计算并不能替代数据仓库和批处理系统。

3. NoSQL

由于传统的关系数据库所固有的局限性,如峰值性能、伸缩性、容错性、可扩展性差等特性,很难满足海量数据的柔性管理需求。为此,面向海量数据管理的新模式 NoSQL 出现了。

NoSQL 是指那些非关系型的、分布式的、不保证遵循 ACID 原则的数据存储系统,并分为 Key-Value 存储、文档数据库和图数据库这 3 类。其中,Key-Value 存储备受关注,已成为 NoSQL 的代名词。典型的 NoSQL 产品有 Google 的 BigTable、基于 HDFS 的 HBase、Amazon 的 Dynamo、Apache 的 Cassandra、MongoDB 和 Redis 等。

NoSQL 典型地遵循 CAP 理论和 BASE 原则。

(1) CAP 理论可简单描述为:一个分布式系统不能同时满足一致性(consistency)、可用性(availability)和分区容错性(partition tolerance)这 3 个需求,最多只能同时满足两个。因此,大部分 Key-Value 数据库系统都会根据自己的设计目的进行相应的选择,如 Cassandra、Dynamo 满足 AP;BigTable、MongoDB 满足 CP;而关系数据库,如 MySQL 和 Postgres 满足 AC。

(2) BASE 即 Basically Available(基本可用)、Soft state(柔性状态)和 Eventually consistent(最终一致)的缩写。Basically Available 是指可以容忍系统的短期不可用,并不强调全天候服务;Soft state 是指状态可以有一段时间不同步,存在异步的情况;Eventually consistent 是指最终数据一致,而不是严格的时时一致。因此,目前 NoSQL 数据库大多数是针对其应用场景的特点,遵循 BASE 设计原则,更加强调读写效率、数据容量以及系统可扩展性。

4. NewSQL

NoSQL 对海量数据的存储管理能力强大,但是对 ACID 和 SQL 支持不佳。而 RDBMS 虽然有着 ACID 和 SQL,但是对海量数据比较乏力。在这种情况下,NewSQL 就应运而生。NewSQL 是对各种新的可扩展/高性能数据库的简称,这类数据库不仅具有 NoSQL 对海量数据的存储管理能力,还保持了传统数据库支持 ACID 和 SQL 等特性。

NewSQL 系统虽然内部结构变化很大,但是与 NoSQL 有两个明显的共同特点:它们都支持关系数据模型;它们都使用 SQL 作为其主要的接口。

NewSQL 系统包括:Clustrix、GenieDB、ScalArc、Schooner、VoltDB、RethinkDB、ScaleDB、Akiban、CodeFutures、ScaleBase、Translattice 和 NimbusDB,以及 Drizzle、带有 NDB 的 MySQL 集群和带有 Handler Socket 的 MySQL。相关的"NewSQL 作为一种服务"类别则包括亚马逊关系数据库服务,微软的 SQL Azure 等。

NewSQL 是指这样一类新式的关系型数据库管理系统,针对 OLTP(读-写)工作负载,追求提供和 NoSQL 系统相同的扩展性能,且仍然保持 ACID 和 SQL 等特性。

4.4.2 三种数据库比较

为了区分不同类型的大数据存储与应用特点,将适用于事务处理应用的传统数据库称为 OldSQL,对应适用于数据分析应用的 NewSQL 和适用于互联网应用的 NoSQL。

首先,从数据管理能力、数据价值密度和实时性三个方面,对 OldSQL、NoSQL 和 NewSQL 三种数据库进行分析比较,如图 4-16 所示。它们对关系模型、SQL 语句、ACID 等 6 种特性的支持情况见表 4-5。

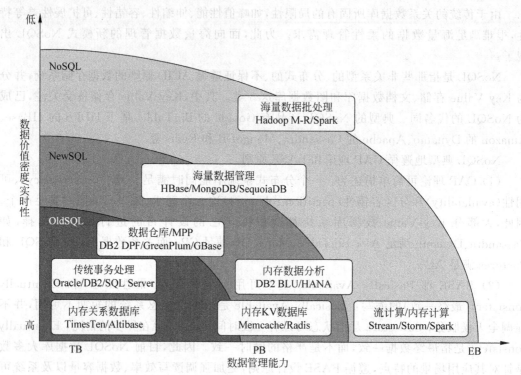

图 4-16　三种数据库在数据管理能力、价值密度和实时性方面的比较

表 4-5　三种数据库对 6 种特性的支持情况比较

特　性	OldSQL	NoSQL	NewSQL
关系模型	√		√
SQL 语句	√		√
ACID	√		√
水平扩展		√	√
大数据		√	√
无结构化		√	

NoSQL 数据库可以划分为四个类型:键值(Key-Value)数据库、列存储数据库、文档型数据库和图数据库。它们的综合比较见表 4-6。

表 4-6　NoSQL 数据库的分类比较

分类	数据模型	优　势	劣　势	应用场景	举　例
键值数据库	哈希表	查找速度快	数据无结构化,通常只被当作字符串或者二进制数据	内容缓存,日志系统	Redis

续表

分类	数据模型	优势	劣势	应用场景	举例
列存储数据库	列式数据存储	查找速度快；支持分布横向扩展；数据压缩率高	功能相对受限	分布式的文件系统	HBase
文档型数据库	键值对扩展	数据结构要求不严格；表结构可变；不需要预先定义表结构	查询性能不高，缺乏统一的查询语法	Web 应用	MongoDB
图数据库	节点和关系组成的图	利用图结构相关算法（最短路径、节点度关系查找等）	可能需要对整个图做计算，不利于图数据分布存储	社交网络，推荐系统	Neo4J，JanusGraph

4.4.3 NewSQL、NoSQL 与 OldSQL 混合部署应用方案

在一些复杂的应用场景中，单一数据库架构都不能完全满足应用场景对海量结构化和非结构化数据的存储管理、复杂分析、关联查询、实时性处理和控制建设成本等多方面的需要。在大数据的推动下，数据库的架构逐渐走向多元化，已经从一种架构支持多类应用转变成多种架构支持多类应用。

不同架构数据库混合使用的模式可以概括为：OldSQL＋NewSQL、OldSQL＋NoSQL、NewSQL＋NoSQL 三种主要模式。下面通过三个案例对不同架构数据库的混合应用部署进行介绍。

1. OldSQL＋NewSQL 在数据中心类应用中混合部署

采用 OldSQL＋NewSQL 模式构建数据中心，在充分发挥 OldSQL 数据库的事务处理能力的同时，借助 NewSQL 在实时性、复杂分析、即席查询等方面的独特优势，以及面对海量数据时较强的扩展能力，满足数据中心对当前"热"数据事务型处理和海量历史"冷"数据分析两方面的需求。OldSQL＋NewSQL 模式在数据中心类应用中的互补作用体现在，OldSQL 弥补了 NewSQL 不适合事务处理的不足，NewSQL 弥补了 OldSQL 在海量数据存储能力和处理性能方面的缺陷。

例如，商业银行数据中心采用 OldSQL＋NewSQL 混合部署方式搭建，OldSQL 数据库满足各业务系统数据的归档备份和事务型应用，NewSQL 数据库集群对即席查询、多维分析等应用提供高性能支持，并且通过集群架构实现应对海量数据存储的扩展能力。与传统的 OldSQL 模式相比，采用混合搭建模式，即席查询和统计分析性能提升 6 倍以上。

2. OldSQL＋NoSQL 在互联网大数据应用中混合部署

在互联网大数据应用中采用 OldSQL＋NoSQL 混合模式，能够很好地解决互联网大数据应用对海量结构化和非结构化数据进行存储和快速处理的需求。在诸如大型电子商务平台、大型 SNS 平台等互联网大数据应用场景中，OldSQL 在应用中负责高价值密度结构化数据的存储和事务型处理，NoSQL 在应用中负责存储和处理海量非结构化的数据和低价值密度结构化数据。其互补作用体现在，OldSQL 弥补了 NoSQL 在 ACID 特性和复杂关联运算方面的不足，NoSQL 弥补了 OldSQL 在海量数据存储和非结构化数据处理方面的缺陷。

数据魔方是淘宝网的一款数据产品，主要提供行业数据分析、店铺数据分析。淘宝数据产品在存储层采用 OldSQL＋NoSQL 混合模式，由基于 MySQL 的分布式关系型数据库集群 MyFOX 和基于 HBase 的 NoSQL 存储集群 Prom 组成，如图 4-17 所示。由于 OldSQL 强大的语义和关系表达能力，在应用中仍然占据着重要地位，目前存储在 MyFOX 中的统计结果数据已经达到 10TB，占据着数据魔方总数据量的 95％以上。另外，NoSQL 作为 SQL 的有益补充，解决了 OldSQL 数据库无法解决的全属性选择器等问题。

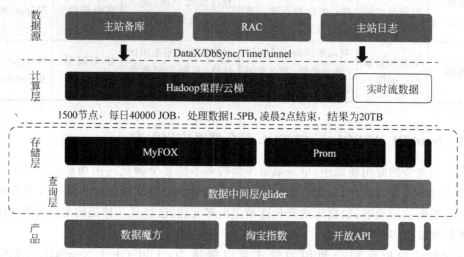

图 4-17　淘宝海量数据产品技术架构

基于 OldSQL＋NoSQL 混合架构的特点，数据魔方目前已经能够提供压缩前 80TB 的数据存储空间，支持每天 4000 万的查询请求，平均响应时间为 28 毫秒，足以满足未来一段时间内的业务增长需求。

3．NewSQL＋NoSQL 在行业大数据应用中混合部署

行业大数据与互联网大数据的区别在于行业大数据的价值密度更高，并且对结构化数据的实时处理、复杂的多表关联分析、即席查询、数据强一致性等都比互联网大数据有更高的要求。行业大数据应用场景主要是分析类应用，如电信、金融、政务、能源等行业的决策辅助、预测预警、统计分析、经营分析等。

在行业大数据应用中采用 NewSQL＋NoSQL 混合模式，充分利用 NewSQL 在结构化数据分析处理方面的优势，以及 NoSQL 在非结构数据处理方面的优势，实现 NewSQL 与 NoSQL 的功能互补，解决行业大数据应用对高价值结构化数据的实时处理、复杂的多表关联分析、即席查询、数据强一致性等要求，以及对海量非结构化数据存储和精确查询的要求。在应用中，NewSQL 承担高价值密度结构化数据的存储和分析处理工作，NoSQL 承担存储和处理海量非结构化数据和不需要关联分析、Ad-hoc 查询较少的低价值密度结构化数据的工作。

例如，电信运营商在集中化 BI 系统建设过程中面临着数据规模大、数据处理类型多等问题，并且需要应对大量的固定应用，以及占统计总数 80％以上的突发性临时统计（Ad-hoc）需求。在集中化 BI 系统的建设中采用 NewSQL＋NoSQL 混搭的模式，充分利用 NewSQL 在复杂分析、即席查询等方面处理性能的优势，以及 NoSQL 在非结构化数据处理和海量数

据存储方面的优势,实现高效低成本。

集中化 BI 系统按照数据类型和处理方式的不同,将结构化数据和非结构化数据分别存储在不同的系统中:非结构化数据在 Hadoop 平台上存储与处理;结构化、不需要关联分析、Ad-hoc 查询较少的数据保存在 NoSQL 数据库或 Hadoop 平台;结构化、需要关联分析或 Ad-hoc 查询较多的数据,保存在 NewSQL MPP 数据库中。短期高价值数据放在高性能平台,中长期放在低成本产品中。

第 5 章

大数据预处理技术

5.1 数据预处理概述

数据预处理是数据挖掘和人工智能应用的重要前提。要使挖掘算法挖掘出有效的知识,必须为其提供干净、准确、简洁的数据。然而,现实世界中的数据库极易受到噪声数据、空缺数据和不一致性数据的侵扰,大多数为"脏"数据。对此,已经有大量的数据预处理技术。

1. 数据质量要求

数据如果能满足其应用要求,那么它是高质量的。数据质量涉及许多因素,包括准确性、完整性、一致性、时效性、可信性和可解释性。

不正确、不完整和不一致的数据是现实世界大型数据库和数据仓库的共同特点。

导致不正确的数据(即具有不正确的属性值)可能有多种原因:收集数据的设备可能出故障;人或计算机的错误可能在数据输入时出现;当用户不希望提交个人信息时,可能故意向强制输入字段输入不正确的值。这被称为被掩盖的缺失数据。错误也可能在数据传输中出现。这可能是由于技术的限制。不正确的数据也可能是由命名约定或所用的数据代码不一致,或输入字段(如日期)的格式不一致而导致。

不完整数据的出现可能有多种原因。有些感兴趣的属性,如销售事务数据中顾客的信息,并非总是可以得到的。其他数据没有包含在内,可能只是因为输入时认为是不重要的。相关数据没有记录可能是由于理解错误,或者因为设备故障。与其他记录不一致的数据可能已经被删除。此外,历史或修改的数据可能被忽略。缺失的数据,特别是某些属性上缺失值的元组,可能需要推导出来。

数据质量依赖于数据的应用。对于给定的数据库,两个不同的用户可能有完全不同的评估。

时效性也影响数据的质量。

影响数据质量的另外两个因素是可信性和可解释性。可信性反映有多少数据是用户信赖的,而可解释性反映数据是否容易理解。

数据预处理技术可以改进数据的质量,从而有助于提高其后的挖掘过程的准确率和效率。

2. 数据预处理的主要方法

数据预处理的主要方法和步骤:数据清洗、数据集成、数据规约和数据变换。

(1) 数据清洗。通过填写缺失的值,光滑噪声数据,识别或删除离群点,并解决不一致来"清理"数据。

(2) 数据集成。将多个数据源合并成一致的数据存储,构成一个完整的数据集,如数据仓库。它涉及集成多个数据库、数据立方体或文件。代表同一概念的属性在不同的数据库中可能具有不同的名字,这又导致不一致性和冗余。有些属性可能是由其他属性导出的(如年收入)。除数据清理之外,必须采取步骤,避免数据集成时的冗余。通常,在为数据仓库准备数据时,数据清理和数据集成将作为预处理步骤进行。还可以再次进行数据清理,检测和删去可能由数据集成而导致的冗余。

(3) 数据归约。通过聚集、删除冗余属性或聚类等方法来压缩数据,得到数据集的简化表示,它小得多,但能够产生同样的(或几乎同样的)分析结果。

数据规约策略包括维归约、数值规约和数据压缩。

在维规约中,使用数据编码方案,以便得到原始数据的简化或"压缩"表示。例子包括数据压缩技术(如小波变换和主成分分析),以及属性子集选择(如去掉不相关的属性)和属性构造(如从原来的属性集导出更有用的小属性集)。

在数值规约中,使用参数模型(如回归和对数线性模型)或非参数模型(如直方图、聚类、抽样或数据聚集),用较小的表示来取代数据。

在数据压缩中,如果原数据能够从压缩后的数据重构,而不损失信息,则该数据规约称为无损的。如果只能近似重构原数据,则该数据规约称为有损的。

(4) 数据变换。将一种格式的数据转换为另一格式的数据(如规范化)。数据变换策略包括如下几种。

① 光滑:去掉数据中的噪音。这种技术包括分箱、聚类和回归。

② 属性构造(或特征构造):可以由给定的属性构造新的属性,并添加到属性集中,以帮助挖掘过程。

③ 聚集:对数据进行汇总和聚集。例如,可以聚集日销售数据,计算月和年销售量。通常,这一步用来为多个抽象层的数据分析构造数据立方体。

④ 规范化:把属性数据按比例缩放,使之落入一个特定的小区间,如$-1.0\sim1.0$ 或 $0.0\sim1.0$。

⑤ 离散化:数值属性(如年龄)的原始值用区间标签(如 $0\sim10,11\sim20$ 等)或概念标签(如 youth、adult、senior)替换。这些标签可以递归地组织成更高层概念,导致数值属性的概念分层。

⑥ 由标称数据产生概念分层:属性(如 street),可以泛化到较高的概念层(如 city 或 country)。

上面的分类不是互斥的。例如,冗余数据的删除既是一种数据清理形式,也是一种数据规约形式。

5.2 数据清洗

现实世界的数据一般是"脏的"、不完整的和不一致的,而数据清洗试图填充空缺的值、识别孤立点、消除噪声,并纠正数据中的不一致性。

5.2.1 缺失值处理

处理缺失值的方法分为删除、插补、不处理3类。

1. 删除缺失值

通过删除小部分的数据就可以达到目标，这是最简单高效的办法。

删除缺失值具体的情况有以下几种。

(1) data.dropna()：直接删除含有缺失值的行。

(2) data.dropna(axis=1)：直接删除含有缺失值的列。

(3) data.dropna(how='all')：只删除全是缺失值的行。

(4) data.dropna(thresh=3)：保留至少有3个非空值的行。

(5) data.dropna(subset=[u'血型'])：判断特定的列，若该列含有缺失值，则删除缺失值所在的行。

2. 插补缺失值

常见的插补方法见表5-1。

表5-1 常见的插补方法

插补方法	方法描述
均值/中位数/众数插补	根据属性值的类型，用该属性取值的平均数/中位数/众数进行插补
使用固定值	将缺失的属性值用一个常量替换
最近邻插补	在记录中找到与缺失样本最接近的样本的该属性值进行插补
回归方法	建立拟合模型来预测缺失的属性值
插值法	利用已知点建立合适的插值函数进行插补。比如，拉格朗日插值法、牛顿插值法、Hermite插值法、分段插值法和样条插值法

插补缺失值具体的情况有以下几种。

- data.fillna(data.mean())：均值插补。
- data.fillna(data.median())：中位数插补。
- data.fillna(data.mode())：众数插补。
- data.fillna(data.max())：最大值插补。
- data.fillna(data.min())：最小值插补。
- data.fillna(0)：固定值插补（用0填充）。
- data.fillna(5000)：固定值插补（用已知的行业基本工资填充）。
- data.fillna(method='ffill')：最近邻插补（用缺失值的前一个值填充）。
- data.fillna(method='pad')：最近邻插补（用缺失值的后一个值填充）。

scikit-learn 提供了三种策略来填充缺失值。

- mean：将所有的 nan 值替换为矩阵指定坐标轴上元素的平均值（默认情况 axis=0）；
- median：将所有的 nan 值替换为矩阵坐标轴上元素的中值（默认情况 axis=0）；
- most_frequest：将所有的 nan 值替换为矩阵在指定坐标轴上出现频率最高的值（默认认 axis=0）。

示例如下：

```
from numpy import nan
X = np.array([[ nan, 0,   3  ],
              [ 2,   9,  -8  ],
              [ 1,   nan, 1  ],
              [ 5,   2,   4  ],
              [ 7,   6,  -3 ]])
# 使用 mean 处理缺失值
from sklearn.preprocessing import Imputer
imp = Imputer(strategy= 'mean')
X2 = imp.fit_transform(X)
X2     #输出 array([[ 3.75, 0. ,  3. ],
              [ 2. ,  9. , -8. ],
              [ 1. ,  4.25, 1. ],
              [ 5. ,  2. ,  4. ],
              [ 7. ,  6. , -3. ]])
```

这就是将 nan 值分别替换为其对应列计算得到的平均值。可以通过计算第一列(不计算第一个元素 X[0,0])的均值来再次检查这个数学结果,并将计算值与矩阵的第一个 X2[0,0]进行对比。

```
np.mean(X[1:, 0]), X2[0, 0]    #输出(3.75, 3.75)
同样的,median 也是一样操作：
#使用 median 处理缺失值
imp = Imputer(strategy='median')
X3 = imp.fit_transform(X)
X3     #输出 array([[ 3.5,  0. ,  3. ],
              [ 2. ,  9. , -8. ],
              [ 1. ,  4. ,  1. ],
              [ 5. ,  2. ,  4. ],
              [ 7. ,  6. , -3. ]])
```

检查一下结果,这一次不再计算第一列的平均值,而是计算其中值(不包括 X[0,0]),并将结果与 X3[0,0]进行对比,发现值是一样的,那就是说明 Imputer 和预期的一样计算。

```
np.median(X[1:, 0]), X3[0, 0]    #输出(3.5, 3.5)
```

5.2.2 重复值处理

在 Pandas 中,.duplicated()表示找出重复的行,默认是判断全部列,返回布尔类型的结果。对于完全没有重复的行,返回 False;对于有重复的行,第一次出现的那一行返回 False,其余的返回 True。

与.duplicated()对应的,.drop_duplicates()表示去重,即删除布尔类型为 True 的所有行,默认是判断全部列。

```
import pandas as pd
import numpy as np
from pandas import DataFrame,Series
#读取文件
```

```
datafile = 'c:\pythonWorkspace\pfile.xlsx'
pdata = pd.read_excel(datafile)
dfData= DataFrame(pdata)

#去重
print(dfData.duplicated())            #判断是否有重复行,重复者显示为 TRUE
dfData.drop_duplicates()              #去掉重复行
#指定某列判断是否有重复值
print(dfData.duplicated('name'))      #判断 name 列是否有重复行,重复者显示为 TRUE
examDf.drop_duplicates('name')        #去掉重复行

#根据多列判断是否有重复值
print(dfData.duplicated(['name','sex','birthday']))     #判断 name、sex、birthday 列
是否有重复行,重复者显示为 TRUE
dfData.drop_duplicates(['name','sex','birthday'])       #去掉重复行
```

5.2.3 异常值处理

异常值(或离群值)往往会扭曲预测结果并影响模型精度,尤其在回归模型(线性回归、广义线性回归)中。因此,使用这种模型时需要对其进行检测和处理。如果要保留这些极端值,可以选择对极端值不敏感的模型,如 KNN、决策树。

常见的异常值处理办法见表 5-2。

表 5-2 常见的异常值处理方法

异常值处理方法	方法描述
删除含有异常值的记录	直接将含有异常值的记录删除
视为缺失值	按缺失值处理方法进行处理
平均值修正	可用前后两个观测值的平均值修正该异常值
不处理	保留数据

另外,还有一些根据距离来检测的算法,如 spark-stochastic-outlier-selection。

统计上通常用 3-sigma 方法检测离群值。一般来说,假设某个特征数据的最大值为 maxValue,均值为 mean,标准差为 std,如果满足 maxValue > mean + 3 * std,那么认为这个特征数据存在离群点。

5.3 文本数据清洗

超过 80% 的数据是非结构化的。文本数据预处理是数据分析前的必经之路。大多数可用的文本数据本质上是高度非结构化和嘈杂的,需要更好的见解或建立更好的算法来处理数据。

社交媒体数据是高度非结构化的,因其非正式的交流,存在包括拼写错误、语法不好、俚语的使用、诸如 URL、停用词、表达式等不必要内容。典型的需要清洗的问题如下。

(1) 标点符号,中文标点混合英文标点符号,全半角等。

(2) 有一些特殊的表情符号存在于句子中。

（3）有一些标点符号重复使用。
（4）繁体中文转中文，停用词等之类。

5.3.1 纯文本的正则处理方法

正则处理文本数据，可以剔除脏数据和指定条件的数据筛选。假设需要清除文本中的特殊符号、标点、英文、数字等，仅仅只保留汉字信息，甚至去除换行符，还有多个空格转变成一个空格。下面介绍代码实现。

```
def textParse(str_doc):
    #正则过滤掉特殊符号、标点、英文、数字等。
    r1 = '[a-zA-Z0-9'!"#$%&\'()*+,-./:;;|<=>?@,—。?★、…【】《》?""''![\\]^_`{|}~]+'
    #去除换行符
    str_doc=re.sub(r1, '', str_doc)
    #多个空格成1个
    str_doc=re.sub(r2, '', str_doc)
    return str_doc
    #正则清洗字符串
    word_list=textParse(str_doc)
    print(word_list)
```

5.3.2 HTML 网页数据的正则处理方法

网页属于半结构化数据，它不同于上述的纯文本。
介绍一种网页数据通用的正则处理方法。实现代码如下。

```
#清洗 HTML 标签文本
#@param htmlstr HTML 字符串
def filter_tags(htmlstr):
    #过滤 DOCTYPE
    htmlstr = ''.join(htmlstr.split()) #去掉多余的空格
    re_doctype = re.compile(r'<!DOCTYPE .*?>', re.S)
    s = re_doctype.sub('',htmlstr)
    #过滤 CDATA
    re_cdata = re.compile('//<!CDATA\[[>]*//\]>', re.I)
    s = re_cdata.sub('', s)
    #Script
    re_script = re.compile('<\s*script[^>]*>[^<]*<\s*/\s*script\s*>', re.I)
    s = re_script.sub('', s)    #去掉 SCRIPT
    #style
    re_style = re.compile('<\s*style[^>]*>[^<]*<\s*/\s*style\s*>', re.I)
    s = re_style.sub('', s)    #去掉 style
    #处理换行
    re_br = re.compile('<br\s*?/?>')
    s = re_br.sub('', s)    #将 br 转换为换行
    #HTML 标签
    re_h = re.compile('</?\w+[^>]*>')
    s = re_h.sub('', s)    #去掉 HTML 标签
    #HTML 注释
```

```
re_comment = re.compile('<!--[^>]*-->')
s = re_comment.sub('', s)
#多余的空行
blank_line = re.compile('\n+ ')
s = blank_line.sub('', s)
#剔除超链接
http_link = re.compile(r'(http://.+.html)')
s = http_link.sub('', s)
return s
#正则处理html网页数据
s=filter_tags(str_doc)
print(s)
```

5.3.3 其他方法

1. 规则匹配方法

匹配除了数字、英文标点、中文标点、中文字符、中文字符之外的符号。这种符号一般可以去掉中文文本表达中的表情符号、特殊字符等。

```
improt re
from string import punctuation
from string import digits
rule = re.compile(u'[^a-zA-Z0-9.,;《》?! ""''@#￥%…&×()——+【】{};；●,。&~、|\s::'+ digits+ punctuation+ '\u4e00-\u9fa5]+ ')
s=re.sub(rule, '', sentence)
```

2. 处理文本重复符号的表达,如替换多个"。""!"

```
s = re.sub('[!]+ ', '!', s)
s = re.sub('[.]+ ', '。', s)
s = re.sub('[。]+ ', '。', s)
```

3. 处理整段中文语料上述问题,只提取中文部分

```
def clean_line(s):
    """
    :param s: 清洗爬取的中文语料格式
    :return:
    """
    import re
    from string import digits, punctuation
    rule = re.compile(u'[^a-zA-Z0-9.,;《》?! ""''@#￥%…&×()——+【】{};；●,。&~、|\s::'+ digits + punctuation + '\u4e00-\u9fa5]+ ')
    s = re.sub(rule, '', s)
    s = re.sub('[、]+ ', ',', s)
    s = re.sub('\'', '', s)
    s = re.sub('[#]+ ', ',', s)
    s = re.sub('[?]+ ', '?', s)
    s = re.sub('[;]+ ', ',', s)
    s = re.sub('[,]+ ', ',', s)
    s = re.sub('[!]+ ', '!', s)
    s = re.sub('[.]+ ', '.', s)
```

```
s = re.sub('[,]+ ', ',', s)
s = re.sub('[。]+ ', '。', s)
s = s.strip().lower()
return s
```

5.4 数据规范化处理

规格化的目的是将一个属性取值范围影射到一个特定范围之内,以消除数值性属性因大小不一而造成挖掘结果的偏差。在正式进行数据挖掘之前,尤其是使用基于对象距离的挖掘算法时,必须进行数据的规格化。

基于参数的模型或基于距离的模型都要进行特征的归一化,其作用如下。

(1) 把数据变为 0 和 1 之间的小数。主要是为了方便数据处理,因为将数据映射到 0~1 范围之内,可以使处理过程更加便捷、快速。

(2) 把有量纲表达式变换为无量纲表达式,成为纯量。经过归一化处理的数据,处于同一数量级,可以消除指标之间的量纲和量纲单位的影响,提高不同数据指标之间的可比性。

5.4.1 数据规范化的常见方法

1. 最小-最大规范化

假定 $minA$ 和 $maxA$ 分别为属性 A 的最小值和最大值,则通过下面公式将 A 的值 v 映射到区间 $[d_1, d_2]$ 中的 v':

$$v' = \frac{v - minA}{maxA - minA}(d_2 - d_1) + d_1 \tag{5-1}$$

例:假定某属性 x 的最小与最大值分别为 7000 和 19000,需要将属性 $x=10000$ 映射到 $[0.0, 1.0]$ 中。则按照最小-最大规范化方法,x 将变换为:

$$[(10000-7000)/(19000-7000)] \times (1-0) + 0 = 0.25$$

2. z-score 规范化(零均值规范化)

将属性 A 的值根据其平均值和标准差进行规范化:

$$y = \frac{x - \mu}{\sigma} \tag{5-2}$$

这是一种统计的处理,基于正态分布的假设,将数据变换为均值为 0、标准差为 1 的标准正态分布。但即使数据不服从正态分布,也可以用此法。特别适用于数据的最大值和最小值未知,或存在孤立点。

例:假定某属性 x 的平均值与标准差分别为 54000 和 16000,使用 z-score 规范化,则属性值 73600 将变换为:

$$(73600-54000)/16000 = 1.225$$

3. 小数定标规范化

通过移动属性 A 的小数点位置进行规范化,小数点的移动依赖于 A 的最大绝对值:

$$v' = \frac{v}{10^j} \tag{5-3}$$

式中,j 是使 $Max(|v'|) < 1$ 的最小整数。

例：假定 A 的取值范围[−986, 917]，则 A 的最大绝对值为 986，为使用小数定标规范化，用 1000(即 j=3)除每个值，这样−986 被规范化为−0.986。

4. 其他方法
- 对数函数转换：$y = \log 10(x)$
- 反余切函数转换：$y = \text{atan}(x) * 2/\text{PI}$
- 对数 Logistic 模式：$y = 1/(1+e^{(-x)})$

5.4.2 零均值规范化示例

scikit-learn 在 preprocessing 模块中提供了这个过程的简单实现。

假设有一个 3 * 3 的数据矩阵 X，表示拥有 3 个任意选定的特征值(列)的 3 个数据点(行)。

```
from sklearn import preprocessing
import numpy as np
X = np.array([[ 1., - 2.,   2.],
              [ 3.,   0.,   0.],
              [ 0.,   1., - 1.]])

#接着用函数 scale 完成数据矩阵 X 的标准化
X_scaled = preprocessing.scale(X)
X_scaled  #输出 array([[- 0.26726124, - 1.33630621,  1.33630621],
                      [ 1.33630621,   0.26726124, - 0.26726124],
                      [- 1.06904497,  1.06904497, - 1.06904497]])
```

通过均值和方差来验证缩放后的数据矩阵 X_scaled，确实已经完成这个标准化操作，一个标准化后的特征矩阵应该每行的均值等于(接近于 0)。

```
#求均方误差
X_scaled.mean(axis= 0)  #输出 array([ 7.40148683e- 17,  0.00000000e+ 00,
0.00000000e+ 00])
```

此外，标准化后的特征矩阵的每一行的方差都为 1。

```
#求方差
X_scaled.std(axis= 0)  #输出 array([ 1.,  1.,  1.])
```

5.4.3 特征归一化示例

跟标准化一样，归一化是缩放单位样本以使其拥有单位范数的过程。范数表示的就是一个向量的长度，且可以使用不同的方法来定义，如 L1 范数(曼哈顿距离)和 L2 范数(欧式距离)。

在 scikit-learn 中，数据矩阵 X 可以使用 normalize 函数进行归一化，L1 范数通过 norm 关键字进行设定：

```
#L1 范数归一化
X_normalized_l1 = preprocessing.normalize(X, norm= 'l1')
X_normalized_l1  #输出 array([[ 0.2, - 0.4,   0.4],
                            [ 1.,   0.,    0.],
                            [ 0.,   0.5, - 0.5]])
```

一样的,L2 范数可以通过指定 norm='l2'来计算：

```
#L2 范数的归一化
X_normalized_l2 = preprocessing.normalize(X, norm= 'l2')
X_normalized_l2   #输出 array([[ 0.33333333, - 0.66666667, 0.66666667],
                               [ 1.        ,   0.        , 0.         ],
                               [ 0.        ,   0.70710678, -0.70710678]])
```

5.4.4　最小-最大规范化示例

一般来说这两个值是 0 和 1,这样每个特征的最大绝对数就缩放到单位尺寸了。在 scikit-learn 中,可以使用 MinMaxScaler 来完成操作：

```
min_max_scaler = preprocessing.MinMaxScaler()
X_min_max = min_max_scaler.fit_transform(X)
X_min_max   #输出 array([[ 0.33333333, 0.        , 1.        ],
                        [ 1.        , 0.66666667, 0.33333333],
                        [ 0.        , 1.        , 0.        ]])
```

默认情况下,数据将会缩放到 0 和 1 之间。可以通过传入 MinMaxScaler 构造函数一个关键字参数 feature_range 来指定不同范围：

```
min_max_scaler = preprocessing.MinMaxScaler(feature_range= (- 10, 10))
X_min_max2 = min_max_scaler.fit_transform(X)
X_min_max2   #输出 array([[ 0.33333333, 0.        , 1.        ],
                         [ 1.        , 0.66666667, 0.33333333],
                         [ 0.        , 1.        , 0.        ]])
```

5.4.5　特征二值化示例

二值化数据的操作可以通过对特征值设置阈值来完成。

接着上面的代码,有 X=array([[1., -2., 2.], [3., 0., 0.], [0., 1., -1.]])。假设这些是以万元为单位的人民币,如果一个账户超过 5000 元人民币,认为他是有钱人,用 1 表示；否则是穷人,用 0 表示。那么阈值就是 threshold=0.5。

```
binarizer = preprocessing.Binarizer(threshold= 0.5)
X_binarized = binarizer.transform(X)
X_binarized   #输出 array([[ 1., 0., 1.],
                          [ 1., 0., 0.],
                          [ 0., 1., 0.]])
```

这样就可以实现二值化了。

5.5　数据平滑化处理

5.5.1　移动平均法

移动平均数是指采用逐项递进的办法,将时间序列中的若干项数据进行算术平均所得到的一系列平均数。若平均的数据项数为 N,就称为 N 期(项)移动平均。根据移动平均数来预测就是移动平均预测。

根据时间序列的特征不同,移动平均预测有的只需要作一次移动平均,有的则需要计算二次移动平均。

1. 一次移动平均法

一次移动平均法就是只需要对时间序列进行一次移动平均,直接用第 t 期的移动平均数 M_t 作为第 $t+1$ 期的预测值。移动平均值,既可以是简单移动平均,也可以是加权移动平均。

如果认为所平均的各项数据重要性相同,就采用简单算术平均法计算移动平均值作为预测值。其计算公式为:

$$\hat{y}_{t+1} = M_t = \frac{y_t + y_{t-1} + \cdots + y_{t-N+1}}{N} = \frac{1}{N}\sum_{i=0}^{N-1} y_{t-i} \tag{5-4}$$

式中,$y_t, y_{t-1}, \cdots$ 分别代表第 $t, t-1, \cdots$ 期的观察值;N 为平均项数。

为了突出近期数据对预测值的影响,可采用加权算术平均法计算移动平均值来预测。权数按"近大远小"的原则确定,具体地说,就是离预测期较近的数据给以较大的权数,离预测期较远的数据给以较小的权数。加权移动平均预测第 $t+1$ 期预测值的计算公式为:

$$\hat{y}_{t+1} = M_t = \frac{y_t w_t + y_{t-1} w_{t-1} + \cdots + y_{t-N+1} w_{t-N+1}}{w_t + w_{t-1} + \cdots + w_{t-N+1}} \tag{5-5}$$

式中,N 为移动平均的项数;w_t 为观察值 y_t 的权数,且满足由近到远权数逐渐递减的原则,即有:$w_t > w_{t-1} > \cdots > w_{t-N+1}$。为了简便,由近到远各期观察值的权数常常取自然数 $N, N-1, N-2, \cdots, 2, 1$。

采用一次移动平均法,需注意以下几点。

(1) 平均的项数 N 越大,移动平均的平滑修匀作用越强。所以如果时间序列中不规则变动的影响大,要想得到稳健的预测值,就要将 N 取大一些;反之,若不规则变动的影响较小,要想使预测值对现象的变化作出较快的跟踪反应,就要将 N 取小一些。

(2) 当序列包含周期性变动时,移动平均的项数 k 应与周期长度一致。这样才能在消除不规则变动的同时,也消除周期性波动,使移动平均值序列只反映长期趋势。因此,季度数据通常采用四项移动平均,月度数据通常采用十二期移动平均。

(3) 一次移动平均法只具有推测未来一期趋势值的预测功能,而且只适用于呈水平趋势的时间序列。如果现象的发展变化具有明显的上升(或下降)趋势,就不能直接采用一次移动平均值作为预测值,否则预测结果就会产生偏低(或偏高)的滞后偏差,即预测值的变化要滞后于实际趋势值的变化。移动平均的项数 N 越大,这种滞后偏差的绝对值就越大。对具有上升(或下降)趋势的时间序列进行移动平均预测,必须要考虑滞后偏差,最常用的方法是下面介绍的二次移动平均法。

2. 二次移动平均法

二次移动平均法是指先对时间序列进行 N 项移动平均,平均的结果称为一次移动平均值,记为 $M_t^{(1)}$;再对一次移动平均值序列 $M_t^{(1)}$ 进行 N 项移动平均,平均的结果称为二次移动平均值,记为 $M_t^{(2)}$;然后根据两次移动平均值建立预测模型进行预测。

两次移动平均值一般都采用简单算术平均法来计算。其计算公式为:

$$M_t^{(1)} = \frac{y_t + y_{t-1} + \cdots + y_{t-N+1}}{N} \tag{5-6}$$

$$M_t^{(2)} = \frac{M_t^{(1)} + M_{t-1}^{(1)} + \cdots + M_{t-N+1}^{(1)}}{N} \tag{5-7}$$

如果现象的变化呈线性趋势,则利用两次移动平均值可建立如下的线性预测模型:

$$\hat{y}_{t+T} = a_t + b_t K \tag{5-8}$$

式中,t 是预测的时间起点;K 是时间 t 距离预测期的期数(即第 $t+K$ 期为预测期);a_t 和 b_t 是预测模型中第 t 期的参数估计值。其计算公式为:

$$\begin{cases} a_t = 2M_t^{(1)} - M_t^{(2)} \\ b_t = \dfrac{2}{N-1}(M_t^{(1)} - M_t^{(2)}) \end{cases} \tag{5-9}$$

式(5-9)源自线性趋势的特征为逐期增量相等,根据两次移动平均值 $M_t^{(1)}, M_t^{(2)}$ 与趋势值之间的滞后偏差的数量关系可推导而得。因为,当现象具有线性趋势时,一次移动平均值 $M_t^{(1)}$ 实际上代表的是所平均时间中间一期(即 $t-(N-1)/2$ 期)的趋势值,也就是说,$M_t^{(1)}$ 比 t 期趋势值 $\hat{y}_t$ 滞后了 $(N-1)/2$ 期,若逐期增量为 b,则 $M_t^{(1)}$ 与 $\hat{y}_t$ 之间的滞后偏差为 $(N-1)b/2$。

由式 $\hat{y}_{t+T} = a_t + b_t K$ 可知,$T = 0$ 时 $\hat{y}_t = a$,因此:

$$\hat{y}_t - M_t^{(1)} = a - M_t^{(1)} = \frac{N-1}{2}b \tag{5-10}$$

同样,$M_t^{(2)}$ 与 $M_t^{(1)}$ 之间也存在同样大小的滞后偏差,即:

$$M_t^{(2)} - M_t^{(2)} = \frac{N-1}{2}b \tag{5-11}$$

将式(5-10)和式(5-11)联立求解,即可求得式(5-9)。

示例:对某地夏天温度进行每隔 3 小时的连续监测,如图 5-1 所示。

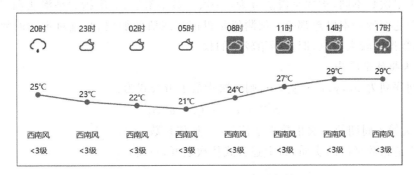

图 5-1 某地夏天的一天温度变化情况

若设置跨域期数为 3,请采用一次移动平均法,预测该地当天的温度(精确到小数点 1 位)。要求列出计算过程,并将实际温度和预测结果填入表 5-3。

解答:

已知跨域期数 $n = 3$,则采用一次移动平均法,预测计算方法为:

$$X(t+1)=[X(t)+X(t-1)+X(t-2)]/3$$

于是,第 4 个数据的预测计算为:

$$X(4)=[X(3)+X(2)+X(1)]/3$$
$$=(22+23+25)/3$$
$$=27.2$$

其他数据依次类推,计算结果见表 5-3 最右列。

表 5-3 一次移动平均法计算示例

数据序列	温度/℃	一次移动平均数
1	25	—
2	23	—
3	22	—
4	21	23.3
5	24	22.0
6	27	22.3
7	29	24.0
8	29	26.7

5.5.2 指数平滑法

指数平滑法是另一种计算时间序列长期趋势的方法,是加权平均的一种特殊形式。指数平滑法是由布朗(Robert G. Brown)所提出的,是在移动平均法基础上发展起来的一种时间序列分析预测法,是最常用的一种预测方法,特别适用于中短期预测。

移动平均法的预测值实质上是以前观测值的加权和,且对不同时期的数据给予相同的加权。这往往不符合实际情况。指数平滑法则对移动平均法进行了改进和发展,其应用较为广泛。

根据平滑次数不同,指数平滑法分为:一次指数平滑法、二次指数平滑法和三次指数平滑法等。但它们的基本思想都是:预测值是以前观测值的加权和,且对不同的数据给予不同的权,新数据给较大的权,旧数据给较小的权。

1. 一次指数平滑法

设时间序列为 $y_1, y_2, \cdots, y_t, \cdots$,则一次指数平滑公式为:

$$S_t^{(1)} = \alpha y_t + (1-\alpha) S_{t-1}^{(1)} \tag{5-12}$$

式中,$S_t^{(1)}$ 为第 t 周期的一次指数平滑值;α 为加权系数,$0 < \alpha < 1$。

为了弄清指数平滑的实质,将上述公式依次展开,可得:

$$S_t^{(1)} = \alpha \sum_{j=0}^{t-1} (1-\alpha)^j y_{t-j} + (1-\alpha)^t S_0^{(1)} \tag{5-13}$$

由于 $0 < \alpha < 1$,当 $t \to \infty$ 时,$(1-\alpha)^t \to 0$,于是上述公式变为:

$$S_t^{(1)} = \alpha \sum_{j=0}^{\infty} (1-\alpha)^j y_{t-j} \tag{5-14}$$

由此可见,$S_t^{(1)}$ 实际上是 $y_t, y_{t-1}, \cdots, y_{t-j}, \cdots$ 的加权平均。加权系数分别为 $\alpha, \alpha(1-\alpha)$,$\alpha(1-\alpha)^2, \cdots$,是按几何级数衰减的。越近的数据,权数越大;越远的数据,权数越小,且权

数之和等于 1，即 $\alpha \sum_{j=0}^{\infty}(1-\alpha)^j = 1$。因为加权系数符合指数规律，且又具有平滑数据的功能，所以称为指数平滑。

用上述平滑值进行预测，就是一次指数平滑法。其预测模型为：

$$\hat{y}_{t+1} = S_t^{(1)} = \alpha y_t + (1-\alpha)\hat{y}_t \tag{5-15}$$

即以第 t 周期的一次指数平滑值作为第 $t+1$ 期的预测值。

2. 二次指数平滑法

当时间序列没有明显的趋势变动时，使用第 t 周期一次指数平滑就能直接预测第 $t+1$ 期之值。但当时间序列的变动出现直线趋势时，用一次指数平滑法来预测仍存在着明显的滞后偏差。因此，也需要进行修正。修正的方法也是在一次指数平滑的基础上再做二次指数平滑，利用滞后偏差的规律找出曲线的发展方向和发展趋势，然后建立直线趋势预测模型。故称为二次指数平滑法。

设一次指数平滑为 $S_t^{(1)}$，则二次指数平滑 $S_t^{(2)}$ 的计算公式为：

$$S_t^{(2)} = \alpha S_t^{(1)} + (1-\alpha) S_{t-1}^{(2)} \tag{5-16}$$

若时间序列 $y_1, y_2, \cdots, y_t, \cdots$ 从某时期开始具有直线趋势，且认为未来时期亦按此直线趋势变化，则与趋势移动平均类似，可用如下的直线趋势模型来预测。

$$\hat{y}_{t+T} = a_t + b_t T, \quad T = 1, 2, \cdots \tag{5-17}$$

式中，t 为当前时期数；T 为由当前时期数 t 到预测期的时期数；$\hat{y}_{t+T}$ 为第 $t+T$ 期的预测值；a_t 为截距，b_t 为斜率，其计算公式为：

$$a_t = 2S_t^{(1)} - S_t^{(2)} \tag{5-18}$$

$$b_t = \frac{\alpha}{1-\alpha}(S_t^{(1)} - S_t^{(2)}) \tag{5-19}$$

3. 三次指数平滑法

若时间序列的变动呈现出二次曲线趋势，则需要用三次指数平滑法。三次指数平滑是在二次指数平滑的基础上再进行一次平滑，其计算公式为：

$$S_t^{(3)} = \alpha S_t^{(2)} + (1-\alpha) S_{t-1}^{(3)} \tag{5-20}$$

三次指数平滑法的预测模型为：

$$\hat{y}_{t+T} = a_t + b_t T + c_t T^2 \tag{5-21}$$

式中

$$a_t = 3S_t^{(1)} - 3S_t^{(2)} + S_t^{(3)} \tag{5-22}$$

$$b_t = \frac{\alpha}{2(1-\alpha)^2}[(6-5\alpha)S_t^{(1)} - 2(5-4\alpha)S_t^{(2)} + (4-3\alpha)S_t^{(3)}] \tag{5-23}$$

$$c_t = \frac{\alpha^2}{2(1-\alpha)^2}[S_t^{(1)} - 2S_t^{(2)} + S_t^{(3)}] \tag{5-24}$$

4. 加权系数的选择

在指数平滑法中，预测成功的关键是 α 的选择。α 的大小规定了在新预测值中新数据和原预测值所占的比例。α 值越大，新数据所占的比重就越大，原预测值所占比重就越小，反之亦然。

若把一次指数平滑法的预测公式改写为：

$$\hat{y}_{t+1} = \hat{y}_t + \alpha(y_t - \hat{y}_t) \tag{5-25}$$

则从上式可以看出，新预测值是根据预测误差对原预测值进行修正得到的。α 的大小表明了修正的幅度。α 值越大，修正的幅度越大；α 值越小，修正的幅度越小。因此，α 值既代表了预测模型对时间序列数据变化的反应速度，又体现了预测模型修匀误差的能力。

在实际应用中，α 值是根据时间序列的变化特性来选取的。若时间序列的波动不大，比较平稳，则 α 应取小一些，如 0.1～0.3；若时间序列具有迅速且明显的变动倾向，则 α 应取大一些，如 0.6～0.9。实质上，α 是一个经验数据，通过多个 α 值进行试算比较而定，哪个 α 值引起的预测误差小，就采用哪个。

例： 已知某种产品最近 15 个月的销售量见表 5-4，请采用一次指数平滑法预测下个月的销售量 y_{16}。

表 5-4 产品销售信息

时间序号(t)	1	2	3	4	5	6	7	8	9	10	11	12	13	14	15
销售量(y_t)	10	15	8	20	10	16	18	20	22	24	20	26	27	29	29

解： 为了分析加权系数 α 的不同取值的特点，分别取 $\alpha=0.1, \alpha=0.3, \alpha=0.5$ 计算一次指数平滑值，并设初始值为最早的三个数据的平均值。以 $\alpha=0.5$ 的一次指数平滑值计算为例，有：

$$S_0^{(1)} = \frac{y_1 + y_2 + y_3}{3} = 11.0$$

$$S_1^{(1)} = \alpha y_1 + (1-\alpha) S_0^{(1)} = 0.5 \times 10 + 0.5 \times 11.0 = 10.5$$

$$S_2^{(1)} = \alpha y_2 + (1-\alpha) S_1^{(1)} = 0.5 \times 15 + 0.5 \times 10.5 = 12.8$$

计算得到表 5-5。

表 5-5 一次指数平滑值的计算表　　　　　　　　　　单位：万台

时间序号(t)	1	2	3	4	5	6	7	8	9	10	11	12	13	14	15
销售量(y_t)	10	15	8	20	10	16	18	20	22	24	20	26	27	29	29
$S_t^{(1)}(\alpha=0.1)$	10.9	11.3	11.0	11.9	11.7	12.1	12.7	13.4	14.3	15.3	15.8	16.8	17.8	18.9	19.9
$S_t^{(1)}(\alpha=0.3)$	10.7	12.0	10.8	13.6	12.5	13.6	14.3	16.0	17.8	19.7	19.8	21.7	23.3	25.0	26.2
$S_t^{(1)}(\alpha=0.5)$	10.5	12.8	10.4	15.2	12.6	14.3	16.2	18.1	20.1	22.0	21.0	23.5	25.3	27.2	28.1

按表 5-5 可得，时间序号 15 对应的 19.9、26.2 和 28.1，可以分别根据预测公式来预测第 16 个月的销售量。

以 $\alpha=0.5$ 为例：

$$y_{16} = 0.5 \times 29 + (1-0.5) * 28.1 = 28.55 (万台)$$

由上述例题可得结论：

(1) 指数平滑法对实际序列具有平滑作用，权系数（平滑系数）α 越小，平滑作用越强，但对实际数据的变动反应较迟缓。

(2) 在实际序列的线性变动部分，指数平滑值序列出现一定的滞后偏差的程度随着权系数（平滑系数）α 的增大而减少，但当时间序列的变动出现直线趋势时，用一次指数平滑法来进行预测仍将存在着明显的滞后偏差。因此，需要采用二次指数平滑法进行修正。

例：某地1983年至1993年财政收入的资料见表5-6，试用指数平滑法求解趋势直线方程并预测1996年的财政收入。

表5-6 指数平滑法计算示例

年份/年	t	财政收入/元	$S_t^{(1)}=aY_t+(1-a)S_{t-1}^{(1)}$ $a=0.9$，初始值为23	$S_t^{(2)}=aS_t^{(1)}+(1-a)S_{t-1}^{(2)}$ $a=0.9$，初始值为28.40
1983	1	29	28.40	
1984	2	36	35.24	34.56
1985	3	40	39.52	39.02
1986	4	48	47.15	46.14
1987	5	54	53.32	52.62
1988	6	62	61.13	60.28
1989	7	70	69.0	68.23
1990	8	76	75.31	74.60
1991	9	85	84.03	83.09
1992	10	94	93.00	92.01
1993	11	103	102.00	101.00

解：由表5-6可知，$S_0^{(1)}=23, S_{11}^{(1)}=102, S_0^{(2)}=28.4, S_{11}^{(2)}=101, a=0.9$，则有：

$$a_1=2S_t^{(1)}-S_t^{(2)} \quad a_{11}=2\times S_{11}^{(1)}-S_{11}^{(2)}=2\times 102-101=103,$$

$$b_t=\frac{1}{1-a}(S_t^{(1)}-S_t^{(2)}) \quad b_{11}=\frac{0.9}{1-0.9}(102-101)=9,$$

因此，所求模型为：

$$Y_{11+T}=103+9T$$

1996年该地区财政收入预测值为：

$$Y_{11+3}=103+9\times 3=130(万元)。$$

5.5.3 分箱法

分箱法是指通过考察周围的值来平滑存储数据，用"箱的深度"表示不同的箱里有相同个数的数据，用"箱的宽度"来表示每个箱值的取值区间。由于分箱方法考虑相邻的值，因此是一种局部平滑方法。分箱的主要目的是去噪，将连续数据离散化，增加粒度。

按照取值的不同可划分为按箱平均值平滑、按箱中值平滑以及按箱边界值平滑。

1. 分箱的步骤

首先排序数据，并将它们分到等深（等宽）的箱中。
然后可以按箱的平均值、按箱的中值或者按箱的边界等进行平滑。

- 按箱的平均值平滑：箱中每一个值被箱中的平均值替换。
- 按箱的中值平滑：箱中的每一个值被箱中的中值替换。
- 按箱的边界平滑：箱中的最大和最小值被视为箱边界，箱中的每个值被最近的边界值替换。

2. 等深分箱法

按记录数进行分箱，每箱具有相同的记录数，每箱的记录数称为箱的权重，也称箱子的深度。

例如，已知一组价格数据：15,21,24,21,25,4,8,34,28。现用等深分箱法(深度为3)对其进行平滑，以对数据中的噪声进行处理。

首先排序：4,8,15,21,21,24,25,28,34。

再划分为等高度 bins：
- Bin1：4,8,15；
- Bin2：21,21,24；
- Bin3：25,28,34。

(1) 根据 bin 均值进行平滑。
- Bin1：9,9,9；
- Bin2：22,22,22；
- Bin3：29,29,29。

(2) 根据 bin 边界进行平滑。
- Bin1：4,4,15；
- Bin2：21,21,24；
- Bin3：25,25,34。

(3) 根据 bin 中值进行平滑。
- Bin1：8、8、8；
- Bin2：21、21、21；
- Bin3：28、28、28。

3. 等宽分箱法

在整个属性值的区间上平均分布，即每个箱的区间范围设定为一个常量，称为箱子的宽度。

例如，已知一组价格数据：15,21,24,21,25,4,8,34,28。现用等宽分箱法(宽度为10)对其进行平滑，以对数据中的噪声进行处理。

先排序：4,8,15,21,21,24,25,28,34。

再划分为等宽度箱子：
- Bin1：4、8；
- Bin2：15、21、21、24、25；
- Bin3：28、34。

(1) 根据均值进行平滑。
- Bin1：6、6；
- Bin2：21、21、21、21、21；
- Bin3：31、31。

(2) 根据中值进行平滑。
- Bin1：6、6；
- Bin2：21、21、21、21、21；
- Bin3：31、31。

(3) 根据边界进行平滑。
- Bin1：4、8；

- Bin2：15、25、25、25、25；
- Bin3：28、34。

思考与训练：

已知客户收入属性 income 排序后的值(人民币元)：800,1000,1200,1500,1500,1800,2000,2300,2500,2800,3000,3500,4000,4500,4800,5000。

要求：分别用等深分箱法(箱深为4)、等宽分箱法(宽度为1000)对其进行平滑，以对数据中的噪声进行处理。

5.6 基于PCA的数据规约技术

5.6.1 主成分分析技术

通过主成分分析(PCA)实现降维处理。

假定待规约的数据由 n 个属性或维描述的元组或数据向量组成。主成分分析(PCA，又称 Karhunen-Loeve 或 K-L 方法)搜索 k 个最能代表数据的 n 维正交向量，其中 $k \leqslant n$。这样，原来的数据投影到一个小得多的空间上，导致维规约。然而，不像属性子集选择通过保留原属性集的一个子集来减少属性集的大小，PCA 通过创建一个替换的、较小的变量集"组合"属性的基本要素。原数据可以投影到该较小的集合中。PCA 经常能够揭示先前未曾察觉的联系，并因此允许解释不寻常的结果。基本过程如下。

(1) 对输入数据规范化，使得每个属性都落入相同的区间。此步有助于确保具有较大定义域的属性不会支配具有较小定义域的属性。

(2) PCA 计算 k 个标准正交向量，作为规范化输入数据的基。这些是单位向量，每一个都垂直于其他向量。这些向量称为主成分。输入数据是主成分的线性组合。

(3) 对主成分按"重要性"或强度降序排列。主成分本质上充当数据的新坐标系，提供关于方差的重要信息。也就是说，对坐标轴进行排序，使得第一个轴显示的数据方差最大，第二个显示的方差次之，以此类推。

(4) 既然主要成分根据"重要性"降序排列，就可以通过去掉较弱的成分(即方差较小的那些)来规约数据。使用最强的主成分，应当能够重构原数据的很好地近似。

PCA 可以用于有序和无序的属性，并且可以处理稀疏和倾斜数据。多于二维的多维数据可以通过将问题规约为二维问题来处理。主成分可以用作多元回归和聚类分析的输入。与小波变换相比，PCA 能够更好地处理稀疏数据，而小波变换更适合高维数据。

5.6.2 在 OpenCV 中实现主成分分析

首先看示例：

```
import numpy as np
import matplotlib.pyplot as plt
mean=[20,20]
cov=[[5,0],[25,25]]
x,y=np.random.multivariate_normal(mean,cov,1000).T
plt.style.use('ggplot')
```

```
plt.plot(x,y,'o',zorder=1)
plt.axis([0,40,0,40])
plt.xlabel('feature 1')
plt.ylabel('feature 2')
```

执行后生成图 5-2,数据的分布遵循多元高斯分布。

在 OpenCV 中,通过执行 PCA,选择所有的数据,可以调整以上数据分布状态。

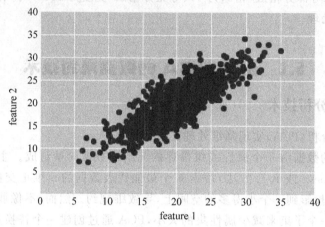

图 5-2 由多元高斯分布画出的数据

在 OpenCV 中,执行 PCA 很简单,主要是调用 cv2.PCAComute。

首先,将特征向量 x 和 y 组合成一个特征矩阵 X:

$$X = \mathrm{np.vstack}((x,y)).T$$

然后,在特征矩阵 X 上计算 PCA。指定一个空的数组 np.array(),用作蒙版参数,以便 OpenCV 使用特征矩阵上所有的数据点。

函数 PCACompute 返回两个值: 投影前减去的平均值(mean)和协方差矩阵的特征向量(eig),如图 5-3 所示。这些特征向量指向 PCA 认为最有信息性的方向。下面来绘制这些特征向量,并添加一些文字标记,如图 5-4 所示。会发现它们与数据分布是一致的,如图 5-5 所示。

```
In [6]:  1  X=np.vstack((x,y)).T
         2  import cv2
         3  mu,eig=cv2.PCACompute(X,np.array([]))
         4  eig
Out[6]:  array([[ 0.71088134,  0.70331196],
               [-0.70331196,  0.71088134]])
```

图 5-3 函数 PCACompute 返回两个值

```
In [7]:  1  plt.plot(x,y,'o',zorder=1)
         2  plt.quiver(mean[0],mean[1],eig[:,0],eig[:,1],zorder=3,scale=0.2,units='xy')
         3  plt.text(mean[0]+5*eig[0,0],mean[1]+5*eig[0,1],'u1',zorder=5,
         4           fontsize=16,bbox=dict(facecolor='white',alpha=0.6))
         5  plt.text(mean[0]+7*eig[1,0],mean[1]+4*eig[1,1],'u2',
         6           zorder=5,fontsize=16,bbox=dict(facecolor='white',alpha=0.6))
         7  plt.axis([0,40,0,40])
         8  plt.xlabel('feature 1')
         9  plt.ylabel('feature 2')
Out[7]:  Text(0,0.5,'feature 2')
```

图 5-4 绘制特征向量并添加一些文字标记

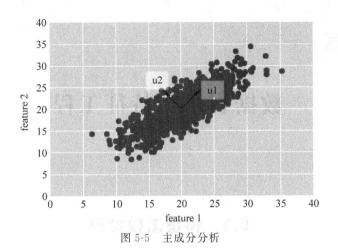

图 5-5　主成分分析

可见,第一个特征向量(图 5-5 中标记为 u1)指向的是数据分布最大的方向,即数据的第一主成分。第二主成分是 u2,表示的是观察数据的第二个主要的方差方向。因此,图 5-2 中的坐标轴 x 和坐标轴 y 对于我们选择的这些数据并不是有效的描述,因为这些数据的分布角度差不多有 45°。所以,选择 u1 和 u2 作为坐标轴比选择 x 和 y 更有意义。

下面,使用 cv2.PCAProject 函数来选择数据,即:

$$X2 = cv2.PCAProject(X, mu, eig)$$

执行完成后,最大分布方向的两个坐标轴将会与 x 轴和 y 轴对齐。下面画出数据矩阵 X2 来验证真实的结果,命令如图 5-6 所示。

```
In [9]:  1  plt.plot(X2[:,0],X2[:,1],'o')
         2  plt.xlabel('first principal component')
         3  plt.ylabel('second principal component')
         4  plt.axis([-20,20,-10,10])
Out[9]: [-20, 20, -10, 10]
```

图 5-6　画出数据矩阵 X2

输出结果如图 5-7 所示。

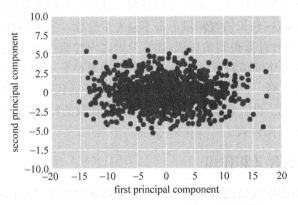

图 5-7　在前两个主成分的坐标轴上绘制的数据

由图 5-7 可见,数据主要分布在 x 坐标轴上。

第6章

数据表示与特征工程

6.1 特征工程概述

特征工程在机器学习中占有相当重要的地位。在实际应用当中,可以说特征工程是机器学习成功的关键。

6.1.1 特征的概念与分类

特征是对于分析和解决问题有用、有意义的属性。例如:

在表格数据中,表格中的一行是一个观测,但是表格的一列可能才是特征;

在机器视觉中,一幅图像是一个观测,但是图中的一条线可能才是特征;

在自然语言处理中,一个文本是一个观测,但是其中的段落或者词频可能才是一种特征;

在语音识别中,一段语音是一个观测,但是一个词或者音素才是一种特征。

根据不同的分类方法,可以将特征分为以下三个。

(1) 原始特征和高级特征。原始特征,不需要或者需要非常少的人工处理和干预,如文本特征中的词向量特征、图像特征中的像素点、用户性别等。高级特征是结合部分业务逻辑或者规则、模型,经过较复杂的处理得到的特征,如骑手达人分、模型打分等特征。

(2) 非实时特征和实时特征。非实时特征是变化频率(更新频率)较少的特征,如骑手平均速度、餐品单价等,在较长的时间段内都不会发生变化。实时特征是更新变化比较频繁的特征,是实时或准实时计算得到的特征,如5分钟之内的骑行速度、半小时的跑单量等。

(3) 离散值特征和连续值特征。离散值特征主要是特征有固定个数的可能值,如今天周几只有7个可能值:周一、周二、……、周日。离散值特征包括二值特征,如今天是不是周末,只有2个可能值:是、否。连续值特征是取值为有理数的特征,特征取值个数不定,如距离特征的取值为0至正无穷大。

6.1.2 特征工程的含义和作用

特征工程是利用数据领域的相关知识来创建能够使机器学习算法达到最佳性能的特征的过程。简而言之,特征工程就是一个把原始数据转变成特征的过程,这些特征可以很好地描述这些数据,并且利用它们建立的模型在未知数据上的表现性能可以达到最优(或者接近最佳性能)。

从数学的角度来看,特征工程就是人工地去设计输入变量 X。

根据经验,模型的效果80%以上取决于特征。另外,好的特征能使模型的性能得到提升,有时甚至在简单的模型上也能取得不错的效果,这样就不必费力去选择最适合的模型和最优的参数了。

6.1.3 特征工程的组成

特征工程是一个超集,一般认为包括特征构建、特征提取、特征选择三个部分。

1. 特征构建

特征构建指的是从原始数据中人工构建新的特征。特征构建需要很强的洞察力和分析能力,要求我们能够从原始数据中找出一些具有物理意义的特征。假设原始数据是表格数据,一般可以使用混合属性或者组合属性来创建新的特征,或是分解或切分原有的特征来创建新的特征。

2. 特征提取

特征提取的对象是原始数据,它的目的是自动地构建新的特征,将原始特征转换为一组具有明显物理意义(Gabor、几何特征[角点、不变量]、纹理[LBP HOG])或者统计意义或核的特征,如通过变换特征取值来减少原始数据中某个特征的取值个数等。对于表格数据,可以使用主成分分析(principal component analysis,PCA)来进行特征提取从而创建新的特征。对于图像数据,可能还包括了线或边缘检测。

常用的方法如下。
- PCA(principal component analysis,主成分分析)。
- ICA(independent component analysis,独立成分分析)。
- LDA(linear discriminant analysis,线性判别分析)。
- 在图像识别中,还有 SIFT 方法。

3. 特征选择

特征选择通常选择与类别相关性强、特征彼此间相关性弱的特征子集,具体特征选择算法通过定义合适的子集评价函数来体现。

假设有一个标准的 Excel 表格数据,它的每一行表示的是一个观测样本数据,表格数据中的每一列就是一个特征。在这些特征中,有的特征携带的信息量丰富,有的(也许很少)则属于无关数据,可以通过特征项和类别项之间的相关性(特征重要性)来衡量。例如,在实际应用中,常用的方法就是使用一些评价指标单独地计算出单个特征与类别变量之间的关系。如 Pearson 相关系数、Gini-index(基尼指数)、IG(信息增益)等,从特征集合中挑选一组最具统计意义的特征子集,从而达到降维的效果。

6.2 类别变量表示

分类变量的类别通常不是数字。例如,性别有男女之分,眼睛的颜色可以是"黑色""蓝色""棕色"等。因此,需要使用编码方法将这些非数字类别变为数字。简单方法是将一个整数(如 1 到 k)分配给 k 个可能的类别中的每一个。例如,在数据库设计中,经常将性别字段设置为 BOOL 类型,取值为 0 和 1,分别表示男和女两类性别。但是,在大多数的机器学习算法中,这种表示会错误理解为 0<1,即'男'<'女'。这显然是不对的。

为此,引入 One-hot 编码(又称独热编码、一位有效编码),其方法是使用 N 位状态寄存器来对 N 个状态进行编码,每个状态都有独立的寄存器位,并且在任意时候,其中只有一位有效。因此,性别变量可以表示为 01 和 10,而不是 0 和 1。

6.2.1 OneHotEncoder

在 scikit-learn 中,实现 sklearn.preprocessing.OneHotEncoder,表示具有 k 个可能类别的变量被编码为长度为 k 的特征向量。下面出一个示例。

图 6-1 给定具有三个特征和四个样本的数据集,让编码器找到每个特征的最大值,并将数据转换为二进制 one-hot encoding。

```
In [1]:  1  from sklearn.preprocessing import OneHotEncoder
         2  enc = OneHotEncoder()
         3  enc.fit([[0, 0, 3], [1, 1, 0], [0, 2, 1], [1, 0, 2]])
         4  enc.n_values_
Out[1]: array([2, 3, 4])

In [2]:  1  enc.feature_indices_
Out[2]: array([0, 2, 5, 9], dtype=int32)

In [3]:  1  enc.transform([[0, 1, 1]]).toarray()
Out[3]: array([[1., 0., 0., 1., 0., 0., 1., 0., 0.]])
```

图 6-1 找到每个特征的最大值并将数据转换为二进制

例中,为 OneHotEncoder 类传递进来的数据集:

[[0, 0, 3],
[1, 1, 0],
[0, 2, 1],
[1, 0, 2]]

每一列代表一个属性。经过 enc.fit 操作之后,对象 enc 的 n_values_ 成员变量,记录着每一个属性的最大取值数目,如本例第一个属性:0,1,0,1 ⇒ 2,0,1,2,0 ⇒ 3,3,0,1,2 ⇒ 4,即各个属性(feature)在 One-hot 编码下占据的位数。

对象 enc 的 feature_indices_ 则记录着属性在新 One-hot 编码下的索引位置。feature_indices_ 是对 n_values_ 的累积值,不过 feature_indices 的首位是 0。

此后,可以对新来的特征向量进行编码:

enc.transform([[0, 1, 1]]).toarray()

结果为:

array([[1., 0., 0., 1., 0., 0., 1., 0., 0.]])

前两位 1 和 0 是对 0 进行编码;中间 3 位 0、1、0 对 1 进行编码;末尾 4 位 0、1、0、0 对 1 进行编码。

6.2.2 DictVectorizer

通过 sklearn.feature_extraction 引入 DictVectorizer,也能够实现独热编码。示例如

图 6-2 所示。

```
In [1]:  1  from sklearn.feature_extraction import DictVectorizer
         2  vec=DictVectorizer(sparse=False, dtype=int)
         3  data=[{'name':'aaa','sex':'male','born':1980},
         4         {'name':'bbb','sex':'female','born':1982},
         5         {'name':'ccc','sex':'female','born':1985}]
         6  vec.fit_transform(data)
Out[1]: array([[1980,    1,    0,    0,    0,    1],
               [1982,    0,    1,    0,    1,    0],
               [1985,    0,    0,    1,    1,    0]], dtype=int32)
```

图 6-2 通过 sklearn.feature_extraction 引入 DictVectorizer 示例

可以看到，年份保留了，但每行的其他信息都被 1 和 0 取代。可以调用 get_feature_names 来了解这些特征的列表顺序，如图 6-3 所示。

```
In [2]:  1  vec.get_feature_names()
Out[2]: ['born', 'name=aaa', 'name=bbb', 'name=ccc', 'sex=female', 'sex=male']
```

图 6-3 调用 get_feature_names 来了解这些特征的列表顺序

因此，使用 One-hot 编码，能够将离散特征的取值扩展到欧式空间，离散特征的某个取值就对应欧式空间的某个点。在回归、分类、聚类等机器学习算法中，特征之间距离的计算或相似度的计算是非常重要的，而常用的距离或相似度的计算都是在欧式空间的相似度计算。另一个作用是，能够将几个特征合并到一个特征，达到降维的目的。

6.3 文本特征工程

6.3.1 文本特征表示方法

文本分类的核心都是如何从文本中抽取出能够体现文本特点的关键特征，抓取特征到类别之间的映射，主要有以下四类特征。

1. 基于词袋模型的特征表示

以词为单位构建的词袋可能就达到几万维，如果考虑二元词组、三元词组的话词袋大小可能会有几十万之多，因此基于词袋模型的特征表示通常是极其稀疏的。

（1）词袋特征的方法有三种。
- Naive 版本：不考虑词出现的频率，只要出现过，就在相应的位置标 1；否则为 0。
- 考虑词频：认为一段文本中出现越多的词越重要，因此权重也越大。
- 考虑词的重要性：以 TF-IDF 表征一个词的重要程度。TF-IDF 反映了一种折中的思想：即在一篇文档中，TF 认为一个词出现的次数越大可能越重要，但也可能并不是（如停用词"的""是"之类的）；IDF 认为一个词出现在的文档数越少越重要，但也可能不是（如一些无意义的生僻词）。

（2）优缺点如下。
- 优点：词袋模型比较简单直观，它通常能学习出一些关键词和类别之间的映射关系。
- 缺点：丢失了文本中词出现的先后顺序信息；仅将词语符号化，没有考虑词之间的语义联系(如"麦克风"和"话筒"是不同的词,但是语义是相同的)。

2. 基于 embedding 的特征表示

通过词向量计算文本的特征。

- 取平均:取短文本的各个词向量之和(或者取平均)作为文本的向量表示。
- 网络特征:用一个 pre-train 的 NN model 得到文本作为输入的最后一层向量表示。

3. 基于神经网络模型抽取的特征

神经网络的好处在于能端到端实现模型的训练和测试,利用模型的非线性和众多参数来学习特征,而不需要手工提取特征。CNN 善于捕捉文本中关键的局部信息,而 RNN 则善于捕捉文本的上下文信息(考虑语序信息),并且有一定的记忆能力。

4. 基于任务本身抽取的特征

主要是针对具体任务而设计的,通过对数据的观察和感知,也许能够发现一些可能有用的特征。有时候,这些手工特征对最后的分类效果提升很大。举个例子,如对于正负面评论分类任务,对于负面评论,包含负面词的数量就是一维很强的特征。

此外,还能够考虑以下两点。

(1) 特征融合。对于特征维数较高、数据模式复杂的情况,建议用非线性模型(如比较流行的 GDBT、XGBoost);对于特征维数较低、数据模式简单的情况,建议用简单的线性模型即可(如 LR)。

(2) 主题特征。

- LDA(文档的话题):可以假设文档集有 T 个话题,一篇文档可能属于一个或多个话题,通过 LDA 模型可以计算出文档属于某个话题的概率,这样可以计算出一个 $D \times T$ 的矩阵。LDA 特征在文档打标签等任务上表现很好。
- LSI(文档的潜在语义):通过分解文档-词频矩阵来计算文档的潜在语义,和 LDA 有一点相似,都是文档的潜在特征。

6.3.2 文本特征的计算

scikit-learn 提供了一个简单的文本特征编码方法,为 sklearn.feature_extraction.text。首先看单词计数示例,如图 6-4 所示。

```
In [3]:  1  from sklearn.feature_extraction.text import CountVectorizer
         2  vec=CountVectorizer()
         3  sample=['feature engineering','feature selection','feature extraction']
         4  X=vec.fit_transform(sample)
         5  X
Out[3]: <3x4 sparse matrix of type '<class 'numpy.int64'>'
        with 6 stored elements in Compressed Sparse Row format>
```

图 6-4 单词计数示例

以上操作将会把特征矩阵 X 保存为一个稀疏矩阵,如图 6-5 所示。

```
In [4]:  1  X.toarray()
Out[4]: array([[1, 0, 1, 0],
               [0, 0, 1, 1],
               [0, 1, 1, 0]], dtype=int64)
```

图 6-5 把特征矩阵 X 保存为一个稀疏矩阵

进一步,理解这些数字的含义,如图 6-6 所示。

```
In [5]:   1  vec.get_feature_names()
Out[5]: ['engineering', 'extraction', 'feature', 'selection']
```

图 6-6　理解这些数字的含义

可见,X 的最上面一行[1,0,1,0],表示出现了第 1 和第 3 个单词,即:'engineering'和'selection'。

以上计数方法的不足在于,会给那些频繁出现的单词赋予过大的权重。解决方法是采用词频-逆文档频率(term frequency-inverse document frequency,TF-IDF),它是通过衡量单词在整个数据集中出现的频率来计算其权重。其基本原理如下:

$$词频(TF) = \frac{某个词在文章中的出现次数}{文章的总词数}$$

$$逆文档频率(IDF) = \log\left(\frac{语料库的文档总数}{包含该词的文档数+1}\right)$$

TF-IDF 的计算公式如下:

$$TF-IDF = 词频(TF) \times 逆文档频率(IDF)$$

根据公式很容易看出,TF-IDF 的值与该词在文章中出现的频率成正比,与该词在整个语料库中出现的频率成反比,因此可以很好地实现提取文章中关键词的目的。

该算法的优点是简单快速,结果比较符合实际。但其单纯考虑词频,忽略了词与词的位置信息以及词与词之间的相互关系。

下面描述 TF-IDF 的应用,如图 6-7 所示。

```
In [7]:   1  from sklearn.feature_extraction.text import TfidfVectorizer
          2  vec=TfidfVectorizer()
          3  X=vec.fit_transform(sample)
          4  X.toarray()
Out[7]: array([[0.861037  , 0.        , 0.50854232, 0.        ],
               [0.        , 0.        , 0.50854232, 0.861037  ],
               [0.        , 0.861037  , 0.50854232, 0.        ]])
```

图 6-7　描述 TF-IDF 的应用

可见,计算结果有了变化,不完全是 0 或 1。

6.4　图像特征表示

6.4.1　OpenCV 介绍

OpenCV 是一个基于 BSD 许可(开源)发行的跨平台计算机视觉和机器学习软件库,可以运行在 Linux、Windows、Android 和 Mac OS 操作系统上。它轻量级而且高效,由一系列 C 函数和少量 C++类构成,同时提供了 Python、Ruby、MATLAB 等语言的接口,实现了图像处理和计算机视觉方面的很多通用算法。

OpenCV 的官网是 https://opencv.org/,目前最新版本是 4.4.0。

安装注意要点:提示以下错误时,如何解决?

```
module 'cv2.cv2' has no attribute 'xfeatures2d'
```

有以下两种可能。

（1）没有安装 opencv-contrib-python 库导致的。用 SIFT 和 SUFT 特征提取的时候，xfeature2d 在 opencv-contrib 库中。

解决方法：先卸载 OpenCV，然后执行：

```
pip uninstall opencv-python    /    pip3 uninstall opencv
```

再装上 opencv-contrib-python。然后调试成功，用完后再安装 OpenCV。

（2）由于 SIFT 已经申请专利，在后面的 OpenCV 版本里面已经不能再调用这个函数。

解决办法：卸载原来的 OpenCV 版本，安装 3.4.2 及其以下版本即可。或者，以后不用 SIFT。

```
pip install opencv-python==3.4.2.16 --user
pip install opencv-contrib-python==3.4.2.16 --user
```

更快下载 3.4.2 版本：

```
pip install opencv-python==3.4.2.16 -i "https://pypi.doubanio.com/simple/"
pip install opencv-contrib-python==3.4.2.16 -i "https://pypi.doubanio.com/simple/"
```

6.4.2 图像特征点提取

下面，采用 SIFT 和 SURF 算法实现 LENA 图像的特征提取，如图 6-8 和图 6-9 所示。

图 6-8 Lena 源图像

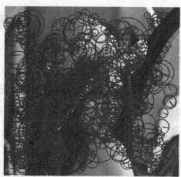

(a) SIFT (b) SURF

图 6-9 采用两种算法获取图像角点

```
from cv2 import cv2
path = 'c:\\pythonWorkspace\\OpencvImages\\'
img = cv2.imread(path+ 'Lena.png')
#img = cv2.resize(img,(136 * 3,76 * 3))
cv2.imshow("Init",img)
cv2.imwrite(path+ 'Init.png',img)
gray = cv2.cvtColor(img,cv2.COLOR_RGB2GRAY)
#采用SIFT算法获取特征点
sift = cv2.xfeatures2d.SIFT_create()
keypoints, descriptor = sift.detectAndCompute(gray,None)
cv2.drawKeypoints(image = img,
        outImage = img,
        keypoints = keypoints,
        flags = cv2.DRAW_MATCHES_FLAGS_DRAW_RICH_KEYPOINTS,
        color = (255,0,0))
cv2.imshow("SIFT",img)
cv2.imwrite(path+ 'LenaSift.png',img)
#采用SURF算法获取特征点
img = cv2.imread(path+ 'Lena.png')
#img = cv2.resize(img,(136 * 3,76 * 3))

surf = cv2.xfeatures2d.SURF_create()
keypoints, descriptor = surf.detectAndCompute(gray,None)
cv2.drawKeypoints(image = img,
        outImage = img,
        keypoints = keypoints,
        flags = cv2.DRAW_MATCHES_FLAGS_DRAW_RICH_KEYPOINTS,
        color = (255,0,0))
cv2.imshow("SURF",img)
cv2.imwrite(path+ 'LenaSurf.png',img)
```

6.4.3 ORB

ORB(oriented FAST and rotated BRIEF)特征提取算法是一种通过检测提取待测图片与模板图片中的灰度特征,实现模板图片与待测图片匹配的一种特征提取算法。相比于模板匹配matchTemple,ORB更集中于图像的灰度细节,速度也更快。

ORB算法在ICCV2011上由 *ORB: an efficient alternative to SIFT or SURF* 一文提出,并很快被收录于OpenCV2版本中,在OpenCV3.0中曾被放到OpenCV-contrib第三方扩展包中(当时可能因为版权),后来又被集成回OpenCV3中。相比于先前的SURF、SIFT特征提取算法,ORB的运行效率更快(超过10倍),且具有SURF和SIFT不具备的旋转不变性。ORB本身不具备尺度不变性,但OpenCV里通过图像金字塔使ORB算法仍能检测出发生了一定程度尺度变换的目标,并通过透视变换等方法校正目标。

ORB算法的第一步是定位训练图像中的所有关键点。找到关键点后,ORB会创建相应的二进制特征向量,并在ORB描述符中将它们组合在一起。

将使用OpenCV的ORB类来定位关键点并创建它们相应的ORB描述符。使用ORB_create()函数设置ORB算法的参数。ORB_create()函数的参数及其默认值如下:

```
cv2.ORB_create(nfeatures = 500,
        scaleFactor = 1.2,
        nlevels = 8,
        edgeThreshold = 31,
        firstLevel = 0,
        WTA_K = 2,
        scoreType = HARRIS_SCORE,
        patchSize = 31,
        fastThreshold = 20)
```

cv2.ORB_create()函数支持的参数很多。前两个参数（nfeatures 和 scaleFactor）较常用。其他参数一般保持默认值既能获得比较良好的结果。具体参数解释如下。

- nfeatures-int：确定要查找的最大要素（关键点）数。
- scaleFactor-float：金字塔抽取率，必须大于 1。ORB 使用图像金字塔来查找要素，因此必须提供金字塔中每个图层与金字塔所具有的级别数之间的比例因子。scaleFactor = 2 表示经典金字塔，其中每个下一级别的像素比前一级低 4 倍。大比例因子将减少发现的功能数量。
- nlevels-int：金字塔等级的数量。最小级别的线性大小等于 input_image_linear_size / pow(scaleFactor, nlevels)。
- edgeThreshold--int：未检测到要素的边框大小。由于关键点具有特定的像素大小，因此必须从搜索中排除图像的边缘。edgeThreshold 的大小应该等于或大于 patchSize 参数。
- firstLevel-int：此参数允许您确定应将哪个级别视为金字塔中的第一级别。它在当前实现中应为 0。通常，具有统一标度的金字塔等级被认为是第一级。
- WTA_K-int：用于生成定向的 BRIEF 描述符的每个元素的随机像素的数量。可能的值为 2、3 和 4，其中 2 为默认值。例如，值 3 意味着一次选择三个随机像素来比较它们的亮度。返回最亮像素的索引。由于有 3 个像素，因此返回的索引将为 0、1 或 2。
- scoreType-int：此参数可以设置为 HARRIS_SCORE 或 FAST_SCORE。默认的 HARRIS_SCORE 表示 Harris 角算法用于对要素进行排名。该分数仅用于保留最佳功能。FAST_SCORE 生成的关键点稍差，但计算起来要快一些。
- patchSize-int：面向简要描述符使用的补丁的大小。当然，在较小的金字塔层上，由特征覆盖的感知图像区域将更大。

在下面的代码中，将使用 ORB_create() 函数，并将要检测的最大关键点数量 nfeatures 设置为 500，将缩放比率 scaleFactor 设置为 2.0。然后使用 .detectandcompute(image) 方法来定位给定的作业图片 training_gray 中的关键点并计算它们对应的 ORB 描述符，如图 6-10 所示。然后使用 cv2.drawKeypoints() 函数来可视化 ORB 算法找到的关键点，如图 6-11 所示。最后，对两份作业进行特征分析，看是否匹配。

```
orb = cv2.ORB_create()
#orb = cv2.ORB_create(500,2.0)
img1 = cv2.imread(path + 'i1.jpg', cv2.IMREAD_GRAYSCALE)
kp1, des1 = orb.detectAndCompute(img1,None)
img2 = cv2.imread(path + 'i2.jpg', cv2.IMREAD_GRAYSCALE)
```

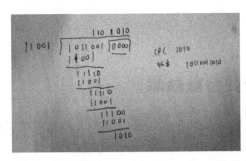
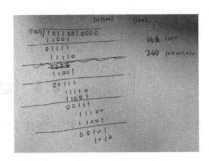

图 6-10　两份作业进行比较

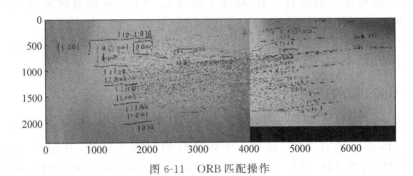

图 6-11　ORB 匹配操作

```
kp2, des2 = orb.detectAndCompute(img2,None)
#提取并计算特征点
bf = cv2.BFMatcher(cv2.NORM_HAMMING, crossCheck=True)
matches = sorted(bf.match(des1, des2), key=lambda match: match.distance)
#Plot keypoints
img4 = cv2.drawKeypoints(img1, kp1, outImage=None)
img5 = cv2.drawKeypoints(img2, kp2, outImage=None)
f, axarr = plt.subplots(1, 2)
axarr[0].imshow(img4)
axarr[1].imshow(img5)
plt.show()
#Plot matches
img3 = cv2.drawMatches(img1, kp1, img2, kp2, matches, flags=2, outImg=None)
plt.imshow(img3)
plt.show()
#Calculate score
score = 0
for match in matches:
    score += match.distance
score_threshold =30#设置匹配阈值为 30
print("\n关键点数量：",len(kp1))
result = score / len(matches)
if  result < score_threshold:
    print("\n作业匹配,计算结果是：", '% .2f'% result)
else:
    print("\n作业不匹配,计算结果是：", '% .2f'% result)
```

程序运行结果如下。

关键点数量：494
作业不匹配，计算结果是：51.86

6.5 音频特征表示

Python有一些很棒的音频处理库，如Librosa和PyAudio。还有一些内置的模块用于一些基本的音频功能。

Librosa是一个用于音频、音乐分析、处理的Python工具包，一些常见的时频处理、特征提取、绘制声音图形等功能应有尽有，功能十分强大。Librosa的官网是https://librosa.github.io/librosa/。

AudioSegment原生就支持WAV和RAW，如果其他文件需要安装ffmpeg。RAW还需要sample_width、frame_rate、channels三个参数。

6.5.1 PyAudio库的应用

PyAudio库使用这个可以进行录音、播放、生成WAV文件等。PyAudio提供了PortAudio的Python语言版本，这是一个跨平台的音频I/O库，使用PyAudio可以在Python程序中播放和录制音频。为PoTaTudio提供Python绑定、跨平台音频I/O库。使用PyAudio可以轻松地使用Python在各种平台上播放和录制音频，如GNU/Linux、微软Windows和苹果mac OS X/macos。

具体功能如下。

- 特征提取(feature extraction)：对于时域信号和频域信号都有所涉及。
- 分类(classification)：监督学习，需要用已有的训练集来进行训练。交叉验证也实现了参数优化。分类器可以保存在文件中之后使用。
- 回归(regression)：将语音信号映射到一个回归值。
- 分割(segmenttation)：有四个功能被实现了。

PyAudio的官网是http://people.csail.mit.edu/hubert/pyaudio/。

执行以下命令进行安装：pip install PyAudio。

(1) 要使用PyAudio，首先使用pyaudio.PyAudio()实例化PyAudio，它设置PortAudio系统。

(2) 要录制或播放音频，需使用pyaudio.PyAudio.open()在所需设备上打开所需音频参数的流，设置pyaudio.Stream播放或录制音频。

(3) 通过使用流式传输pyaudio.Stream.write()来录制音频数据或使用流式传输音频数据来播放音频pyaudio.Stream.read()。

注意：在"阻止模式"中，每个pyaudio.Stream.write()或pyaudio.Stream.read()阻止，直到所有给定/请求的帧被播放/记录。或者，要动态生成音频数据或立即处理录制的音频数据，请使用下面概述的"回调模式"。

(4) 使用pyaudio.Stream.stop_stream()暂停播放/录制，使用pyaudio.Stream.close()终止流。

(5) 最后，使用pyaudio.PyAudio.terminate()，终止portaudio会话。

下面,直接看官方文档(https://people.csail.mit.edu/hubert/pyaudio/docs/)提供的一个 quick start 的代码。

```python
"""PyAudio Example: Play a wave file."""

import pyaudio
import wave
import sys

CHUNK = 1024
if len(sys.argv) < 2:
    print("Plays a wave file.\n\nUsage: % s filename.wav" % sys.argv[0])
    sys.exit(- 1)
wf = wave.open(sys.argv[1], 'rb')
#instantiate PyAudio (1)
p = pyaudio.PyAudio()
#open stream (2)
stream = p.open(format=p.get_format_from_width(wf.getsampwidth()),
                channels=wf.getnchannels(),
                rate=wf.getframerate(),
                output=True)
#read data
data = wf.readframes(CHUNK)
#play stream (3)
while len(data) > 0:
    stream.write(data)
    data = wf.readframes(CHUNK)
#stop stream (4)
stream.stop_stream()
stream.close()
#close PyAudio (5)
p.terminate()
```

利用 PyAudio 进行录音操作,需要指定音频的 3 个参数,包括采样频率、样本精度和通道数。示例程序片段如下。

```python
pa = PyAudio()
stream = pa.open (format = FORMAT, channels = CHANNELS, rate = RATE, input = True,
frames_per_buffer=CHUNK)
frames = []    #定义一个列表
for i in range(0, int(RATE / CHUNK * RECORD_SECONDS)):    #循环,采样率 44100 / 1024 * 5
    data = stream.read(CHUNK)    #读取 chunk 个字节 保存到 data 中
    frames.append(data)    #向列表 frames 中添加数据 data
print(frames)
stream.stop_stream()
stream.close()    #关闭
pa.terminate()    #终结
save_wave_file(pa, filepath, frames)
```

文件保存函数定义如下。

```python
def save_wave_file(filename,data):
    wf=wave.open(filename,'wb')
    wf.setnchannels(channels)      #声道
    wf.setsampwidth(sampwidth)     #采样字节 1 or 2
    wf.setframerate(framerate)     #采样频率 8000 or 16000
    wf.writeframes(b"".join(data))
    wf.close()
```

6.5.2 Librosa

下面先给出一个示例，调用音频波形文件并显示。

```python
#coding=gb2312
#显示中文用
from pylab import *
mpl.rcParams['font.sans-serif'] = ['SimHei']
plt.rcParams['axes.unicode_minus'] = False  #使显示坐标轴负号

import librosa
import librosa.display
import matplotlib.pyplot as plt
#Load a wav file
waveFile = 'c:\pythonWorkspace\Audio\KR1.wav'
y, sr = librosa.load(waveFile, sr= None)
#plot a wavform
plt.figure()
librosa.display.waveplot(y, sr)
plt.title('音频波形图')
plt.show()
```

输出图形如图 6-12 所示。

Librosa 的音频处理函数非常丰富，下面介绍几个音频特征计算的函数。

1. 提取 Log-Mel Spectrogram 特征

Log-Mel Spectrogram 特征是目前在语音识别和环境声音识别中很常用的一个特征，由于 CNN 在处理图像上展现了强大的能力，使得音频信号的频谱图特征的使用更加广泛，甚至比 MFCC 使用得更多。在 librosa 中，Log-Mel Spectrogram 特征的提取只需以下代码。

```python
import librosa
#Load a wav file
waveFile = 'c:\pythonWorkspace\Audio\KR1.wav'
y, sr = librosa.load(waveFile, sr=None)
#extract mel spectrogram feature
melspec = librosa.feature.melspectrogram(y, sr, n_fft=1024, hop_length=512, n_mels=128)
#convert to log scale
logmelspec = librosa.power_to_db(melspec)
print(logmelspec.shape)
```

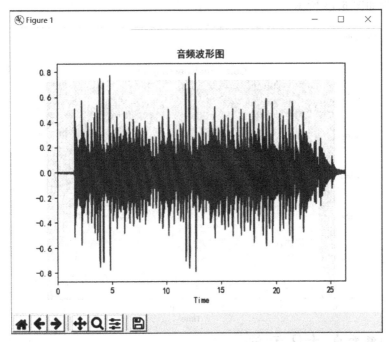

图 6-12 采用 Librosa 库绘制音频波形图

输出结果：(128,2273)。

可见，Log-Mel Spectrogram 特征是二维数组的形式，128 表示 Mel 频率的维度（频域），2273 为时间帧长度（时域），所以 Log-Mel Spectrogram 特征是音频信号的时频表示特征。其中，n_fft 指的是窗的大小，这里为 1024；hop_length 表示相邻窗之间的距离，这里为 512，也就是相邻窗之间有 50% 的 overlap；n_mels 为 mel bands 的数量，这里为 128。

2. 提取 MFCC 特征

MFCC 特征是一种在自动语音识别和说话人识别中广泛使用的特征。在 librosa 中，提取 MFCC 特征只需要一个函数：

```
mfccs = librosa.feature.mfcc(y=y, sr=sr, n_mfcc=40)
```

3. 绘制频谱图

Librosa 有显示频谱图波形函数 specshow( )。

```
melspec = librosa.feature.melspectrogram(y, sr, n_fft=1024, hop_length=512, n_mels=128)
#convert to log scale
logmelspec = librosa.power_to_db(melspec)
#plot mel spectrogram
plt.figure()
librosa.display.specshow(logmelspec, sr=sr, x_axis='time', y_axis='mel')
plt.title('Guitar melspectrogram')
plt.show()
```

输出结果如图 6-13 所示。

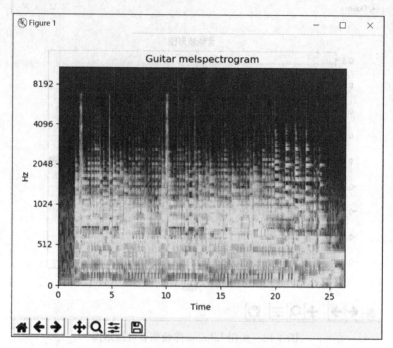

图 6-13 采用 Librosa 库绘制音频频谱图

第 7 章

数据可视化技术及应用

7.1 可视化技术概述

7.1.1 数据可视化的概念

数据可视化是关于数据视觉表现形式的技术方法,允许利用图形图像、计算机视觉和用户界面,对数据加以可视化解释。数据可视化的核心作用是视物致知,其处理数据包括文本、时变、空间地理、层次网络、跨媒体等类型。

数据可视化与信息图形、信息可视化、科学可视化以及统计图形密切相关,它实现了成熟的科学可视化领域与较年轻的信息可视化领域的统一。

数据可视化已经提出了许多方法,这些方法根据其可视化的原理不同可以划分为基于几何的技术、面向像素技术、基于图标的技术、基于层次的技术、基于图像的技术和分布式技术等。

随着大数据时代的到来,每时每刻都有海量数据在不断生成,需要我们对数据进行及时、全面、快速、准确的分析,呈现数据背后的价值,这就更需要可视化技术协助我们更好地理解和分析数据。

7.1.2 数据可视化的重要应用示例

在大数据时代,数据可视化技术可以支持实现多种不同的目标。

1. 观测、跟踪数据

例如,百度地图能够随时显示交通拥堵状况,用不同颜色线条表示。通过动态观察交通数据变化,用户能够方便制定出行路线,如图 7-1 所示。

2. 分析数据

在工业生产和安全监测领域,工业大数据分析具有重要的实际意义。图 7-2 为作者负责的科研项目,用于矿山排土场灾害在线监测。通过大规模数据分析和预测,为用户及时提供灾害预警信息。

3. 辅助理解数据

人立方关系搜索是微软亚洲研究院开发设计的一款新型社会化搜索引擎,它能从超过十亿的中文网页中自动抽取出人名、地名、机构名以及中文短语,并通过算法自动计算出它们之间存在关系的可能性。人立方搜索的创建理念来自"六度空间",只要随便输入一个人物,人立方搜索将给出该人物的关系、网页、资讯、简介等众多内容。

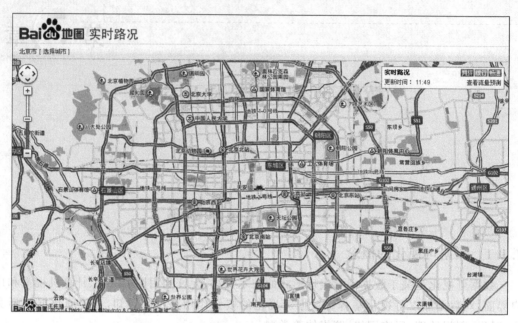

图 7-1 百度地图显示的北京市实时交通路况信息

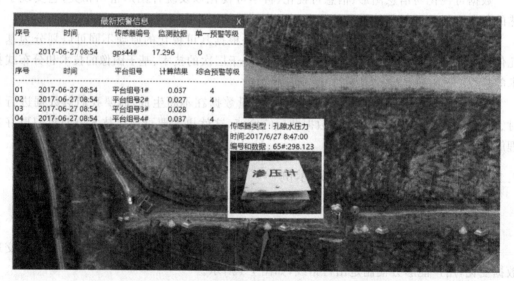

图 7-2 矿山排土场灾害监测预警可视化示例

  六度空间的概念来源于美国哈佛大学的社会心理学家米尔格兰姆所设计的"连锁信件实验"。在 1967 年，米尔格兰姆写了一封信，信中提到了一个股票经纪人的名字，要求每个收到这封信的人都将信转寄给自认为和那个经纪人关系最接近的朋友。米尔格兰姆给 160 个朋友寄出了这封信。结果大部分信件经过五、六次辗转都到达了那个经纪人的手中。

  六度空间理论体现了一个客观规律：世界上任何两个人之间没有间隔 361 度，也没有 100 度，只有 6 度。

4. 增强数据吸引力

数学常数圆周率 π 等于周长与直径之比，一般近似为 3.14159。为了展示其数字魅力，将一个圆分为 10 份，分别对应 0~9 这 10 个数字，然后将 π 的前 10000 个数字依次连起来，其可视化效果如图 7-3 所示。

5. 探索事物的关联性

随着信息技术的飞速发展，编程语言不断产生和消亡，一些成熟语言的应用热度也在不断发生变化。如图 7-4 所示，每个圆点表示一种编程语言，其大小表示其应用程度。圆点之间的连线表示不同编程语言之间的关联关系。

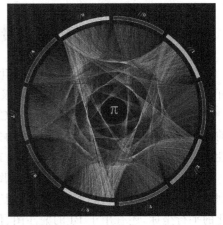

图 7-3　π 的前 10000 位数字可视化

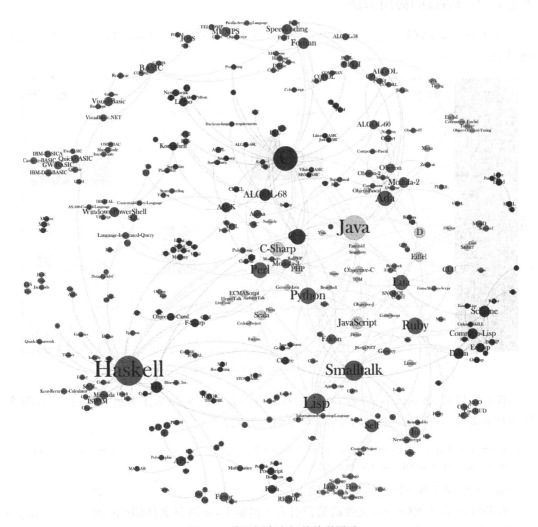

图 7-4　编程语言之间的关联图示

7.2 ECharts 应用入门

百度开源项目 ECharts 是国内可视化生态领域的领军者,是一个使用 JavaScript 实现的开源可视化库,广泛被各行业企业以及事业单位、科研院所应用,涉及行业包含金融、教育、医疗、物流、气候监测等众多领域。ECharts 可以流畅地运行在 PC 和移动设备上,兼容当前绝大部分浏览器,底层依赖轻量级的矢量图形库 ZRender,提供直观、交互丰富、可高度个性化定制的数据可视化图表。2008 年 1 月,ECharts 进入 Apache 孵化器。

ECharts 提供了常规的折线图、柱状图、散点图、饼图、K 线图,用于统计的盒形图,用于地理数据可视化的地图、热力图、线图,用于关系数据可视化的关系图、旭日图,多维数据可视化的平行坐标,还有用于 BI 的漏斗图、仪表盘,并且支持图与图之间的混搭。

7.2.1 ECharts 的应用方法

登录 ECharts 官网:https://echarts.apache.org/zh/index.html,可以看到丰富的实例,如图 7-5 所示。

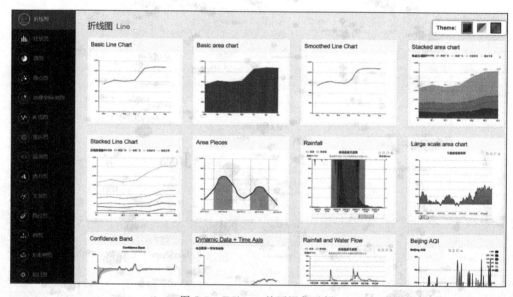

图 7-5 ECharts 的可视化示例

核心文件是 echarts.js,或者 echarts.min.js。如果该文件不在本地,则可以设置源文件为网络文件。按照官网的例子,采用如下引用方式:

```
< script type= "text/javascript" src= "https://cdn.jsdelivr.net/npm/echarts/dist/echarts.min.js"></script>
```

例:极坐标下直方图展示效果如图 7-6 所示。

按照官网示例,ECharts 文件的远程引入示例如下,在网页文件的< body >...</body >内,首先引用了 8 个相关文件:

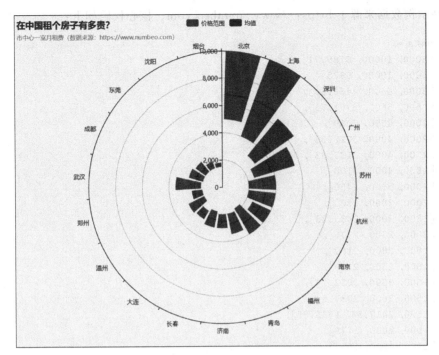

图 7-6 极坐标下直方图示例

```
<!DOCTYPE html>
<html style="height: 100%">
    <head>
        <meta charset="utf-8">
    </head>
    <body style="height: 100%; margin: 0">
        <div id="container" style="height: 100%"></div>
        <script type="text/javascript" src="https://cdn.jsdelivr.net/npm/echarts/dist/echarts.min.js"></script>
        <script type="text/javascript" src="https://cdn.jsdelivr.net/npm/echarts-gl/dist/echarts-gl.min.js"></script>
        <script type="text/javascript" src="https://cdn.jsdelivr.net/npm/echarts-stat/dist/ecStat.min.js"></script>
        <script type="text/javascript" src="https://cdn.jsdelivr.net/npm/echarts/dist/extension/dataTool.min.js"></script>
        <script type="text/javascript" src="https://cdn.jsdelivr.net/npm/echarts/map/js/china.js"></script>
        <script type="text/javascript" src="https://cdn.jsdelivr.net/npm/echarts/map/js/world.js"></script>
        <script type="text/javascript" src="https://api.map.baidu.com/api?v=2.0&ak=xfhhaTThl11qYVrqLZii6w8qE5ggnhrY&__ec_v__=20190126"></script>
        <script type="text/javascript" src="https://cdn.jsdelivr.net/npm/echarts/dist/extension/bmap.min.js"></script>
        <script type="text/javascript">
var dom = document.getElementById("container");
var myChart = echarts.init(dom);
var app = {};option = null;
```

官网示例数据来源于 https://www.numbeo.com。核心代码如下：

```javascript
var data = [
    [5000, 10000, 6785.71],
    [4000, 10000, 6825],
    [3000, 6500, 4463.33],
    [2500, 5600, 3793.83],
    [2000, 4000, 3060],
    [2000, 4000, 3222.33],
    [2500, 4000, 3133.33],
    [1800, 4000, 3100],
    [2000, 3500, 2750],
    [2000, 3000, 2500],
    [1800, 3000, 2433.33],
    [2000, 2700, 2375],
    [1500, 2800, 2150],
    [1500, 2300, 2100],
    [1600, 3500, 2057.14],
    [1500, 2600, 2037.5],
    [1500, 2417.54, 1905.85],
    [1500, 2000, 1775],
    [1500, 1800, 1650]
];
var cities =['北京','上海','深圳','广州','苏州','杭州','南京','福州','青岛','济南',
'长春','大连','温州','郑州','武汉','成都','东莞','沈阳','烟台'];
var barHeight = 50;

option = {
    title:{
        text: '在中国租个房子有多贵?',
        subtext: '市中心一室月租费(数据来源：https://www.numbeo.com)'
    },
    legend:{
        show: true,
        data: ['价格范围','均值']
    },
    grid:{
        top: 100
    },
    angleAxis:{
        type: 'category',
        data: cities
    },
    tooltip:{
        show: true,
        formatter: function (params){
            var id = params.dataIndex;
            return cities[id] + '<br>最低：' + data[id][0] + '<br>最高：' + data[id][1] + '<br>平均：' + data[id][2];
        }
    },
```

```
        radiusAxis:{
        },
        polar:{
        },
        series:[{
            type: 'bar',
            itemStyle:{
                color: 'transparent'
            },
            data: data.map(function (d) {
                return d[0];
            }),
            coordinateSystem: 'polar',
            stack: '最大最小值',
            silent: true
        }, {
            type: 'bar',

            data: data.map(function (d) {
                return d[1] - d[0];
            }),
            coordinateSystem: 'polar',
            name: '价格范围',
            stack: '最大最小值'
        }, {
            type: 'bar',
            itemStyle:{
                color: 'transparent'
            },
            data: data.map(function (d) {
                return d[2] - barHeight;
            }),
            coordinateSystem: 'polar',
            stack: '均值',
            silent: true,
            z: 10
        }, {
            type: 'bar',
            data: data.map(function (d) {
                return barHeight * 2;
            }),
            coordinateSystem: 'polar',
            name: '均值',
            stack: '均值',
            barGap: '- 100%',
            z: 10
        }]
    };
```

其他可视化效果的基本示例,都可以通过 ECharts 官网获得。

7.2.2 ECharts 的简单应用

如果 ECharts 文件已经下载到本地,则在代码中通过如下方式引入,将更加方便。

`<script src="echarts.min.js"></script>`

下面基于能源管理可视化要求,阐述两个应用示例。

例:采用饼图描述传统能源和新能源的来源比较,期望效果如图 7-7 所示。

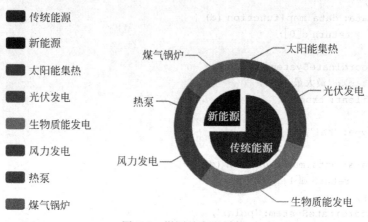

图 7-7 饼图的应用示例

设计的程序代码如下:

```
<!DOCTYPE html>
<html>
<head>
    <meta charset="gbk">
    <title>ECharts</title>
    <!-- 引入 echarts.js -->
    <script src="echarts.min.js"></script>
</head>
<body>
    <!-- 为 ECharts 准备一个具备大小(宽高)的 Dom -->
    <div id="main" style="width: 600px;height:300px;"></div>
    <script type="text/javascript">
        // 基于准备好的 dom,初始化 ECharts 实例
        var myChart = echarts.init(document.getElementById('main'));

        // 指定图表的配置项和数据
        var option = {
            tooltip:{
                trigger: 'item',
                formatter: "{a} <br/>{b}: {c} ({d}%)"
            },
            legend:{
                orient: 'vertical',
                x: 'left',
```

```
            data:['传统能源','新能源','太阳能集热','光伏发电','生物质能发电','风力发
电','热泵','煤气锅炉']
        },
        series:[
    {
        name: '访问来源',
        type: 'pie',
        selectedMode: 'single',
        radius: [0, '30%'],
        label:{
            normal:{
                position: 'inner'
            }
        },
        labelLine:{
            normal:{
                show: false
            }
        },
        data:[
            { value: 75000, name: '新能源', selected: true },
            { value: 25000, name: '传统能源' }
        ]
    },
    {
        name: '访问来源',
        type: 'pie',
        radius: ['40%', '55%'],
        data:[
            { value: 5000, name: '太阳能集热' },
            { value: 25000, name: '光伏发电' },
            { value: 30000, name: '生物质能发电' },
            { value: 15000, name: '风力发电' },
            { value: 10000, name: '热泵' },
            { value: 15000, name: '煤气锅炉' }
        ]
    }
    ]};
            // 使用刚指定的配置项和数据显示图表。
            myChart.setOption(option);
    </script>
</body>
</html>
```

例：直方图展示能源消耗比较情况,模拟某地区 2019 年 12 个月的耗电量和耗热量,效果如图 7-8 所示。

核心代码设计如下：

```
var option = {
    tooltip:{
        trigger:'axis',
```

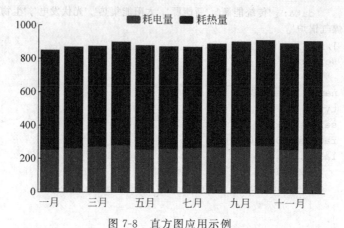

图 7-8 直方图应用示例

```
        axisPointer:{                 // 坐标轴指示器,坐标轴触发有效
            type: 'shadow'            // 默认为直线,可选为: 'line' | 'shadow'
        }
    },
    legend:
    {
        data:['耗电量', '耗热量']
    },
    grid:
    {
        left: '3% ',
        right: '4% ',
        bottom: '3% ',
        containLabel: true
    },
    xAxis:
    [{
        type: 'category',
        data:['一月', '二月', '三月', '四月', '五月', '六月', '七月', '八月', '九月', '十月','十一月', '十二月']
    }],
    yAxis:
    [{
        type: 'value'
    }],
    series:
    [
        {
            name: '耗电量',
            type: 'bar',
            stack: '耗能 2019',
            data: [250, 260, 270, 280, 255, 260, 265, 270, 275, 280, 256, 265]
        },
        {
            name: '耗热量',
```

```
                type: 'bar',
                stack: '耗能 2019',
                data: [600, 610, 605, 620, 625, 615, 608, 622, 630, 635, 640, 645]
            },
        ]
    };
```

7.3 pyecharts 应用基础

7.3.1 pyecharts 的图表说明

pyecharts 是一个用于生成 ECharts 图表的类库，实际上就是 ECharts 与 Python 的对接。使用 pyecharts 可以生成独立的网页，也可以在 Flask、Django 中集成使用。

pyecharts 包含的图表如下。

- Bar(柱状图/条形图)
- Bar3D(3D 柱状图)
- Boxplot(箱形图)
- EffectScatter(带有涟漪特效动画的散点图)
- Funnel(漏斗图)
- Gauge(仪表盘)
- Geo(地理坐标系)
- Graph(关系图)
- HeatMap(热力图)
- Kline(K 线图)
- Line(折线/面积图)
- Line3D(3D 折线图)
- Liquid(水球图)
- Map(地图)
- Parallel(平行坐标系)
- Pie(饼图)
- Polar(极坐标系)
- Radar(雷达图)
- Sankey(桑基图)
- Scatter(散点图)
- Scatter3D(3D 散点图)
- ThemeRiver(主题河流图)
- WordCloud(词云图)

用户自定义如下。

- Grid 类：并行显示多张图。

- Overlap 类：结合不同类型图表叠加画在同张图上。
- Page 类：同一网页按顺序展示多图。
- Timeline 类：提供时间线轮播多张图。

7.3.2 pyecharts 的安装和使用方法

首先，安装地图库：

```
pip install echarts-countries-pypkg          # 世界地图
pip install echarts-china-provinces-pypkg    # 中国省级地图
pip install echarts-china-cities-pypkg       # 中国城市地图
```

安装 pyecharts：

```
pip install pyecharts
```

存储图片还要再安装：

```
pip install pyecharts-snapshot
```

首先看单一数据图像如何展示，下面以柱状图 Bar 为例，如图 7-9 所示。

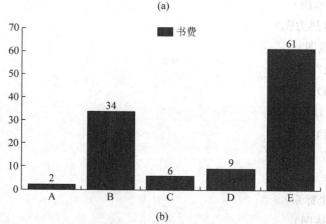

图 7-9 柱状图应用示例 1

配置项主要分为全局配置项和系列配置项,下面通过图7-10(a)所示命令查看使用方法。

```
In [12]: 1  #增加配置项
         2  from pyecharts.charts import Bar
         3  from pyecharts import options as opts
         4  #内置主题类型可查看
         5  from pyecharts.globals import ThemeType
         6
         7  bar=(
         8      Bar(init_opts=opts.InitOpts(theme=ThemeType.LIGHT))
         9      .add_xaxis(["A","B","C","D","E"])
        10      .add_yaxis("商家1", [66,55,44,33,22])
        11      .add_yaxis("商家2", [56,46,53,34,30])
        12      .set_global_opts(title_opts=opts.TitleOpts(title="主标题",subtitle="副标题"))
        13  )
        14  bar.render()
Out[12]: 'C:\\Users\\zxm\\render.html'
```

(a)

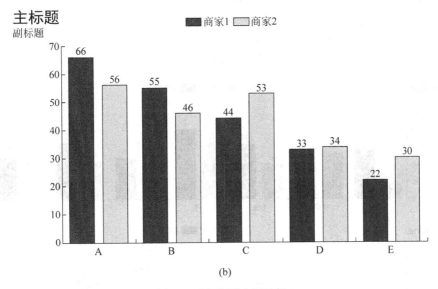

(b)

图7-10 柱状图应用示例2

在许多场合下需要使用组合图,方法有如下的三种:Grid并行多图、Page顺序多图、Timeline时间线轮播多图。

1. Grid-上下布局

使用Grid-上下布局,如图7-11所示。

2. Grid-左右布局

使用Grid-左右布局,如图7-12所示。

3. pyecharts绘制词云图

画词云的方法有两种:一种是用pyecharts;另一种是用Python的WordCloud包。这里主要讲使用pyecharts画词云的方法。

用pyecharts画词云时,输入数据中的每一个词为(word,value)这样的元组形式,然后将所有的词放入一个list中,如图7-13所示。

注意:由于pyecharts的版本问题,执行下列语句:

```
In [2]:  1  from pyecharts.faker import Faker  #导入案例数据集
         2  from pyecharts import options as opts
         3  from pyecharts.charts import Bar, Grid, Line, Scatter
         4
         5  def grid_vertical() -> Grid:
         6      bar = (
         7          Bar()
         8          .add_xaxis(Faker.choose())
         9          .add_yaxis("商家A", Faker.values())
        10          .add_yaxis("商家B", Faker.values())
        11          .set_global_opts(title_opts=opts.TitleOpts(title="Grid-Bar"))  #全局配置—标题配置
        12      )
        13      line = (
        14          Line()
        15          .add_xaxis(Faker.choose())
        16          .add_yaxis("商家A", Faker.values())
        17          .add_yaxis("商家B", Faker.values())
        18          .set_global_opts(
        19              title_opts=opts.TitleOpts(title="Grid-Line", pos_top="48%"),  #pos_top = '48%' 距离上侧比为容器高度的48%,
        20              legend_opts=opts.LegendOpts(pos_top="48%"),  #图例配置项
        21          )
        22      )
        23
        24      grid = (
        25          Grid()
        26          .add(bar, grid_opts=opts.GridOpts(pos_bottom="60%"))
        27          .add(line, grid_opts=opts.GridOpts(pos_top="60%"))
        28      )
        29      return grid
        30  grid_vertical().render()
Out[2]:  'C:\\Users\\zxm\\render.html'
```

(a)

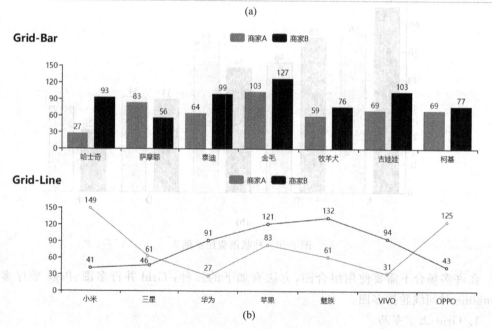

(b)

图 7-11　Grid 的上下布局示例

```
from pyecharts import options  as opts
```

将会报错：cannot import name 'options'。解决方法是升级 pyecharts，执行如下语句：

```
pip install pyecharts -U
```

系统将自动安装当前最新版的 pyecharts，如图 7-14 所示。

```python
from pyecharts.faker import Faker  #导入案例数据集
from pyecharts import options as opts
from pyecharts.charts import Bar, Grid, Line, Scatter

def grid_horizontal() ->Grid:
    scatter=(
        Scatter()
        .add_xaxis(Faker.choose())
        .add_yaxis("商家A", Faker.values())
        .add_yaxis("商家B", Faker.values())
        .set_global_opts(
            title_opts=opts.TitleOpts(title="Grid-Scatter"),
            legend_opts=opts.LegendOpts(pos_left="20%"),
        )
    )
    line=(
        Line()
        .add_xaxis(Faker.choose())
        .add_yaxis("商家A", Faker.values())
        .add_yaxis("商家B", Faker.values())
        .set_global_opts(
            title_opts=opts.TitleOpts(title="Grid-Line", pos_right="5%"),
            legend_opts=opts.LegendOpts(pos_right="20%"),
        )
    )
    grid=(
        Grid()
        .add(scatter, grid_opts=opts.GridOpts(pos_left="55%"))
        .add(line, grid_opts=opts.GridOpts(pos_right="55%"))
    )
    return grid
grid_horizontal().render()
```
Out[5]: 'C:\\Users\\zxm\\render.html'

(a)

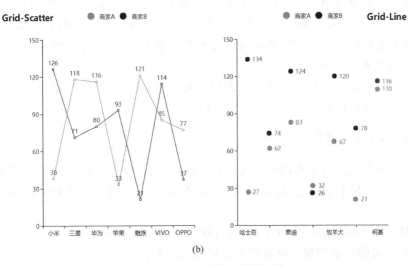

(b)

图 7-12　Grid 的左右布局示例

```
### 使用pyecharts画词云
from pyecharts.charts import WordCloud
data = [('python', 23), ('word', 10), ('cloud', 5)]
mywordcloud = WordCloud()
mywordcloud.add('', data, shape='circle')
### 渲染图片
mywordcloud.render()
```

(a)　　　　　　　　　　　　　　　(b)

图 7-13　pyecharts 的词云图示例

```
C:\Users\zxm>pip install pyecharts -U
WARNING: pip is being invoked by an old script wrapper. This will fail in a future version of pip.
Please see https://github.com/pypa/pip/issues/5599 for advice on fixing the underlying issue.
To avoid this problem you can invoke Python with '-m pip' instead of running pip directly.
Defaulting to user installation because normal site-packages is not writeable
Collecting pyecharts
  Using cached pyecharts-1.8.1-py3-none-any.whl (134 kB)
Collecting prettytable
  Using cached prettytable-0.7.2.tar.bz2 (21 kB)
Requirement already satisfied, skipping upgrade: jinja2 in c:\program files\python36\lib\site-packages (from pyecharts)
(2.10)
Collecting simplejson
  Downloading simplejson-3.17.0-cp36-cp36m-win_amd64.whl (73 kB)
     |████████████████████████████████| 73 kB 239 kB/s
Requirement already satisfied, skipping upgrade: MarkupSafe>=0.23 in c:\program files\python36\lib\site-packages (from j
inja2->pyecharts) (1.1.1)
Building wheels for collected packages: prettytable
  Building wheel for prettytable (setup.py) ... done
  Created wheel for prettytable: filename=prettytable-0.7.2-py3-none-any.whl size=13705 sha256=59c282eb956911e4759de82dd
62d8e844d1606674773e9d1dd83853211295e14
  Stored in directory: c:\users\zxm\appdata\local\pip\cache\wheels\90\15\c3\5f28b42ae9c81638570b8b7ed654e0f98c5fdc088758
69511b
Successfully built prettytable
Installing collected packages: prettytable, simplejson, pyecharts
Successfully installed prettytable-0.7.2 pyecharts-1.8.1 simplejson-3.17.0

C:\Users\zxm>
```

图 7-14　pyecharts 的版本升级安装示例

7.4　文本可视化

文本数据类别分为单文本、文档集合、时序文本。对文本的理解需求分为三级：词汇级、语法级和语义级。词汇级使用各类分词算法，而语法级使用一些句法分析算法，语义级则使用主题抽取算法。文本主题的抽取算法大致可分为两类：基于贝叶斯的概率模型和基于矩阵分解的非概率模型。

文本数据可视化在于利用可视化技术刻画文本和文档，将其中的信息直观的呈现。它可以分为文本内容的可视化、文本关系的可视化和文本多特征信息的可视化。

7.4.1　文本内容可视化

文本内容可视化是对文本内的关键信息分析后的展示，有标签云、文档散等表示方法。

(1) 标签云。标签云是一种最常见的、简单的关键词可视化方法，主要可分为如下两步。

- 统计文本中词语的出现频率，提取出现频率较高的关键词。
- 按照一定的顺序和规律将这些关键词展示出来。

(2) 文档散。文档散使用词汇库中的结构关系来布局关键词，同时使用词语关系网中具有上下语义关系的词语来布局关键词，从而揭示文本中的内容。

本小节仅阐述标签云的设计过程。

下面先介绍 pyecharts 组件的标签云设计示例，直接使用了其中的 WordCloud 组件。pyecharts 的各类组件应用示例，请参见官网：https://gallery.pyecharts.org/。

```
import pyecharts.options as optsfrom pyecharts.charts import WordCloud
"""
Gallery 使用 pyecharts 1.1.0
参考地址: https://gallery.echartsjs.com/editor.html? c=xS1jMxuOVm
"""
```

```
data =[
    ("生活资源", "999"), ("供热管理", "888"), ("供气质量", "777"), ("生活用水管
理", "688"),
    ("一次供水问题", "588"), ("交通运输", "516"), ("城市交通", "515"), ("环境保
护", "483"),
    ("房地产管理", "462"), ("城乡建设", "449"), ("社会保障与福利", "429"), ("社会保
障", "407"),
    #此处省略其他中间信息
    ("其他行政事业收费", "11"), ("经营性收费", "11"), ("食品安全与卫生", "11"),
    ("体育活动", "11"), ("有线电视安装及调试维护", "11"), ("低保管理", "11"),
    ("劳动争议", "11"), ("社会福利及事务", "11"), ("一次供水问题", "11"),]
(
    WordCloud()
    .add(series_name= "热点分析", data_pair= data, word_size_range= [6, 66])
    .set_global_opts(
        title_opts= opts.TitleOpts(
            title= "热点分析", title_textstyle_opts= opts.TextStyleOpts(font_size= 23)
        ),
        tooltip_opts= opts.TooltipOpts(is_show= True),
    )
    .render("basic_wordcloud.html"))
```

输出结果如图 7-15 所示。

图 7-15 基于 pyecharts 组件的词云图示例

针对文本文件,需要开展文本数据导入、中文分词、词频统计等处理过程。

下面阐述一个具体实现示例,分析教师参加培训的主题内容和分布情况。其中,培训文件名称是 TeacherTrain.xlsx,中文分词采用 jieba 组件,词云图采用 WordCloud 组件,其背景选用一个金字塔图形,如图 7-16(a)所示。程序输出结果如图 7-16(b)所示。

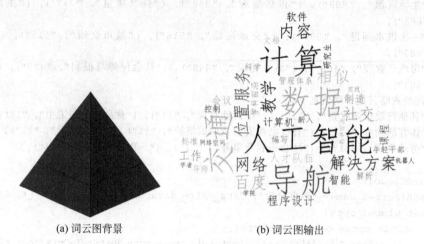

(a) 词云图背景　　　　　　　　(b) 词云图输出

图 7-16　教师参加培训的主题词分析结果

```
#首先是导入类库。
import sys
import numpy as np
import matplotlib.pyplot as plt
from PIL import Image
import jieba
import jieba.analyse
import xlwt                    #写入 Excel 表的库
import openpyxl
from wordcloud import WordCloud

#开始读取 xlsx 格式的 Excel 文件
path="c:/pythonWorkspace/WordCloud/"
#图片模板和字体
image=np.array(Image.open(path+ 'pyramid.png'))
wb=openpyxl.load_workbook(path+ 'TeacherTrain.xlsx')
sheet=wb["TeacherTrain"]
i=0
teacher=[]
title=[]
pkey=[]
pvalue=[]
for row in sheet.rows:
    teacher.append(row[1].value)
    title.append(row[5].value)
    i+ = 1

#停用词的应用
with open(path+ 'stopwords.txt','r',encoding= 'utf-8')asf:
    x=f.readlines()
stop=[i.replace('\n','')for i in x]
stop.extend(['全国','高校','教师','高校教师','教育','全体','实验室','机会','认可','培训',
```

```python
'培训班',\
    '讲座','论坛','高峰','高峰论坛','巡讲','研讨会','专题','学术','大学','建立','建设','获得',\
    '工程','技术','应用','备注'])                    #停用标点之类

#提取关键词
word_lst=[]
for i in range(len(title)):
    tags=jieba.analyse.textrank(title[i],topK=6)    #关键词提取
    for t in tags:
        word_lst.append(t)
print(word_lst)

#词汇统计
word_dict= {}
for item in word_lst:
    if item= = 'AI'or item = = '相似度':
        item= '人工智能'
    if item not in stop:                            #调用停用词
        if item not in word_dict:                   #统计数量
            word_dict[item]=1
        else:
            word_dict[item]+ =1
orderList= list(word_dict.values())
orderList.sort(reverse= True)

#保存到文本文件中
key_list= []
with open(path+ "teacherTrainCount.txt",'w') as wf2:    #打开文件
    for i in range(len(orderList)):
        for key in word_dict:
            if word_dict[key]= = orderList[i]:
                wf2.write(key+ ' '+ str(word_dict[key])+ '\n')    #写入txt文档
                key_list.append(key)
                word_dict[key]=0

#保存到Excel文件
wbk=xlwt.Workbook(encoding= 'ascii')
sheet= wbk.add_sheet("wordCount")                   #Excel单元格名字
for i in range(len(key_list)):
    sheet.write(i,1,label= orderList[i])
    sheet.write(i,0,label= key_list[i])
wbk.save(path+ 'teacherTrainCount.xls')             #保存为wordCount.xls文件

#生成词云图,适当控制词汇数量
font ="C:/Windows/Fonts/simfang.ttf"
cloudList=" ".join(key_list)
wc=WordCloud(collocations=False,scale=3,mask=image,font_path=font,background
_color='white',random_state= 20,max_words= 40)
myCloud=wc.generate(cloudList)
myCloud.to_file(path+ "teacherTrainRank40Pyramid.png")
```

```
#显示生成的词云,并正确显示中文标题
from matplotlib.font_manager import FontProperties
font_set=FontProperties(fname=r"c:\windows\fonts\simsun.ttc",size=15)
plt.title('教师培训主题词云分析',FontProperties=font_set)
plt.imshow(myCloud)
plt.axis("off")
plt.show()
```

7.4.2 文本关系可视化

文本关系的可视化既可以对单个文本进行内部的关系展示,也可以对多个文本进行文本之间的关系展示。

基于图的文本关系可视化主要有词语树和短语网络两种。

(1) 词语树:词语树可以直观地呈现出一个词语和其前后的词语,用户可自定义感兴趣的词语作为中心节点,中心节点向前扩展,就是文本中处于该词与前面的词语;中心节点向后扩展,就是文本中处于该词语后面的词语。字号大小代表了词语在文本中出现的频率。

(2) 短语网络:短语网络包括节点和连线两种属性。节点代表一个词语或短语。连线表示节点与节点之间的关系,需要用户定义。

文档间数据可视化方法包括星系视图和文档集抽样投影。星系视图可用于表征多个文档之间的相似性。

在具体实现方面,有 NetworkX 和 pyecharts 等典型的关系化组件。NetworkX 是一款 Python 的开源软件包,用于创造、操作复杂网络,内置了常用的图与复杂网络分析算法,可以方便地进行复杂网络数据分析、仿真建模等工作,功能丰富,简单易用。

另外,Gephi 是一款开源的交互式的复杂网络分析平台,属于独立软件。

下面分别阐述 NetworkX 和 pyecharts 在文本关系可视化方面的应用方法和示例。

1. 基于 NetworkX 的关系可视化

NetworkX 提供画图的函数有:

- draw(G,[pos,ax,hold]);
- draw_networkx(G,[pos,with_labels]);
- draw_networkx_nodes(G,pos,[nodelist])绘制网络 G 的节点图;
- draw_networkx_edges(G,pos[edgelist])绘制网络 G 的边图;
- draw_networkx_edge_labels(G, pos[, …])绘制网络 G 的边图,边有 label。

1) Networkx 的应用方法

```
#成功安装后,首先引入类库
import networkx as nx
import matplotlib.pyplot as plt
#接着,建立简单网络
net_grid = nx.Graph()          #新建一个无向图 net_grid
#网络图中的所有的节点,以列表的形式存储
list_net_nodes = [1, 2, 3, 4, 5, 6, 7, 8, 9, 10, 11, 12, 13, 14, 15]

#网络图中的所有的边,以列表的形式存储,由于是无向图,可以自动忽略掉重读的边
list_net_edges =[(1,2),(1,4),(1,8),(1,15),(2,3),(2,7),(2,15),(3,4),(3,6),
```

```
        (4,5),(4,7),(4,11),(5,6),(5,10),(5,11),(6,8),(6,12),
        (7,11),(7,13),(8,11),(8,15),(9,12),(9,13),(9,14),
        (10,14),(10,15),(11,12),(11,14),(12,14),(13,15),(14,15)]
#在网络图中添加节点,直接从节点列表中读取所有的节点
net_grid.add_nodes_from(list_net_nodes)
#在网络中添加边,直接从边列表中读取所有的边
net_grid.add_edges_from(list_net_edges)
#画网络图并显示
nx.draw(net_grid, with_labels= True)
plt.show()

#为了标明位置,增加节点坐标信息
dict_net_node_coordinate= {1:(1,2),
        2: (6,5),
        3: (9,7),
        4: (1,9),
        5: (6,3),
        6: (10,2),
        7: (5,2),
        8: (2,5),
        9: (3,8),
        10: (10,4),
        11: (7,7),
        12: (8,9),
        13: (6,8),
        14: (3,10),
        15: (6,10)}
dict_nodes_labels=dict(zip(list_net_nodes,list_net_nodes))
#绘制带坐标的网络图
nx.draw_networkx_nodes(net_grid,dict_net_node_coordinate,list_net_nodes)
nx.draw_networkx_edges(net_grid,dict_net_node_coordinate,list_net_edges)
nx.draw_networkx_labels(net_grid,dict_net_node_coordinate,dict_nodes_labels)
plt.show()
```

输出结果如图 7-17 所示。

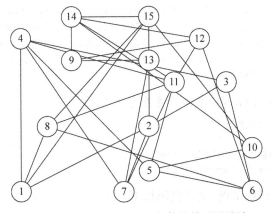

图 7-17　基于 NetworkX 组件的关系图设计

2) 数据分析

网络分析常用函数如下。

- nx.degree(G)：计算图的密度。其值为边数 m 除以图中可能边数，即 $n(n-1)/2$。
- nx.degree_centrality(G)：节点度中心系数。通过节点的度表示节点在图中的重要性，默认情况下会进行归一化，其值表达为节点度 $d(u)/n-1$。其中，$n-1$ 即归一化使用的常量。这里由于可能存在循环，所以该值可能大于 1。
- nx.closeness_centrality(G)：节点距离中心系数。通过距离来表示节点在图中的重要性，一般是指节点到其他节点的平均路径的倒数，这里还乘以 $n-1$。该值越大，表示节点到其他节点的距离越近，即中心性越高。
- nx.betweenness_centrality(G)：节点介数中心系数。在无向图中，该值表示为节点作占最短路径的个数除以 $[(n-1)(n-2)/2]$；在有向图中，该值表达为节点作占最短路径个数除以 $[(n-1)(n-2)]$。
- nx.transitivity(G)：图或网络的传递性。即图或网络中，认识同一个节点的两个节点也可能认识双方，计算公式为 3 * 图中三角形的个数/三元组个数。
- nx.clustering(G)：图或网络中节点的聚类系数。计算公式为：节点 u 的两个邻居节点间的边数除以 $[(d(u)(d(u)-1)/2]$。
- nx.transitivity(G)：图或网络的传递性。即在图或网络中，认识同一个节点的两个节点也可能认识双方，计算公式为 3 * 图中三角形的个数/三元组个数。

下面示例，继续分析以上构建的网络：

```
print(nx.degree_centrality(net_grid))          #节点度中心系数
print(nx.closeness_centrality(net_grid))       #节点距离中心系数
```

输出结果如下：

{1: 0.2857142857142857, 2: 0.2857142857142857, 3: 0.21428571428571427,
4: 0.35714285714285714, 5: 0.2857142857142857, 6: 0.2857142857142857,
7: 0.2857142857142857, 8: 0.2857142857142857, 9: 0.21428571428571427,
10: 0.21428571428571427, 11: 0.42857142857142855, 12: 0.2857142857142857,
13: 0.21428571428571427, 14: 0.35714285714285714, 15: 0.42857142857142855}
{1: 0.5384615384615384, 2: 0.5185185185185185, 3: 0.4827586206896552,
4: 0.5833333333333334, 5: 0.5185185185185185, 6: 0.5384615384615384,
7: 0.5384615384615384, 8: 0.56, 9: 0.45161290322580644, 10: 0.5185185185185185,
11: 0.6363636363636364, 12: 0.5384615384615384, 13: 0.5, 14: 0.5833333333333334,
15: 0.6363636363636364}

2. 基于 pyecharts 的 Graph 组件的关系可视化

首先，需要导入核心组件：

```
from pyecharts import options as opts
from pyecharts.charts import Graph
```

下面，先给出一个简单示例，主要代码如下：

```
nodes = [
    {"name": "节点 1", "symbolSize": 10},
```

```
        {"name": "节点2", "symbolSize": 20},
        {"name": "节点3", "symbolSize": 30},
        {"name": "节点4", "symbolSize": 40},
        {"name": "节点5", "symbolSize": 50},
        {"name": "节点6", "symbolSize": 40},
        {"name": "节点7", "symbolSize": 30},
        {"name": "节点8", "symbolSize": 20},]
links = []
for i in nodes:
    for j in nodes:
        links.append({"source": i.get("name"), "target": j.get("name")})
c = (
    Graph()
    .add("", nodes, links, repulsion= 8000)
    .set_global_opts(title_opts= opts.TitleOpts(title= "Graph-基本示例"))
    .render("graph_base.html"))
```

程序运行结果如图 7-18 所示。可见，用 Graph 组件很容易展示关系图。

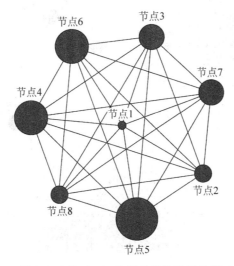

图 7-18　基于 Graph 组件的关系图示例

下面，基于微博数据来分析复杂的微博转发关系，实现程序如下。

```
import json
from pyecharts import options as opts
from pyecharts.charts import Graph
with open("weibo.json", "r", encoding= "utf-8") as f:
    j = json.load(f)
    nodes, links, categories, cont, mid, userl = j
c = (
    Graph()
    .add(
        "",
        nodes,
```

```
        links,
        categories,
        repulsion=50,
        linestyle_opts=opts.LineStyleOpts(curve=0.2),
        label_opts=opts.LabelOpts(is_show=False),
    )
    .set_global_opts(
        legend_opts=opts.LegendOpts(is_show=False),
        title_opts=opts.TitleOpts(title="Graph-微博转发关系图"),
    )
    .render("graph_weibo.html"))
```

形成的输出文件是 graph_weibo.html，其展示效果如图 7-19 所示。

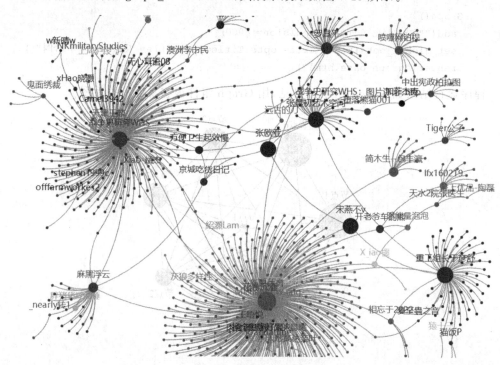

图 7-19　基于 Graph 组件的微博转发关系图

7.4.3　主题模型的可视化分析

在研究 LDA 主题模型中，其分析结果比较难以解释。对此，可以采用 pyLDAvis，这是一个交互式的主题模型可视化包，可以将主题模型建模后的结果使用 D3.js 封装好的一个可视化模板，制作成一个网页交互版的结果分析工具。

公开的网络测试链接：https://ldavis.cpsievert.me/reviews/vis/#topic=7&lambda=0.6&term=

安装命令：pip install pyldavis

在 LDA 主题模型计算的基础上，增加以下代码即可快速实现 LDA 主题模型的可视化。

```
import pyLDAvis.gensim
Vis=pyLDAvis.gensim.prepare(ldam,corpus,dictionary)
pyLDAvis.show(Vis)
pyLDAvis.save_html(Vis, 'lda.html')
```

下面是输出文件 lda.html 的动态浏览结果,如图 7-20 所示。

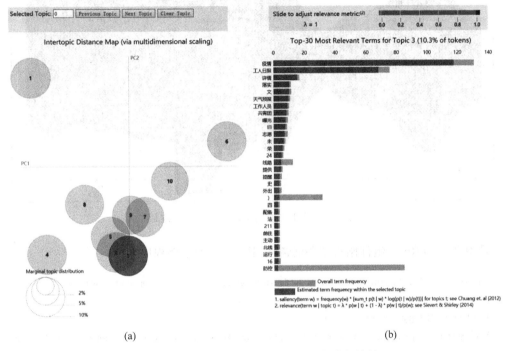

图 7-20 基于 pyLDAvis 组件的多主题分布效果

图 7-20(a)的 10 个圆展示了 10 个主题,各个圆之间的距离反映了它们之间的接近程度。图 7-20(b)是每个主题对应的关键词分布。图中说明的是主题 3 及其相关词汇的分布情况,可见其"疫情"词占比最大,在右侧排列第一。

7.4.4 主题演变的文本可视化

比较基本的主题演变的方法有主题河流图、文本流和故事流。

(1) 主题河流图。经典的主题河流模型包括颜色和宽度两个属性。
- 颜色:表示主题的类型。一个主题用一个单一颜色的涌流表示。
- 宽度:表示主题的数量(或强度)。涌流的状态随着主题的变化可能扩展、收缩或者保持不变。

其效果如图 7-21 所示。

主题河流图主要用于反映文本主题强弱变化的过程,只能将每个时间刻度上各主题简单概括成一个数值,不能描绘主题的特性。

(2) 文本流。文本流不仅可以表达主题的变化,还能随着时间的推移展示各个主题之间分裂与合并的状态。

(3) 故事流。故事流常用于表示电影或者小说里的剧情线或者时间线。

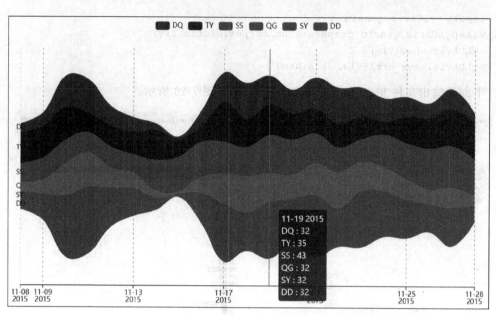

图 7-21 基于主题河流图的主题演变过程

采用 ThemeRiver 组件阐述主题河流图(图 7-21)的示例程序如下。

```
import pyecharts.options as opts
from pyecharts.charts import ThemeRiver
"""
Gallery 使用 pyecharts 1.1.0
参考地址: https://echarts.baidu.com/examples/editor.htmlc=themeRiver-basic
"""
x_data = ["DQ", "TY", "SS", "QG", "SY", "DD"]
y_data = [
    ["2015/11/08", 10, "DQ"], ["2015/11/09", 15, "DQ"], ["2015/11/10", 35, "DQ"],
    #此处省略其他中间数据
    ["2015/11/26", 16, "DD"], ["2015/11/27", 22, "DD"], ["2015/11/28", 10, "DD"],]
(
    ThemeRiver(init_opts=opts.InitOpts(width="1600px", height="800px"))
    .add(
        series_name=x_data,
        data=y_data,
        singleaxis_opts=opts.SingleAxisOpts(
            pos_top="50", pos_bottom="50", type_="time"
        ),
    )
    .set_global_opts(
        tooltip_opts = opts.TooltipOpts(trigger="axis", axis_pointer_type="line")
    )
    .render("theme_river.html"))
```

7.5 基于pyecharts实现多维数据可视化

本节从时间轴、日历图和三维图构造方面分别阐述其设计方法和具体示例。

7.5.1 基于时间轴的数据可视化

首先是柱状图程序示例,其输出效果如图7-22所示。

```
from pyecharts import options as opts
from pyecharts.charts import Bar, Timeline
from pyecharts.faker import Faker

tl = Timeline()
for i in range(2015, 2020):
    bar = (
        Bar()
        .add_xaxis(Faker.choose())
        .add_yaxis("商家A", Faker.values(), label_opts=opts.LabelOpts(position="right"))
        .add_yaxis("商家B", Faker.values(), label_opts=opts.LabelOpts(position="right"))
        .reversal_axis()
        .set_global_opts(
            title_opts=opts.TitleOpts("Timeline- Bar- Reversal (时间: {} 年)".format(i))
        )
    )
    tl.add(bar, "{}年".format(i))
tl.render("timeline_bar_reversal.html")
```

以下是桑基图的应用方法示例:

```
from pyecharts import options as opts
from pyecharts.charts import Sankey, Timeline
from pyecharts.faker import Faker

tl = Timeline()
names = ("商家A", "商家B", "商家C")
nodes = [{"name": name} for name in names]
for i in range(2015, 2020):
    links = [
        {"source": names[0], "target": names[1], "value": Faker.values()[0]},
        {"source": names[1], "target": names[2], "value": Faker.values()[0]},
    ]
    sankey = (
        Sankey()
        .add(
            "sankey",
            nodes,
            links,
            linestyle_opt=opts.LineStyleOpts(opacity=0.2, curve=0.5, color="source"),
```

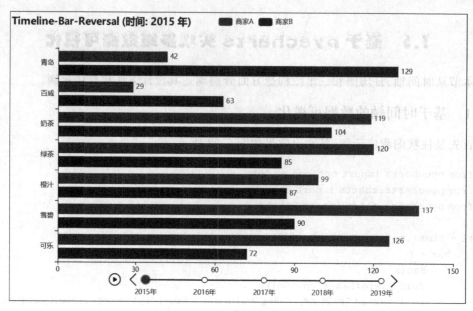

图 7-22 基于时间轴的柱状图设计

```
            label_opts=opts.LabelOpts(position="right"),
        )
        .set_global_opts(
            title_opts=opts.TitleOpts(title="{}年商店(A, B, C)营业额差".format(i))
        )
    )
    tl.add(sankey, "{}年".format(i))
tl.render("timeline_sankey.html")
```

其输出效果如图 7-23 所示。

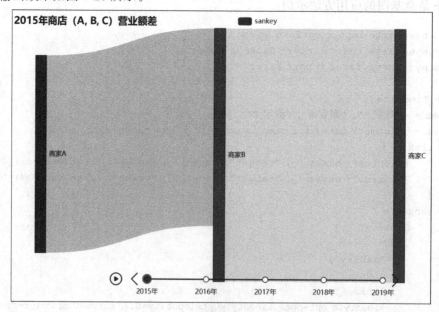

图 7-23 基于时间轴的桑基图

7.5.2 基于日历图的数据可视化

日历图组件是 Calendar。通过日历数据中的不同颜色，能够展示多维度信息。下面是日历图的程序示例：

```
import datetimeimport random
from pyecharts import options as optsfrom pyecharts.charts import Calendar
begin = datetime.date(2017, 1, 1)
end = datetime.date(2017, 12, 31)
data = [
    [str(begin + datetime.timedelta(days=i)), random.randint(1000, 25000)]
    for i in range((end - begin).days + 1)]
c = (
Calendar()
.add(
    "",
    data,
    calendar_opts= opts.CalendarOpts(
        range_ = "2017",
        daylabel_opts= opts.CalendarDayLabelOpts(name_map= "cn"),
        monthlabel_opts= opts.CalendarMonthLabelOpts(name_map= "cn"),
    ),
)
.set_global_opts(
    title_opts= opts.TitleOpts(title= "Calendar- 2017 年微信步数情况(中文 Label)"),
    visualmap_opts= opts.VisualMapOpts(
        max_ = 20000,
        min_ = 500,
        orient= "horizontal",
        is_piecewise= True,
        pos_top= "230px",
        pos_left= "100px",
    ),
)
)
.render("calendar_label_setting.html"))
```

其输出文件的浏览效果如图 7-24 所示。

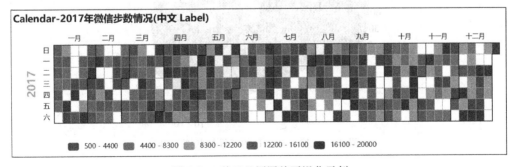

图 7-24 基于日历图的可视化示例

7.5.3 三维空间的数据可视化

在 pyecharts 组件中，有三维的柱状图、折线图、散点图、曲面图和地图等，来表示三维空间的数据可视化。下面采用 Bar3D 组件，给出 3D 柱状图的实现示例。

```
import random
from pyecharts import options as optsfrom pyecharts.charts import Bar3D

x_data = y_data = list(range(10))

def generate_data():
    data = []
    for j in range(10):
        for k in range(10):
            value = random.randint(0, 9)
            data.append([j, k, value * 2 +4])
    return data

bar3d = Bar3D()for _ in range(10):
    bar3d.add(
        "",
        generate_data(),
        shading="lambert",
        xaxis3d_opts=opts.Axis3DOpts(data=x_data, type_="value"),
        yaxis3d_opts=opts.Axis3DOpts(data=y_data, type_="value"),
        zaxis3d_opts=opts.Axis3DOpts(type_="value"),
    )
bar3d.set_global_opts(title_opts=opts.TitleOpts("Bar3D-堆叠柱状图示例"))
bar3d.set_series_opts(**{"stack": "stack"})
bar3d.render("bar3d_stack.html")
```

执行结果如图 7-25 所示。

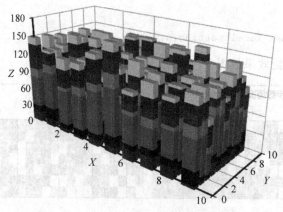

图 7-25 基于 Bar3D 的三维柱状图示例

其他几种可视化效果，分别如图 7-26～图 7-28 所示。

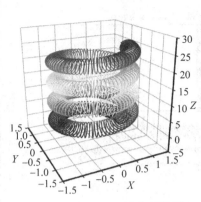

图 7-26　基于 Line3D 的折线图

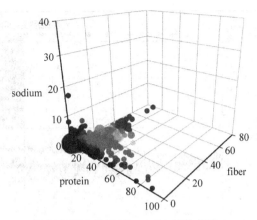

图 7-27　基于 Scatter3D 的散点图

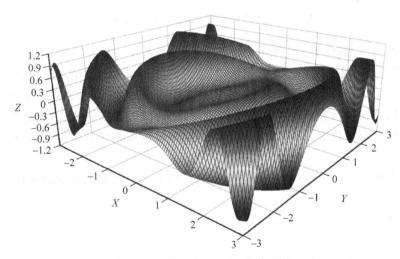

图 7-28　基于 Surface3D 的曲面图

7.6　大规模数据可视化的编程技术实例

在许多基于 B/S 结构的工程项目中，一般在后台系统中完成数据存储、管理和控制，而在前台强调人机交互和数据展示，对用户呈现动态可视化效果。为此，就需要动态地从后台数据库中抽取和计算数据，通过网络方式传输给前台文件，展示结果也随之是动态的。因此，需要解决的问题是，如何给 HTML 文件异步传递动态数据。

下面，通过 Echarts 的调用，阐述一个工业大数据可视化的编程实例。

在工业生产和安全监测领域，工业大数据分析具有重要的实际意义。图示来源于作者主持完成的一个科研项目内容，用于矿山排土场灾害监测预警的在线监测，为用户及时提供灾害监测与预警信息。在测量表面位移变化趋势中，每隔几分钟（5～30 分钟可调）需要采集存储和传输 3 个方向的数据。图 7-29 展示了自 2016 年年底到 2017 年 8 月的真实测量数据情况。

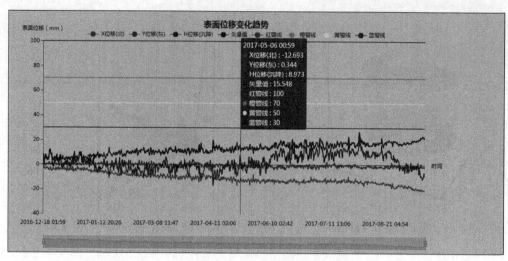

图 7-29 矿山排土场灾害监测的数据可视化

在系统架构上，前台至少用到了网页文件，后台是程序文件和数据库访问。前后台之间的交互，经典的方法是使用 JSON 数据格式，通过 AJAX 进行异步请求和传输。

本项目采用 Visual Studio2015 编程环境和 C♯ 语言，基于 C/S 结构实现实时数据采集、网络传输、监控和预警。基于 B/S 结构实现数据管理、数据查询、可视化监测和预警信息管理。下面只阐述数据可视化技术内容。对应测量的表面位移数据，其分析所用的文件如下。

前台可视化文件：SurfaceFigure.html，实现 ECharts 的调用、数据请求和回复数据的处理；

后台程序设计：GetSurfaceAJax.aspx 和 GetSurfaceAJax.aspx.cs，在代码中实现数据提取、封装和网络回复。

1. ECharts 的基本调用

首先是 ECharts 的引用，需要将 echarts.min.js 和 jquery.min.js 放到本地文件路径中。

```
<head>
    <title>表面位移变化趋势</title>
    <script src="../../../js/jquery.min.js" type="text/javascript"></script>
    <script src="../../../js/echarts.min.js" type="text/javascript"></script>
    <meta http-equiv="Content-Type" content="text/html; charset=gb2312" />
</head>
```

在<body>...</body>中，通过 init() 进行 ECharts 初识化。

```
<div id="main" style="width: 1000px;height:520px;"></div>
<script type="text/javascript" language="javascript">
    // Step:4 require echarts and use it in the callback.
    // Step:4 动态加载 ECharts 然后在回调函数中开始使用，注意保持按需加载结构定义图表路径
    window.onload = function () {
        document.body.style.backgroundColor = "# C4E1FF";
```

```
        }
        var myChart = echarts.init(document.getElementById('main'));
```

通过 options 内容，设置完成可视化界面的基本信息，包括主题、提示、坐标轴和缩放等。

```
options = {
    title:{
        left: 'center',
        text: '表面位移变化趋势'
    },
    tooltip:{
        trigger:'axis',
        axisPointer:{            // 坐标轴指示器,坐标轴触发有效
            type: 'shadow'       // 默认为直线,可选为: 'line' | 'shadow'
        }
    },
    legend:{
        left: 'center',
        //data: ['X位移(北)', 'Y位移(东)', 'H位移(沉降)', '矢量值'],
        data: ['X位移(北)', 'Y位移(东)', 'H位移(沉降)', '矢量值', '红警线', '橙警线', '黄警线', '蓝警线'],
        bottom: '85% '
    },
    grid:{
        left: '4% ',
        right: '3% ',
        bottom: '10% ',
        containLabel: true
    },
    tooltip:{
        trigger:'axis',
        position: function (pt){
            return [pt[0], '10% '];
        }
    },
    xAxis:{
        splitLine:{
            show: true
        },
        type: 'category',
        name: '时间',
        boundaryGap: false,
        data: []
    },
    yAxis:{
        max: 40,
        splitLine:{
            show: false
        },
        type: 'value',
```

```
            name: '表面位移(mm)',
            boundaryGap: [0, '100%']
        },
        dataZoom:
        [
            {
                type: 'slider',       //支持鼠标滚轮缩放
                start: 0,             //默认数据初始缩放范围为10%到90%
                end: 100
            },
            {
                type: 'inside',       //支持单独的滑动条缩放
                start: 0,             //默认数据初始缩放范围为10%到90%
                end: 100
            }
        ],
```

然后，在 series 中设置数据显示样式。这里包括了 8 种数据：表面位移的 4 个方向值（X、Y、H 及其矢量值）、4 个预警阈值(红色、橙色、黄色、蓝色)。

```
        series:
        [
            {
                name: 'X 位移(北)',
                type: 'line',
                smooth: true,
                symbol: 'none',
                sampling: 'average',
                itemStyle:
                {
                    normal:
                    {
                        color: 'gray'
                    }
                },
                data: []
            },
            {
                name: 'Y 位移(东)',
                type: 'line',
                smooth: true,
                symbol: 'none',
                sampling: 'average',
                itemStyle:
                {
                    normal:
                    {
                        color: 'green'
                    }
                },
                data: []
            },
```

```
{
    name: 'H位移(沉降)',
    type: 'line',
    smooth: true,
    symbol: 'none',
    sampling: 'average',
    itemStyle:
    {
        normal:
        {
            color: 'brown'
        }
    },
    data: []
},

{
    name: '矢量值',
    type: 'line',
    smooth: true,
    symbol: 'none',
    sampling: 'average',
    itemStyle:
    {
        normal:
        {
        color: 'purple'
        }
    },
    data: []
},

{
    name: '红警线',
    type: 'line',
    smooth: true,
    symbol: 'none',
    sampling: 'average',
    itemStyle:
    {
        normal:
        {
        color: 'red'
        }
    },
    data: []
},

{
    name: '橙警线',
```

```
            type: 'line',
            smooth: true,
            symbol: 'none',
            sampling: 'average',
            itemStyle:
            {
                normal:
                {
                color: 'orange'
                }
            },
            data: []
        },
        {
            name: '黄警线',
            type: 'line',
            smooth: true,
            symbol: 'none',
            sampling: 'average',
            itemStyle:
            {
                normal:
                {
                color: 'yellow'
                }
            },
            data: []
        },
        {
            name: '蓝警线',
            type: 'line',
            smooth: true,
            symbol: 'none',
            sampling: 'average',
            itemStyle:
            {
                normal:
                {
                color: 'blue'
                }
            },
            data: []
        }
    ]
```

以上设置完成后,执行下面语句,使用刚指定的配置项和数据显示图表:

```
myChart.setOption(options);
```

2. 数据请求

在网页文件 SurfaceFigure.html 中,第 2 步就是向指定的程序文件发出数据请求。以下采用 post 类型发出请求,请求对象是 GetSurfaceAJax. aspx 文件,参数类型是 getData,返回数据格式为 JSON。

```
type: "post",
async: false, //同步执行
url: "GetSurfaceAJax.aspx type=getData&count=3",  //3 表示?
dataType: "json", //返回数据格式为 JSON
```

3. 数据封装与请求回复

在程序文件 GetSurfaceAJax. aspx. cs 中,通过 Page_Load()事件获取网络请求信息,从而调用相关函数,完成数据请求任务。

```
protected void Page_Load(object sender, EventArgs e)
    {
        string type =  Request["type"];
        switch (type)
        {
           case "getData":
               dboConn = new SqlConnection(Session["ptcDbConn"].ToString());
               getAlarmSetData(dboConn);
               GetAjaxData(dboConn);
               break;
        }
    }
```

下面给出函数 GetAjaxData()的主要程序段,重点介绍位移数据的封装过程。

```
private void GetAjaxData(SqlConnection dboConn)
    {
        //图表的 category 是字符串数组。下面定义一个 string 的 List
        List< string > categoryList =  new List< string >(); //时间,为横坐标
        //图表的 series 数据为一个对象数组。下面定义一个 series 的类
        List< Series > seriesList1 =  new List< Series >();     //X 位移
        List< Series > seriesList2 = new List< Series >();      //Y 位移
        List< Series > seriesList3 = new List< Series >();      //H 位移
        List< Series > seriesList4 = new List< Series >();      //矢量位移
        Series series1 = new Series();
        Series series2 = new Series();
        Series series3 = new Series();
        Series series4 = new Series();
        //获得 X,Y,H 和合计矢量值,d1--d4 为从数据库提取后的计算值
        series1.value =  d1;
        series2.value =  d2;
        series3.value =  d3;
        series4.value =  d4;

        //存入日期时间
        DateTime dt =  Convert.ToDateTime(s1);
        categoryList.Add(dt.ToString("yyyy-MM-dd HH:mm"));
        //存入数据
        seriesList1.Add(series1);
```

```
        seriesList2.Add(series2);
        seriesList3.Add(series3);
        seriesList4.Add(series4);

        //最后调用相关函数将 List 转换为 JSON
        var newObj = new
        {
            series0 = categoryList,    //日期时间
            series1 = seriesList1,     //X
            series2 = seriesList2,     //Y
            series3 = seriesList3,     //H
            series4 = seriesList4,     //矢量
        };
        //Response 返回新对象的 JSON 数据
        Response.Write(newObj.ToJson());
        Response.End();
    }
```

4. 数据转换与展示

在 SurfaceFigure.html 文件中，基于 AJAX 对回复的数据进行处理和展示。以下只列出了 5 个变量数据，不包括 4 个预警线数据。

```
success: function (result){
    if (result){
        //将返回的 category 和 series 对象赋值给 options 对象内的 category 和 series
        options.xAxis.data = result.series0;
        options.series[0].data = result.series1;
        options.series[1].data = result.series2;
        options.series[2].data = result.series3;
        options.series[3].data = result.series4;
        myChart.hideLoading();
        myChart.setOption(options);
    }
}
```

探究题

1. 从互联网上爬取全国一年的天气数据，分析 PM2.5 等不良数据变化情况，探索发现全国范围内，在四季分布中有哪些宜居城市？在某个时段有哪些热点旅游地区？

2. 针对毕业生岗位需求，编程实现大规模就业岗位的数据可视化分析。要求：

（1）通过数据抓取方法，获得互联网就业岗位数据 10 万条以上，包括公司、岗位、学历、福利、薪水、地区、岗位职责、岗位要求共 8 个字段。

（2）描述指定岗位的公司地图分布、薪水比较。

（3）发现热点岗位及其地区分布特点。

（4）探索热点岗位对应的技术要求和能力要求，分别用词云图表示。

（5）在（4）的基础上，探索热点岗位对课程知识点的要求，反推课程体系的需求。

第 8 章

机器学习基础及应用技术

机器学习(machine learning,ML)是一门多领域交叉学科,涉及概率论、统计学、逼近论、凸分析、算法复杂度理论等多门学科,专门研究计算机如何模拟或实现人类的学习行为,以获取新的知识或技能,重新组织已有的知识结构,使之不断改善自身的性能。机器学习是继专家系统之后人工智能应用的又一重要研究领域,也是人工智能和神经计算的核心研究课题之一。

机器学习已经有了十分广泛的应用,例如数据挖掘、计算机视觉、自然语言处理、生物特征识别、搜索引擎、医学诊断、DNA 序列测序、语音和手写识别、战略游戏和机器人运用。

8.1 机器学习概述

机器学习研究的是计算机如何模拟人类的学习行为,以获取新的知识或技能,并重新组织已有的知识结构使之不断改善自身。计算机从数据中学习并找出规律和模式,以应用在新数据上完成预测的任务。其原理示意图如图 8-1 所示。

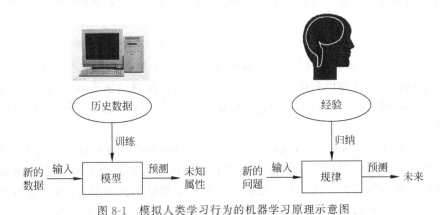

图 8-1 模拟人类学习行为的机器学习原理示意图

8.1.1 机器学习的分类

1. 机器学习按学习形式主要分为两类

(1) 监督学习(supervised learning)。监督学习从给定的训练数据集中学习并找出一个函数,当新的数据到来时,可以根据这个函数预测结果。监督学习的训练集要求是包括输入和输出,也可以说是特征和目标。训练集中的目标是由人标注的。常见的监督学习算法包括分类和回归分析。

分类问题是根据数据样本上抽取出的特征,判定其属于有限个类别中的哪一个,例如:
- 垃圾邮件识别(结果类别:1.垃圾邮件;2.正常邮件)。
- 文本情感褒贬分析(结果类别:1.褒;2.贬)。
- 图像内容识别(结果类别:1.长城;2.黄河;3.高山;4.大海)。

回归问题是根据数据样本上抽取出的特征,预测连续值结果,例如电影票房值、一线城市的具体房价等。

(2)非监督学习(unsupervised learning)。非监督学习又称归纳性学习(clustering),利用聚类和强化学习等算法自动建立中心,通过循环和递减运算来减小误差,达到学习的目的。

聚类问题是根据数据样本上抽取出的特征,挖掘出数据的关联模式。例如,相似用户挖掘、社区发现、新闻聚类,如图8-2所示。

强化问题是研究如何基于环境而行动,以取得最大化的预期利益。

2. 基于学习策略

学习策略是指学习过程中系统所采用的推理策略。一个学习系统总是由学习和环境两部

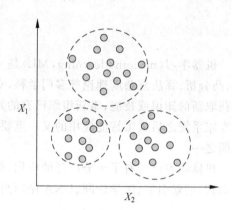

图8-2 聚类问题示意图

分组成。由环境(如书本或教师)提供信息,学习部分则实现信息转换,用能够理解的形式记忆下来,并从中获取有用的信息。在学习过程中,学生(学习部分)使用的推理越少,他对教师(环境)的依赖就越大,教师的负担也就越重。学习策略的分类标准就是根据学生实现信息转换所需的推理多少和难易程度来分类的,按从简单到复杂、从少到多的次序分为以下六种基本类型。

(1)机械学习(rote learning)。学生无需任何推理或其他的知识转换,直接吸取环境所提供的信息,如塞缪尔的跳棋程序、纽厄尔和西蒙的LT系统。这类学习系统主要考虑的是如何索引存储的知识并加以利用。系统的学习方法是直接通过事先编好、构造好的程序来学习,学习者不做任何工作,或者是通过直接接收既定的事实和数据进行学习,对输入信息不做任何的推理。

(2)示教学习(learning from instruction 或 learning by being told)。学生从环境(教师或其他信息源,如教科书等)获取信息,把知识转换成内部可使用的表示形式,并将新的知识和原有知识有机地结合为一体。所以要求学生有一定程度的推理能力,但环境仍要做大量的工作。教师以某种形式提出和组织知识,以使学生拥有的知识可以不断地增加。这种学习方法和人类社会的学校教学方式相似,学习的任务就是建立一个系统,使它能接受教导和建议,并有效地存储和应用学到的知识。不少专家系统在建立知识库时使用这种方法去实现知识获取。

(3)演绎学习(learning by deduction)。学生所用的推理形式为演绎推理。推理从公理出发,经过逻辑变换推导出结论。这种推理是"保真"变换和特化的过程,使学生在推理过程中可以获取有用的知识。这种学习方法包含宏操作学习、知识编辑和组块技术。演绎推理的逆过程是归纳推理。

（4）类比学习（learning by analogy）。利用两个不同领域（源域、目标域）中的知识相似性，可以通过类比，从源域的知识（包括相似的特征和其他性质）推导出目标域的相应知识，从而实现学习。类比学习系统可以使一个已有的计算机应用系统转变为适应于新的领域，来完成原来没有设计的相类似的功能。类比学习需要比上述三种学习方式更多的推理。它一般要求先从知识源（源域）中检索出可用的知识，再将其转换成新的形式，用到新的状况（目标域）中去。类比学习在人类科学技术发展史上起着重要作用，许多科学发现就是通过类比得到的。

（5）基于解释的学习（explanation-based learning）。学生根据教师提供的目标概念、该概念的一个例子、领域理论及可操作准则，首先构造一个解释来说明为什么该例子满足目标概念，然后将解释推广为目标概念的一个满足可操作准则的充分条件。基于解释的学习已被广泛应用于知识库求精和改善系统的性能。

（6）归纳学习（learning from induction）。归纳学习是由教师或环境提供某概念的一些实例或反例，让学生通过归纳推理得出该概念的一般描述。这种学习的推理工作量远多于示教学习和演绎学习，因为环境并不提供一般性概念描述（如公理）。从某种程度上说，归纳学习的推理量也比类比学习大，因为没有一个类似的概念可以作为"源概念"加以取用。归纳学习是最基本的、发展也较为成熟的学习方法，在人工智能领域中已经得到广泛的研究和应用。

3. 基于获取知识的表示

学习系统获取的知识可能有：行为规则、物理对象的描述、问题求解策略、各种分类及其他用于任务实现的知识类型。对于学习中获取的知识，主要有以下一些表示形式。

（1）代数表达式参数。学习的目标是调节一个固定函数形式的代数表达式参数或系数来达到一个理想的性能。

（2）决策树。用决策树来划分物体的类属，树中每一个内部节点对应一个物体属性，而每一边对应于这些属性的可选值，树的叶节点则对应于物体的每个基本分类。

（3）形式文法。在识别一个特定语言的学习中，通过对该语言的一系列表达式进行归纳，形成该语言的形式文法。

（4）产生式规则。产生式规则表示为条件—动作对，已被极为广泛地使用。学习系统中的学习行为主要是：生成、泛化、特化（specialization）或合成产生式规则。

（5）形式逻辑表达式。形式逻辑表达式的基本成分是命题、谓词、变量、约束变量范围的语句，以及嵌入的逻辑表达式。

（6）图和网络。有的系统采用图匹配和图转换方案来有效地比较和索引知识。

（7）框架和模式（schema）。每个框架包含一组槽，用于描述事物（概念和个体）的各个方面。

（8）计算机程序和其他的过程编码。获取这种形式的知识，目的在于取得一种能实现特定过程的能力，而不是为了推断该过程的内部结构。

（9）神经网络。这主要用在联接学习中，学习所获取的知识，最后归纳为一个神经网络。

4. 综合分类

综合考虑各种学习方法出现的历史渊源、知识表示、推理策略、结果评估的相似性、研究人员交流的相对集中性以及应用领域等诸因素,将机器学习方法区分为以下六类。

(1) 经验性归纳学习(empirical inductive learning)。经验性归纳学习采用一些数据密集的经验方法对例子进行归纳学习。其例子和学习结果一般都采用属性、谓词、关系等符号表示。它相当于基于学习策略分类中的归纳学习,但扣除联接学习、遗传算法、加强学习的部分。

(2) 分析学习(analytic learning)。分析学习方法是从一个或少数几个实例出发,运用领域知识进行分析。其主要特征为:使用过去的问题求解经验(实例)指导新的问题求解,或产生能更有效地运用领域知识的搜索控制规则。分析学习的目标是改善系统的性能,而不是新的概念描述。分析学习包括应用解释学习、演绎学习、多级结构组块以及宏操作学习等技术。

(3) 类比学习。它相当于基于学习策略分类中的类比学习。在这一类型的学习中比较引人注目的研究是通过与过去经历的具体事例作类比来学习,称为基于范例的学习,或简称范例学习。

(4) 遗传算法。遗传算法模拟生物繁殖的突变、交换和达尔文的自然选择(在每一生态环境中适者生存)。它把问题可能的解编码为一个向量,称为个体,向量的每一个元素称为基因,并利用目标函数(相应于自然选择标准)对群体(个体的集合)中的每一个个体进行评价,根据评价值(适应度)对个体进行选择、交换、变异等遗传操作,从而得到新的群体。遗传算法适用于非常复杂和困难的环境,如带有大量噪声和无关数据、事物不断更新、问题目标不能明显和精确地定义,以及通过很长的执行过程才能确定当前行为的价值。

(5) 联接学习。典型的联接模型实现为人工神经网络,其由称为神经元的一些简单计算单元以及单元间的加权联接组成。

(6) 增强学习。增强学习的特点是通过与环境的试错性交互来确定和优化动作的选择,以实现序列决策任务。在这种任务中,学习机制通过选择并执行动作,导致系统状态的变化,并有可能得到某种强化信号(立即回报),从而实现与环境的交互。强化信号就是对系统行为的一种标量化的奖惩。系统学习的目标是寻找一个合适的动作选择策略,即在任一给定的状态下选择哪种动作的方法,使产生的动作序列可获得某种最优的结果(如累计立即回报最大)。

8.1.2 机器学习的基本流程

机器学习的应用工作是围绕着数据与算法展开的,数据的质和量对算法有很大影响。数据好坏决定了模型效果的上限,而使用不同的算法只是去逼近这个上限。

机器学习的基本流程包括 4 个阶段,如图 8-3 所示。

(1) 数据预处理:包括数据采样、数据切分、特征抽取、特征选择、降维。

(2) 模型学习:包括超参选择、交叉验证、结果评估、模型选择、模型训练。

(3) 模型评估:包括分类、回归、排序评估标准。

(4) 新样本预测:模型上线,开始预测。

数据预处理很重要且烦琐,所以 60%~70% 的时间会放在数据预处理上,20%~30% 的时间放在模型学习和模型评估上。

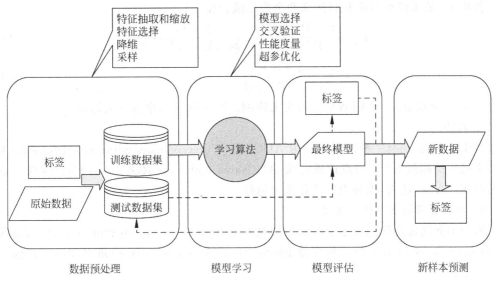

图 8-3 机器学习的主要流程

8.1.3 机器学习的评估度量标准

关于模型"好坏"的判断,不仅取决于算法和数据,还取决于当前任务需求。

1. 分类问题的常用性能度量

错误率 E:

$$E(f;D) = \frac{1}{m}\sum_{i=1}^{m}\prod[f(x_i) \neq y_i] \tag{8-1}$$

精度 acc:

$$acc(f;D) = 1 - E(f;D) \tag{8-2}$$

2. 混淆矩阵

对于二分类来说,还有一种分类性能度量标准:二分类混淆矩阵,见表 8-1。

表 8-1 混淆矩阵

真实情况	预测结果	
	正例	反例
正例	TP(真正例)	FN(假反例)
反例	FP(假正例)	TN(真反例)

查准率(准确率) P:

$$P = \frac{TP}{TP+FP} \tag{8-3}$$

查全率(召回率) R:

$$R = \frac{TP}{TP+FN} \tag{8-4}$$

使用 F_1 值来把准确率和召回率两个指标融合在一起：

$$F_1 = \frac{2 \times P \times R}{P + R} = \frac{2 \times \text{TP}}{\text{样例总数} + \text{TP} - \text{TN}} \qquad (8-5)$$

$$F_\beta = \frac{(1+\beta^2) \times P \times R}{(\beta^2 \times P) + R} \qquad (8-6)$$

式中，β 是一个权重，$\beta > 1$ 时查全率有更大影响；$\beta < 1$ 时查准率有更大影响。

3. AUC

对于二分类，还有一种度量指标为 AUC。ROC(receiver operating characteristic)为二分类不同分类阈值下(x,y)点连成的线，AUC(area under the ROC curve)为该线与 x 轴包围的面积。AUC 越大，该分类器泛化能力越好。

4. 回归类问题常用性能度量

回归类问题常用性能度量主要有平均绝对误差 MAE(mean absolute error)、均方误差 MSE(mean square error)、均方根误差 RMSE(root mean squre error)和 R 平方。具体计算方法如下：

$$\text{MAE} = \frac{1}{n} \sum_{i=1}^{n} |f_i - y_i| \qquad (8-7)$$

$$\text{MSE} = \frac{1}{n} \sum_{i=1}^{n} (f_i - y_i)^2 \qquad (8-8)$$

$$\text{RMSE} = \sqrt{\text{MSE}} \qquad (8-9)$$

$$R^2 = 1 - \frac{\text{SS}_{\text{res}}}{\text{SS}_{\text{tot}}} = 1 - \frac{\sum (y_i - f_i)^2}{\sum (y_i - \bar{y})^2} \qquad (8-10)$$

8.1.4 机器学习的距离计算方法

1. 欧氏距离

欧几里得度量(Euclidean metric)(也称欧氏距离)是一个通常采用的距离定义，指在 m 维空间中两个点之间的真实距离，或者向量的自然长度(即该点到原点的距离)。在二维和三维空间中的欧氏距离就是两点之间的实际距离。它适用于空间问题。

欧氏距离公式：

$$d = \sqrt{\sum_{k=1}^{n} (x_{1k} - x_{2k})^2} \qquad (8-11)$$

2. 曼哈顿距离

出租车几何或曼哈顿距离(Manhattan distance)是由 19 世纪的赫尔曼·闵可夫斯基所创词汇，是使用在几何度量空间的几何学术语，用以标明两个点在标准坐标系上的绝对轴距总和。曼哈顿距离是欧氏距离在欧几里得空间的固定直角坐标系上所形成的线段对轴产生的投影的距离总和。适用于路径问题，如图 8-4 所示。

图 8-4 中红线代表曼哈顿距离，绿色代表欧氏距离，也就是直线距离，而蓝色和黄色代表等价的曼哈顿距离。曼哈顿距离是指两点在南北方向上的距离加上在东西方向上的距离，即：

$$d(i,j) = |x_i - x_j| + |y_i - y_j| \qquad (8-12)$$

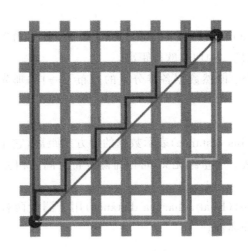

图 8-4 曼哈顿距离计算原理图

3. 切比雪夫距离

在数学中,切比雪夫距离是向量空间中的一种度量,两点之间的距离定义是其各坐标数值差绝对值的最大值,如图 8-5 所示。

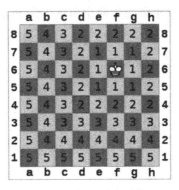

图 8-5 切比雪夫距离

切比雪夫距离会用在计算法网格中两点之间的距离,如棋盘、仓储物流等应用。

对一个网格,与一个点的切比雪夫距离为 1 的点作为此点的 Moore 型邻居。适用于在网格中计算距离的问题。

4. 闵可夫斯基距离

闵可夫斯基距离(Minkowski distance)不是一种距离,而是一组距离的定义。根据变参数的不同,闵氏距离可以表示一类的距离,公式为:

$$d = \sqrt[p]{\sum_{k=1}^{n} |a_k - b_k|^p} \tag{8-13}$$

式中,p 是一个变参数:

- 当 $p=1$ 时,为曼哈顿距离;
- 当 $p=2$ 时,为欧几里得距离;
- 当 $p \to \infty$ 时,为切比雪夫距离。

5. 标准化欧氏距离

标准化欧氏距离(standardized Euclidean distance)是针对简单欧氏距离的缺点而做的一种改进方案,可以看成是一种加权欧氏距离。

标准欧氏距离的思路:既然数据各维分量的分布不一样,那先将各个分量都"标准化"到均值、方差相等。

6. 马氏距离

马氏距离(Mahalanobis distance)表示数据的协方差距离,它是一种有效的计算两个未知样本集的相似度的方法。与量纲无关,可以排除变量之间的相关性的干扰。

7. 巴氏距离

在统计学中,巴氏距离(Bhattacharyya distance)用于测量两种离散概率分布。它常在分类中测量类之间的可分离性。

8. 汉明距离

两个等长字符串 s1 与 s2 之间的汉明距离(Hamming distance)定义为将其中一个变为另外一个所需要做的最小替换次数。例如,字符串 1111 与 1001 之间的汉明距离为 2。应用于信息编码中。

9. 夹角余弦

几何中夹角余弦(Cosine)可用来衡量两个向量方向的差异,数据挖掘中可用来衡量样本向量之间的差异。

$$\cos(\theta) = \frac{a \cdot b}{|a| \cdot |b|} \tag{8-14}$$

$$\cos(\theta) = \frac{\sum_{k=1}^{n} x_{1k} x_{2k}}{\sqrt{\sum_{k=1}^{n} x_{1k}^2} \sqrt{\sum_{k=1}^{n} x_{2k}^2}} \tag{8-15}$$

10. 杰卡德相似系数

杰卡德距离用两个集合中不同元素占所有元素的比例来衡量两个集合的区分度。可将杰卡德相似系数(Jaccard similarity coefficient)用在衡量样本的相似度上。

11. 皮尔森相关系数

皮尔森相关系数(Pearson correlation coefficient)也称为皮尔森积矩相关系数(Pearson product-moment correlation coefficient),是一种线性相关系数。皮尔森相关系数用来反映两个变量线性相关程度的统计量。

8.2 K 最近邻算法

8.2.1 K 最近邻算法概述

K 最近邻(K-nearest neighbors,KNN)算法是一种分类算法,也是最简单易懂的机器学习算法。1968 年由 Cover 和 Hart 提出,应用场景有字符识别、文本分类、图像识别等领域。KNN 的工作原理:存在一个样本数据集合,也称为训练样本集,并且样本集中每个数据都存在标签,即我们知道样本集中每一数据与所属分类对应的关系。输入没有标签的数据后,将新数据中的每个特征与样本集中数据对应的特征进行比较,提取出样本集中特征最相似数据(最近邻)的分类标签。一般来说,只选择样本数据集中前 K 个最相似的数据,这就是 K 最近邻算法中 K 的出处,通常 K 是不大于 20 的整数。最后选择 K 个最相似数据中出现次数最多的分类作为新数据的分类。

KNN算法的一般流程:

(1) 计算测试数据与各个训练数据之间的距离;

(2) 按照距离的递增关系进行排序;

(3) 选取距离最小的 K 个点;

(4) 确定前 K 个点所在类别的出现频率;

(5) 返回前 K 个点中出现频率最高的类别作为测试数据的预测分类。

KNN 做回归和分类的主要区别在于最后做预测时的决策方式不同。KNN 做分类预测时,一般是选择多数表决法,即训练集里和预测的样本特征最近的 K 个样本,预测为里面有最多类别数的类别。而 KNN 做回归时,一般是选择平均法,即最近的 K 个样本的样本输出的平均值作为回归预测值。

为了便于理解,先看图 8-6。图中有两种类型的样本数据,一类是正方形,另一类是三角形,中间的圆形是待分类数据。

思考:图中圆形属于哪个分类?方块还是三角?

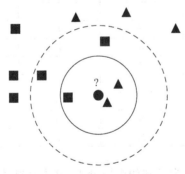

图 8-6　KNN 的理解

由图 8-6 可见,如果 $K=3$,那么离圆形最近的有 2 个三角形和 1 个正方形,这三个点进行投票,于是圆形待分类点就属于三角形。而如果 $K=5$,那么离圆形最近的有 2 个三角形和 3 个正方形,这五个点进行投票,于是圆形待分类点就属于正方形。

简单来说,KNN 可以看成:有一堆已经知道分类的数据,分为图 8-7 中的 ω_1、ω_2 和 ω_3 三个类别,然后当一个新数据 X_u 进入的时候,就开始跟所有类别中的每个点求距离,然后选择距离最近的 K 个点,看看这几个点属于什么类型。按照少数服从多数的原则,给新数据归类。

8.2.2　KNN 的应用方法

先设计一个电影分类数据集(镜头数量纯属虚构),见表 8-2。

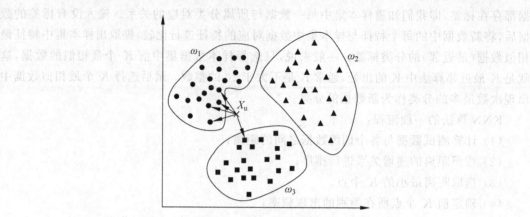

图 8-7 具有三个类别的距离计算示意图

表 8-2 电影分类数据集示例

序号	电影名称	搞笑镜头	拥抱镜头	打斗镜头	电影类型
1	瞧这一家子	38	5	4	喜剧片
2	疯狂的石头	62	11	8	喜剧片
3	望子成龙	56	7	9	喜剧片
4	天下无贼	45	4	21	喜剧片
5	太极张三丰	7	6	57	动作片
6	精武英雄	2	3	65	动作片
7	师弟出马	25	4	45	动作片
8	飞鹰计划	6	7	63	动作片
9	牛郎织女	0	36	7	爱情片
10	天仙配	1	32	12	爱情片
11	山楂树	5	37	3	爱情片
12	新步步惊心	8	41	13	爱情片
13	美人鱼	25	4	16	? 片

上面数据集中序号 1~12 为已知的电影分类,分为喜剧片、动作片、爱情片三个种类,使用的特征值分别为搞笑镜头、打斗镜头、拥抱镜头的数量。那么来了一部新电影《美人鱼》,它应该属于上述 3 个电影分类中的哪个类型?下面采用 KNN 进行设计。

(1) 使用 Python 的字典 dict 构造数据集。

movie_data ={"瞧这一家子":[38,4,4,"喜剧片"],
"疯狂的石头":[62,11,8,"喜剧片"],
"望子成龙":[56,7,9,"喜剧片"],
"天下无贼":[45,4,21,"喜剧片"],
"太极张三丰":[7,6,57,"动作片"],
"精武英雄":[2,3,65,"动作片"],
"师弟出马":[25,4,45,"动作片"],
"飞鹰计划":[6,7,63,"动作片"],
"牛郎织女":[0,36,7,"爱情片"],

$$"天仙配":[1,32,12,"爱情片"],$$
$$"山楂树":[5,37,3,"爱情片"],$$
$$"新步步惊心":[8,41,13,"爱情片"]\}$$

（2）计算一个新样本与数据集中所有数据的距离。

新样本是："美人鱼":[25,4,16,"? 片"]。采用欧式距离进行计算。如 x 为："美人鱼":[25,4,16,"? 片"],y 为："师弟出马":[25,4,45,"动作片"],则两者之间的距离为：

$$d=\sqrt{(25-25)^2+(4-5)^2+(16-45)^2}=\sqrt{842}=29.02$$

下面为求与数据集中所有数据的距离代码：

```
x = [25, 4, 16]
KNN = []
for key, v in movie_data.items():
    d = math.sqrt((x[0] - v[0]) **2 + (x[1] - v[1]) ** 2 + (x[2] - v[2]) **2)
    KNN.append([key, round(d, 2)])
print(KNN)
```

输出结果：

[['瞧这一家子', 17.69], ['疯狂的石头', 38.5], ['望子成龙', 31.92], ['天下无贼', 20.62], ['太极张三丰', 44.82], ['精武英雄', 54.14], ['师弟出马', 29.0], ['飞鹰计划', 50.78], ['牛郎织女', 41.59], ['天仙配', 37.09], ['山楂树', 40.72], ['新步步惊心', 40.83]]

（3）按照距离大小进行递增排序。

```
KNN.sort(key=lambda dis: dis[1])
```

输出结果：

[['瞧这一家子', 17.69], ['天下无贼', 20.62], ['师弟出马', 29.0], ['望子成龙', 31.92], ['天仙配', 37.09], ['疯狂的石头', 38.5], ['山楂树', 40.72], ['新步步惊心', 40.83], ['牛郎织女', 41.59], ['太极张三丰', 44.82], ['飞鹰计划', 50.78], ['精武英雄', 54.14]]

（4）选取距离最小的 K 个样本。

选取 $K=5$，有：

```
KNN= KNN[:5]
```

输出为：

[['瞧这一家子', 17.69], ['天下无贼', 20.62], ['师弟出马', 29.0], ['望子成龙', 31.92], ['天仙配', 37.09]]

（5）确定前 K 个样本所在类别出现的频率,并输出出现频率最高的类别。

```
labels = {"喜剧片":0,"动作片":0,"爱情片":0}
for s in KNN:
    label = movie_data[s[0]]
    labels[label[3]] += 1
labels = sorted(labels.items(), key=lambda l: l[1], reverse=True)
print(labels, labels[0][0], sep='\n')
```

输出结果：

[('喜剧片', 3), ('动作片', 1), ('爱情片', 1)]
喜剧片

因此，KNN 有以下特点。

（1）KNN 属于惰性学习（lazy-learning）。这是与急切学习（eager learning）相对应的，因为 KNN 没有显式的学习过程。也就是说，没有训练阶段，从上例可以看出，数据集事先已有了分类和特征值，待收到新样本后直接进行处理。

（2）KNN 的计算复杂度较高。新样本需要与数据集中每个数据进行距离计算，计算复杂度和数据集中的数据数目 n 成正比。也就是说，KNN 的时间复杂度为 $O(n)$，因此 KNN 一般适用于样本数较少的数据集。

（3）K 取不同值时，分类结果可能会有显著不同。上例中，如果 K 取值为 $K=1$，那么分类就是动作片，而不是喜剧片。一般 K 的取值不超过 20，上限是 n 的开方。

8.2.3 sklearn 中 KNN 算法实现

重点介绍 sklearn.neighbors.KNeighborsClassifier 类的使用方法。

```
class sklearn.neighbors.KNeighborsClassifier(n_neighbors=5, weights='uniform', algorithm='auto', leaf_size=30, p=2, metric='minkowski', metric_params=None, n_jobs=None, **kwargs)
```

1. 参数介绍

（1）n_neighbors：int，默认值为 5，表示 KNN 算法中选取离测试数据最近的 K 个点。

（2）weight：str or callable，表示 K 近邻点对分类结果的影响，一般的情况下是选取 K 近邻点中类别数目最多的作为分类结果，这种情况下默认 K 个点的权重相等，但在很多情况下，K 近邻点权重并不相等，可能近的点权重大，对分类结果影响大。

默认值为 uniform，还可以是 distance 和自定义函数。

- 'uniform'：表示所有点的权重相等。
- 'distance'：表示权重是距离的倒数，意味着 K 个点中距离近的点对分类结果的影响大于距离远的点。
- [callable]：用户自定义函数，接受一个距离数组，返回一个同维度的权重数。

（3）algorithm：{'ball_tree','kd_tree','brute','auto'}，计算找出 K 近邻点的算法。

- 'ball_tree'：使用 BallTree，维数大于 20 时建议使用；
- 'kd_tree'：使用 KDTree，原理是数据结构的二叉树，以中值为划分，每个节点是一个超矩形，在维数小于 20 时效率高；
- 'brute'：暴力算法，线性扫描；
- 'auto'：自动选取最合适的算法。

在稀疏的输入数据上拟合，将使用 'brute' 覆盖此参数。

（4）leaf_size：int，默认值为 30，用于构造 BallTree 和 KDTree。leaf_size 参数设置会影响树的构造和询问的速度，同样也会影响树存储需要的内存，这个值的设定取决于问题本身。

（5）p：int，默认值为 2。
- 1：使用曼哈顿距离进行度量；
- 2：使用欧式距离进行度量。

（6）metric：string or callable，默认使用'minkowski'（闵可夫斯基距离）。

（7）metric_params：dict，默认为 None。度量函数的其他关键参数，一般不用设置。

（8）n_jobs：int or None，默认 None，用于搜索 K 近邻点并行任务数量，−1 表示任务数量设置为 CPU 的核心数，即 CPU 的所有 core 都并行工作，不会影响 fit（拟合）函数。

2．方法介绍

sklearn.neighbors.KNeighborsClassifier 类的方法说明见表 8-3。

表 8-3　sklearn.neighbors.KNeighborsClassifier 类的方法说明

方法	说明
fit(self, X[, y])	以 X 为训练数据，y 为目标值拟合模型
get_params(self[, deep])	获取此估计器的参数
kneighbors(self[, X, n_neighbors, …])	找到点的 K 邻域
kneighbors_graph(self[, X, n_neighbors, mode])	计算 X 中点的 K 邻域（加权）图
predict(self, X)	预测提供的数据的类标签
predict_proba(self, X)	返回测试数据 X 的概率估计
score(self, X, y[, sample_weight])	返回给定测试数据和标签的平均精度
set_params(self, **params)	设置此估计器的参数

（1）__init__(self, n_neighbors=5, weights='uniform', algorithm='auto', leaf_size=30, p=2, metric='minkowski', metric_params=None, n_jobs=None, **kwargs)

（2）fit(self, X, y)，使用 X 作为训练集，y 作为标签集，拟合模型。

参数如下。
- X：{类似数组，稀疏矩阵，BallTree，KDTree}

训练集：如果是数组或者矩阵，形状为[n_samples, n_features]；如果参数 metric='precomputed'，形状为[n_samples, n_samples]

- y：{类似数组，稀疏矩阵}

标签集：形状为[n_samples]或者[n_samples, n_outputs]

（3）get_params(self, deep=True)，获取估计器的参数。

参数如下。
- deep：boolean，可选，如果为 True，返回估计器的参数，以及包含子估计器。

返回值 Returns：mapping of string to any，返回 Map 变量，内容为[参数值：值，参数值：值，…]。

（4）kneighbors(X=None, n_neighbors=None, return_distance=True)，查询 X 数组中的 K 邻居点，返回每个点的下标和查询点和邻居点之间的距离。

参数如下。
- X：类型数组，形状为（n_query, n_features），如果参数 metric == 'precomputed' 形状为(n_query, n_indexed)。

在没有提供查询点的情况下，则返回有下标点的邻居们，这种情况下，没有考虑查询点的邻居们。

- n_neighbors,int,返回的邻居点的个数(默认使用改造器是设定的 n_neighbors 值)。
return_distance：boolean,可选,默认为 True。如果为 False,距离值就不会返回。

返回值 Returns：
- dist,数组,当 return_distance=True,返回到每个近邻点的距离。
- ind,数组,返回近邻点的下标。

示例：

在下面例子中,从给定数据集中构建一个 NeighborsClassifier 类,并询问哪个点最接近 [1, 1, 1]。

```
from sklearn.neighbors import NearestNeighbors
samples = [[0., 0., 0.], [0., .5, 0.], [1., 1., .5]]
neigh = NearestNeighbors(n_neighbors=1)
neigh.fit(samples) print(neigh.get_params()) print(neigh.kneighbors([[1., 1., 1.]]))
{'algorithm': 'auto', 'leaf_size': 30, 'metric': 'minkowski', 'metric_params': None, 'n_jobs': None, 'n_neighbors': 1, 'p': 2, 'radius': 1.0}
(array([[0.5]]), array([[2]], dtype=int64))
```

因为 n_neighbors=1,所有只返回一个点的数据[[0.5]],意味着近邻点与查询点的距离为 0.5,而[[2]]意味着这个近邻点的下标,同样也可以查询多个点：

```
X = [[0., 1., 0.], [1., 0., 1.]]print(neigh.kneighbors(X, return_distance=False))
[[1],[2]]
```

[[1],[2]]表示,第一个查询点的近邻点下标为 1,同样第二个查询点的近邻点下标为 2。

(5) kneighbors(self, X=None, n_neighbors=None, return_distance=True)

计算 X 数组中每个点的 K 邻居权重图。

参数如下。

- X：类似数组,形状为(n_query, n_features);如果参数 metric == 'precomputed',形状为(n_query, n_indexed)。如果没有提供一个或者多个查询点,则返回每个有下标的邻居。
- n_neighbors：int,每个查询的邻居数量(默认使用拟合时设置的 n_neighbors)。
- mode：{'connectivity', 'distance'},可选,返回矩阵类型。'connectivity',返回 0 和 1 组成的矩阵。'distance',返回点与点之间的欧几里得距离。

返回值如下。

- A：CSR 格式的稀疏矩阵,形状为[n_samples, n_samples_fit],n_samples 是拟合过程中样例的数量,A[i, j]是 i 到 j 的权重。

关联：kneighbors_graph,示例为：

```
from sklearn.neighbors import NearestNeighbors
X = [[0], [3], [1]]
neigh = NearestNeighbors(radius=1.5)
neigh.fit(X)
A = neigh.radius_neighbors_graph(X) print(A.toarray())
[[1. 0. 1.]
```

[0. 1. 0.]
[1. 0. 1.]]

(6) predict(self, X), 预测提供的数据对应的类别标签。

参数如下。

- X：类似数组, 形状为(n_query, n_features); 如果参数 metric == 'precomputed', 形状为(n_query, n_indexed), 待测试数据。

返回值如下。

- y：形状为[n_samples]或者为[n_samples, n_outputs], 每个待测试样例的类别标签。

(7) predict_proba(self, X), 预测 X 中每个测试样例对应每个类别的概率估计值。

参数如下。

- X：类似数组, 形状为(n_query, n_features); 如果参数 metric == 'precomputed', 形状为(n_query, n_indexed), 带测试样例。

返回值如下。

- p：形状为[n_samples, n_classes], 或者 n_outputs 列表, 输出每个样例对于每个类别的概率估计值, 类别按照字典顺序排序。

```
from sklearn.neighbors import KNeighborsClassifier
X = [[0], [1], [2], [3]]
y = [0, 0, 1, 1]
neigh = KNeighborsClassifier(n_neighbors=3)
neigh.fit(X, y)
print(neigh.predict([[1.1]]))
print(neigh.predict_proba([[1.1]]))
[0]
[[0.66666667 0.33333333]]
```

解释：[0]表示预测[1.1]属于类型 0, 而[[0.66666667 0.33333333]]表示[1,1]属于类型 0 的概率为 0.66666667, 属于类型 1 的概率为 0.33333333。

(8) score(self, X, y, sample_weight=None), 返回给定测试集和标签的平均准确度。在多标签分类中, 返回各个子集的准确度。

参数如下。

- X：类似数组, 形状为 (n_samples, n_features), 测试数据。
- y：类似数组, 形状为(n_samples)或者(n_samples, n_outputs), X 对应的正确标签。
- sample_weight：类似数组, 形状为[n_samples], 可选样例的权重。

返回值如下。

- score：float, self.predict(X)关于 y 的平均准确率。

```
from sklearn.neighbors import KNeighborsClassifier
X = [[0], [1], [2], [3]]
y = [0, 0, 1, 1]
neigh = KNeighborsClassifier(n_neighbors= 3)
neigh.fit(X, y)print(neigh.predict([[1.1], [2.1], [3.1]]))print(neigh.score([[1.1], [2.1], [3.1]], [0, 1, 0]))
[0 1 1]
```

```
0.6666666666666666
```

可以看出 3 个测试数据，预测类别有 2 个正确，1 个错误，所有准确率为 0.6666666666666666。

（9）set_params(self, ** params)，设置估计器的参数。

这个方法不仅对于单个估计器，而且对于嵌套对象（类如管道）都有效，而嵌套对象有着 < component >__< parameter >形式的参数，所以可以更新嵌套对象的每个参数。

返回值：self。

8.2.4 利用 sklearn 中 KNN 算法实现鸢尾花分类

sklearn 库中包含了鸢尾花数据集，共有 150 个实例，属性有萼片长度、萼片宽度、花瓣长度和花瓣宽度（sepal length，sepal width，petal length and petal width），均匀分布在 3 个亚种上：Iris setosa，Iris versicolor，Iris virginica。鸢尾花的样式如图 8-8 所示。

图 8-8　鸢尾花照片示例

下面基于 sklearn 的 KNN 函数，给出鸢尾花的分类实例。

```
from sklearn.datasets import load_iris
from sklearn.model_selection import train_test_split
from sklearn.preprocessing import StandardScaler
from sklearn.neighbors import KNeighborsClassifier
#1 读取鸢尾花数据集
iris = load_iris()
#2 划分训练集和测试集合
x_train, x_test, y_train, y_test = train_test_split(iris.data,iris.target,test_size=0.25, random_state=33)
#3 K 近邻分类器 学习模型和预测
#训练数据和测试数据进行标准化
ss = StandardScaler()
x_train = ss.fit_transform(x_train)
x_test = ss.transform(x_test)
#建立一个 K 近邻模型对象
knc = KNeighborsClassifier()
#输入训练数据进行学习建模
knc.fit(x_train, y_train)
#对测试数据进行预测
y_predict = knc.predict(x_test)
```

```
#4 模型评估
print("准确率：", knc.score(x_test, y_test))
print("其他指标:\n", classification_report(y_test, y_predict, target_names=
iris.target_names))
```

输出结果：

准确率：0.8947368421052632
其他指标：

	precision	recall	f1-score	support
setosa	1.00	1.00	1.00	8
versicolor	0.73	1.00	0.85	11
virginica	1.00	0.79	0.88	19
avg / total	0.92	0.89	0.90	38

8.2.5 K 最近邻算法的 K 值分析

下面通过一个实例，计算不同 K 值下的 KNN 算法效果。

```
import numpy as npimport matplotlib.pyplot as plt
from sklearn import neighbors, datasetsfrom sklearn.model_selection import train_
test_split
def load_classification_data():
    #使用 scikit-learn 自带的手写识别数据集 Digit Dataset
    digits=datasets.load_digits()
    X_train=digits.data
    y_train=digits.target
    #进行分层采样拆分,测试集大小占 1/4
    return train_test_split(X_train, y_train, test_size=0.25, random_state=0,
stratify=y_train)
#KNN 分类 KNeighborsClassifier 模型
def test_KNeighborsClassifier(*data):
    X_train,X_test,y_train,y_test=data
    clf=neighbors.KNeighborsClassifier()
    clf.fit(X_train,y_train)
    print("Training Score:%f"% clf.score(X_train,y_train))
    print("Testing Score:%f"% clf.score(X_test,y_test))
    #获取分类模型的数据集
X_train, X_test, y_train, y_test = load_classification_data() # 调用 test
_KNeighborsClassifier
test_KNeighborsClassifier(X_train,X_test,y_train,y_test)

Training Score: 0.991091
Testing Score: 0.980000

def test_KNeighborsClassifier_k_w(*data):
    '''
    测试 KNeighborsClassifier 中 n_neighbors 和 weights 参数的影响
    '''
    X_train,X_test,y_train,y_test=data
    Ks=np.linspace(1,y_train.size,num=100,endpoint=False,dtype='int')
```

```python
    weights=['uniform','distance']
    
    fig=plt.figure()
    ax=fig.add_subplot(1,1,1)
    ###绘制不同 weights 下，预测得分随 n_neighbors 的曲线
    for weight in weights:
        training_scores=[]
        testing_scores=[]
        for K in Ks:
            clf=neighbors.KNeighborsClassifier(weights=weight,n_neighbors=K)
            clf.fit(X_train,y_train)
            testing_scores.append(clf.score(X_test,y_test))
            training_scores.append(clf.score(X_train,y_train))
        ax.plot(Ks,testing_scores,label="testing score:weight=%s"%weight)
        ax.plot(Ks,training_scores,label="training score:weight=%s"%weight)
    ax.legend(loc='best')
    ax.set_xlabel("K")
    ax.set_ylabel("score")
    ax.set_ylim(0,1.05)
    ax.set_title("KNeighborsClassifier")
    plt.show()
```

分类结果如图 8-9 所示。

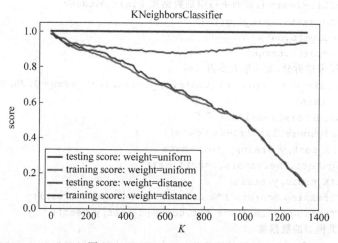

图 8-9　KNeighbors 的分类结果

```python
#获取分类模型的数据集
X_train,X_test,y_train,y_test=load_classification_data()#调用 test_KNeighborsClassifier_k_w
test_KNeighborsClassifier_k_w(X_train,X_test,y_train,y_test)
def test_KNeighborsClassifier_k_p(*data):
    '''
    测试 KNeighborsClassifier 中 n_neighbors 和 p 参数的影响
    '''
    X_train,X_test,y_train,y_test=data
    Ks=np.linspace(1,y_train.size,endpoint=False,dtype='int')
    Ps=[1,2,10]
```

```
fig=plt.figure()
ax=fig.add_subplot(1,1,1)
###绘制不同 p 下,预测得分随 n_neighbors 的曲线
for P in Ps:
    training_scores=[]
    testing_scores=[]
    for K in Ks:
        clf=neighbors.KNeighborsClassifier(p=P,n_neighbors=K)
        clf.fit(X_train,y_train)
        testing_scores.append(clf.score(X_test,y_test))
        training_scores.append(clf.score(X_train,y_train))
    ax.plot(Ks,testing_scores,label="testing score:p=%d"% P)
    ax.plot(Ks,training_scores,label="training score:p=%d"% P)
ax.legend(loc='best')
ax.set_xlabel("K")
ax.set_ylabel("score")
ax.set_ylim(0,1.05)
ax.set_title("KNeighborsClassifier")
plt.show()
```

分类结果如图 8-10 所示。

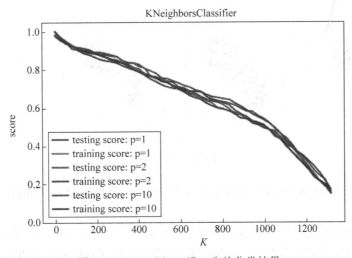

图 8-10　KNeighbors 进一步的分类结果

```
#获取分类模型的数据集
X_train,X_test,y_train,y_test=load_classification_data()
                                # 调用 test_KNeighborsClassifier_k_p
test_KNeighborsClassifier_k_p(X_train,X_test,y_train,y_test)
```

8.3　K-Means 算法原理及应用

在大数据算法中,聚类算法一般都是作为其他算法分析的基础,对数据进行聚类可以从整体上分析数据的一些特性。聚类有很多的算法,K-Means 算法是最简单最实用的一种算法。

8.3.1 K-Means 算法描述

假定要对 N 个样本观测做聚类，要求聚为 K 类。则 K-Means 算法的步骤如下：

（1）给出 K 个初始聚类中心；

（2）按照距离初始中心点最小的原则，把每一个数据对象重新分配到 K 个聚类中心处，形成 K 个簇；

（3）重新计算每一个簇的聚类中心；

（4）重复第（2）、（3）步，直到收敛（聚类中心不再发生变化，或达到指定的迭代次数），聚类过程结束。

下面，以二维平面中的点 $X_i=(x_{i1},x_{i2}), i=1,\cdots,n$ 为例，展示 $K=2$ 时的迭代过程，如图 8-11 所示。

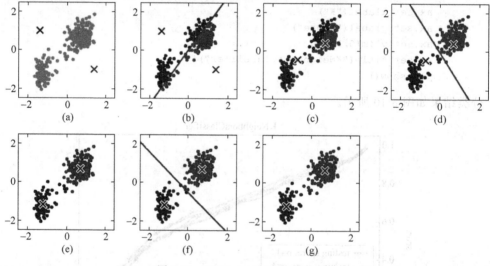

图 8-11　K-Means 的迭代过程示例

首先，要将图 8-11(a)中的 n 个绿色点聚为两类，先随机选择蓝叉和红叉分别作为初始中心点。

然后，分别计算所有点到初始蓝叉和初始红叉的距离，$X_i=(x_{i1},x_{i2})$ 距离蓝叉更近就涂为蓝色，距离红叉更近就涂为红色。遍历所有点，直到全部都染色完成，如图 8-11(b)所示。

接着，对于已染色的红色点计算其红色中心，蓝色点亦然，得到第二次迭代的中心，如图 8-11(c)所示。

重复执行上述两步，分别达到图 8-11(d)~图 8-11(f)，最终形成图 8-11(g)，达到收敛。

8.3.2 K-Means 算法的参数设计

从 K-Means 算法中可见，存在以下参数设计问题：

- 初始中心点如何确定？
- K 如何选择？
- 距离如何计算？

- 各类中心点如何计算？

下面重点阐述。

1. K-Means 最近邻的度量

在 K-Means 算法中，需要把数据集分到距离聚类中心最近的那个簇中，这样就需要最近邻的度量策略。K-Means 算法中最常用的度量公式：在欧式空间中采用的是欧式距离，在处理文档中采用的是余弦相似度函数，有时候也采用曼哈顿距离作为度量，不同的情况使用的度量公式是不一样的。具体公式见 8.1 节。

K-Means 算法要解决的问题是把数据给分成不同的簇，目标是使得同一个簇的差异很小，不同簇之间的数据差异最大化。一般采用误差平方和作为衡量的目标函数 SSE（sum of the squared errors，误差平方和）：

$$SSE = \sum_{i=1}^{K} \sum_{x \in C_i} (C_i - x)^2 \qquad (8\text{-}16)$$

式中，C 表示聚类中心的均值；x 是属于这个簇的数据点。可以证明，当聚类中心为簇中的均值时，才能是 SSE 最小。

2. 初始中心的选择

例如，先随便选个点作为第 1 个初始中心 C_1，接下来计算所有样本点与 C_1 的距离，距离最大的被选为下一个中心 C_2，直到选完 K 个中心。这个算法叫作 K-Means++，可以理解为 K-Means 的改进版，它可以能有效地解决初始中心的选取问题，但无法解决离群点问题。

最好的解决办法是多设置几个不同的初始点，从中选最优，也就是具有最小 SSE 值的那组作为最终聚类。

3. K 的选择

确定聚类数 K 的方法主要有手肘法和轮廓系数法两种。

（1）手肘法。手肘法的核心指标是 SSE，其核心思想是：随着聚类数 K 的增大，样本划分会更加精细，每个簇的聚合程度会逐渐提高，那么误差平方和 SSE 自然会逐渐变小。并且，当 K 小于真实聚类数时，由于 K 的增大会大幅增加每个簇的聚合程度，故 SSE 的下降幅度会很大，而当 K 到达真实聚类数时，再增加 K 所得到的聚合程度回报会迅速变小，所以 SSE 的下降幅度会骤减，然后随着 K 值的继续增大而趋于平缓，也就是说 SSE 和 K 的关系图是一个手肘的形状，而这个肘部对应的 K 值就是数据的真实聚类数，作为最佳选择。

下面给出一个 Python 实现代码：

```
import pandas as pd
from sklearn.cluster import KMeans
import matplotlib.pyplot as plt

df_features = pd.read_csv(r'C:\test.csv',encoding='gbk')     #读入数据
SSE = []                        #存放每次结果的误差平方和
for k in range(1,9):
    estimator = KMeans(n_clusters=k)                         #构造聚类器
    estimator.fit(df_features[['R','F','M']])
    SSE.append(estimator.inertia_)
X = range(1,9)
```

```
plt.xlabel('k')
plt.ylabel('SSE')
plt.plot(X,SSE,'o-')
plt.show()
```

画出的 K 与 SSE 的关系如图 8-12 所示。

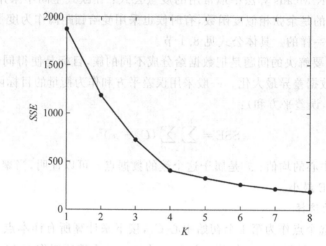

图 8-12 手肘法求解 K-Means 算法的最佳 K

可见,肘部对应的 K 值为 4,故对于这个数据集的聚类而言,最佳聚类数应该选 4。

(2)轮廓系数法。该方法的核心指标是轮廓系数 S(silhouette coefficient),某个样本点 X_i 的轮廓系数定义如下:

$$S = \frac{b-a}{\max(a,b)} \tag{8-17}$$

式中,a 是 X_i 与同簇的其他样本的平均距离,称为凝聚度;b 是 X_i 与最近簇中所有样本的平均距离,称为分离度。而最近簇的定义是:

$$C_j = \underset{C_k}{\mathrm{argmin}} \frac{1}{n} \sum_{p \in C_k} |p - X_i|^2 \tag{8-18}$$

式中,p 是某个簇 C_k 中的样本。事实上,就是用 X_i 到某个簇所有样本平均距离作为衡量该点到该簇的距离后,选择离 X_i 最近的一个簇作为最近簇。

求出所有样本的轮廓系数后再求平均值,就得到了平均轮廓系数。平均轮廓系数的取值范围为[-1,1],且簇内样本的距离越近,簇间样本距离越远,平均轮廓系数越大,聚类效果越好。因此,平均轮廓系数最大的 K 便是最佳聚类数。

比较而言,目前多采用手肘法。

8.3.3 K-Means 算法的应用

下面采用著名的 Iris 数据集,说明 K-Means 算法的 Python 实现。

1. 数据分布描述

Iris 数据分布如图 8-13 所示。

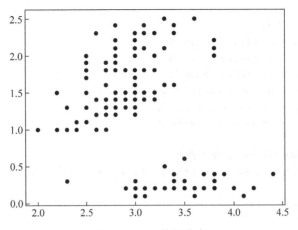

图 8-13　Iris 数据分布

2. K-Means 算法实现

```
k = 3        #k为聚类的类别数
n = 150      #n为样本总个数
d = 4        #t为数据集的特征数
def k_means():
    #随机选k个初始聚类中心,聚类中心为每一类的均值向量
    m = np.zeros((k,d))
    for i in range(k):
        m[i] = data[np.random.randint(0,n)]
    #k_means聚类
    m_new = m.copy()
    t = 0
    while (1):
        #更新聚类中心
        m[0] = m_new[0]
        m[1] = m_new[1]
        m[2] = m_new[2]

        w1 = np.zeros((1,d))
        w2 = np.zeros((1,d))
        w3 = np.zeros((1,d))

        for i in range(n):
            distance = np.zeros(3)
            sample = data[i]
            for j in range(k):         #将每一个样本与聚类中心比较
                distance[j] = np.linalg.norm(sample - m[j])
            category = distance.argmin()
            if category==0:
                w1 = np.row_stack((w1,sample))
            if category==1:
                w2 = np.row_stack((w2,sample))
            if category==2:
                w3 = np.row_stack((w3,sample))
```

```
#新的聚类中心
w1 = np.delete(w1,0,axis=0)
w2 = np.delete(w2,0,axis=0)
w3 = np.delete(w3,0,axis=0)
m_new[0] = np.mean(w1,axis=0)
m_new[1] = np.mean(w2,axis=0)
m_new[2] = np.mean(w3,axis=0)

#聚类中心不再改变时,聚类停止
if (m[0]==m_new[0]).all() and (m[1]==m_new[1]).all() and (m[2]==m_new[2]).all():
    break
print(t)
t+ = 1

#画出每一次迭代的聚类效果图
w = np.vstack((w1,w2))
w = np.vstack((w,w3))
label1 = np.zeros((len(w1),1))
label2 = np.ones((len(w2),1))
label3 = np.zeros((len(w3),1))
for i in range(len(w3)):
    label3[i,0] = 2
label = np.vstack((label1,label2))
label = np.vstack((label,label3))
label = np.ravel(label)
test_PCA(w,label)
plot_PCA(w,label)
return w1,w2,w3
```

聚类结果如图 8-14 所示。

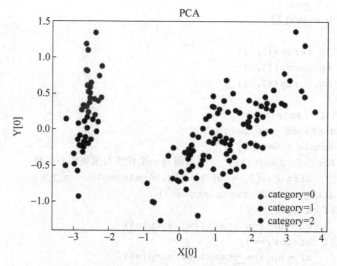

图 8-14 采用 K-Means 的 Iris 数据聚类结果

8.4 LightGBM算法及应用技术

GBDT(gradient boosting decision tree)是机器学习中一个长盛不衰的模型,其主要思想是利用弱分类器(决策树)迭代训练以得到最优模型,该模型具有训练效果好、不易过拟合等优点。GBDT在工业界应用广泛,通常被用于点击率预测、搜索排序等任务。GBDT也是各种数据挖掘竞赛的致命武器,据统计,Kaggle上的比赛有一半以上的冠军方案都是基于GBDT。

随着大数据时代的到来,GBDT正面临着新的挑战,特别是在精度和效率之间的权衡方面。传统的GBDT实现需要对每个特征扫描所有数据实例,以估计所有可能的分割点的信息增益。因此,它们的计算复杂度将与特征数和实例数成正比。这使得这些实现在处理大数据时非常耗时。为此,2017年1月微软亚洲研究院提出了一个新的算法——LightGBM。

8.4.1 LightGBM介绍

LightGBM是一个快速、分布式、高性能的基于决策树算法的梯度提升框架,可用于排序、分类、回归以及很多其他的机器学习任务中,优势表现在:更快的训练效率、低内存使用、更好的准确率、支持并行学习、可处理大规模数据。其设计理念是:
- 单个机器在不牺牲速度的情况下,尽可能使用上更多的数据;
- 多机并行时,通信的代价尽可能地低,并且在计算上可以做到线性加速。

常用的机器学习算法,例如神经网络等算法,都可以用mini-batch的方式训练,训练数据的大小不会受到内存限制。而GBDT在每一次迭代时都需要遍历整个训练数据多次。如果把整个训练数据装进内存,则会限制训练数据的大小;如果不装进内存,反复地读写训练数据又会消耗非常多的时间。尤其面对工业级海量的数据,普通的GBDT算法是不能满足其需求的。LightGBM提出的主要原因就是为了解决GBDT在海量数据遇到的问题,让GBDT可以更好、更快地用于工业实践。

测试表明,在Higgs数据集上,LightGBM比XGBoost快将近10倍,其性能非常优越,如图8-15所示。

LightGBM的官网是:https://github.com/microsoft/LightGBM。2017年在第31届神经信息处理系统(NIPS2017)上,"LightGBM:A Highly Effifficient Gradient Boosting Decision Tree"论文发表。

在Python环境下,通过命令pip install lightgbm进行安装,安装过程示例如图8-16所示。

8.4.2 LightGBM算法介绍

与GBDT算法相比,LightGBM优化部分如下。
- 基于Histogram的决策树算法。
- 带深度限制的leaf-wise的叶子生长策略。
- 直方图做差加速。

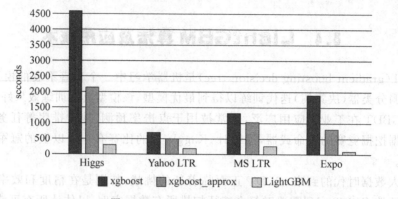

图 8-15 LightGBM 的测试效果

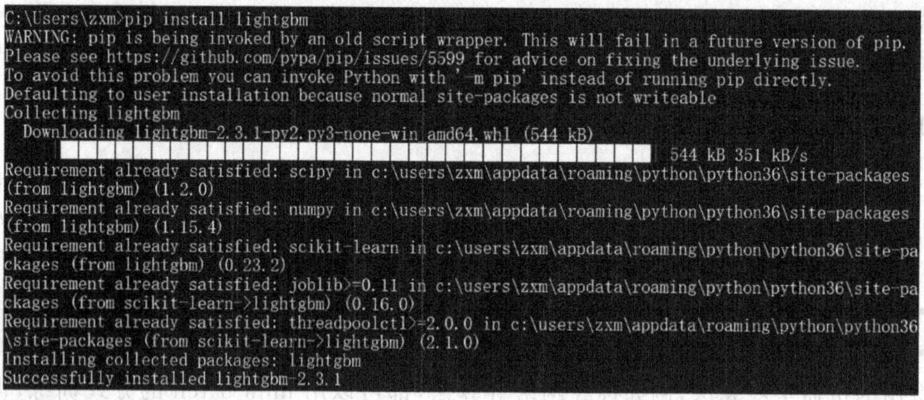

图 8-16 安装 LightGBM 的过程示例

- 直接支持类别特征（categorical feature）。
- Cache 命中率优化。
- 基于直方图的稀疏特征优化。
- 多线程优化。

下面主要介绍 Histogram 算法、带深度限制的 leaf-wise 的叶子生长策略和直方图作差加速。

1. Histogram 算法

直方图算法的基本思想是先把连续的浮点特征值离散化成 K 个整数，同时构造一个宽度为 K 的直方图。在遍历数据的时候，根据离散化后的值作为索引在直方图中累积统计量，当遍历一次数据后，直方图累积了需要的统计量，然后根据直方图的离散值，遍历寻找最优的分割点，如图 8-17 所示。

使用直方图算法有很多优点。首先，最明显就是内存消耗的降低，直方图算法不仅不需要额外存储预排序的结果，而且可以只保存特征离散化后的值，而这个值一般用 8 位整型存储就足够了，内存消耗可以降低为原来的 1/8，如图 8-18 所示。

然后在计算上的代价也大幅降低，预排序算法每遍历一个特征值就需要计算一次分裂的增益，而直方图算法只需要计算 K 次（K 可以认为是常数），时间复杂度从 $O(\#data * \#$

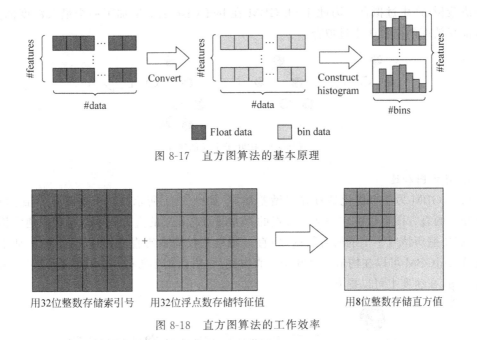

图 8-17 直方图算法的基本原理

图 8-18 直方图算法的工作效率

feature)优化到 $O(K * \#\text{features})$。

当然,Histogram 算法并不是完美的。由于特征被离散化后,找到的并不是很精确的分割点,所以会对结果产生影响。但在不同的数据集上的结果表明,离散化的分割点对最终的精度影响并不是很大,甚至有时候会更好一点。原因是决策树本来就是弱模型,分割点是否精确并不太重要;较粗的分割点也有正则化的效果,可以有效地防止过拟合;即使单棵树的训练误差比精确分割的算法稍大,但在梯度提升(gradient boosting)的框架下没有太大的影响。

2. 带深度限制的 leaf-wise 的叶子生长策略

在 Histogram 算法之上,LightGBM 进行进一步的优化。首先它抛弃了大多数 GBDT 工具使用的按层生长(level-wise)的决策树生长策略,而使用了带有深度限制的按叶子生长(leaf-wise)算法。level-wise 的基本原理如图 8-19 所示,过一次数据可以同时分裂同一层的叶子,容易进行多线程优化,也好控制模型复杂度,不容易过拟合。但实际上 level-wise 是一种低效的算法,因为它不加区分地对待同一层的叶子,带来了很多没必要的开销,因为实际上很多叶子的分裂增益较低,没必要进行搜索和分裂。

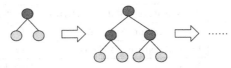

图 8-19 按层生长的策略

leaf-wise 则是一种更为高效的策略,每次从当前所有叶子中找到分裂增益最大的一个叶子,然后分裂,如此循环,如图 8-20 所示。因此同 level-wise 相比,在分裂次数相同的情况下,leaf-wise 可以降低更多的误差,得到更好的精度。leaf-wise 的缺点是可能会长出比较深的决策树,产生过拟合。因此 LightGBM 在 leaf-wise 之上增加了一个最大深度的限制,在保证高效率的同时防止过拟合。

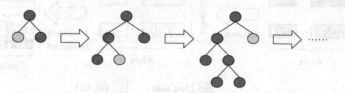

图 8-20 按叶子生长的策略

3. 直方图加速

LightGBM 另一个优化是直方图做差加速,如图 8-21 所示。一个容易观察到的现象:一个叶子的直方图可以由它的父亲节点的直方图与它兄弟的直方图做差得到。通常构造直方图,需要遍历该叶子上的所有数据,但直方图做差仅需遍历直方图的 K 个桶。利用这个方法,LightGBM 可以在构造一个叶子的直方图后,可以用非常微小的代价得到它兄弟叶子的直方图,在速度上可以提升一倍。

图 8-21 直方图加速原理

4. 直接支持类别特征

实际上大多数机器学习工具都无法直接支持类别特征,一般需要把类别特征转化到多维的 0/1 特征,降低了空间和时间的效率。而类别特征的使用是在实践中很常用的。基于这个考虑,LightGBM 优化了对类别特征的支持,可以直接输入类别特征,不需要额外的 0/1 展开。并在决策树算法上增加了类别特征的决策规则。在 Expo 数据集上的实验,相比 0/1 展开的方法,训练速度可以加速 8 倍,并且精度一致。目前,LightGBM 是第一个直接支持类别特征的 GBDT 工具。

LightGBM 的单机版本还有很多其他细节上的优化,如 cache 访问优化、多线程优化、稀疏特征优化等。两种算法的比较见表 8-4。

表 8-4 两种算法的比较

类目	预排序算法	LightGBM
内存占用	2 * #feature * #data * 4Bytes	* #feature * #data * 1Bytes
统计量累积	O(* #feature * #data)	O(* #feature * #data)
分割增益计算	O(* #feature * #data)	O(* #feature * #k)
直方图作差	N/A	加速一倍
直接支持类别特征	N/A	在 Expo 数据上加速 8 倍
cache 优化	N/A	在 Higgs 数据上加速 40%
带深度限制的 leaf-wise 的决策树算法	N/A	精度更好的模型

5. LightGBM 并行优化

LightGBM 支持特征并行和数据并行两种优化。

（1）特征并行的主要思想是在不同机器在不同的特征集合上分别寻找最优的分割点，然后在机器间同步最优的分割点。

（2）数据并行则是让不同的机器先在本地构造直方图，然后进行全局的合并，最后在合并的直方图上面寻找最优分割点。

LightGBM 针对这两种并行方法都做了优化：

在特征并行算法中，通过在本地保存全部数据避免对数据切分结果的通信，如图 8-22 所示。在数据并行中，如图 8-23 所示，使用分散规约把直方图合并的任务分摊到不同的机器，降低通信和计算，并利用直方图作差，进一步减少了一半的通信量。基于投票的数据并行则进一步优化数据并行中的通信代价，使通信代价变成常数级别。在数据量很大时，使用投票并行可以得到非常好的加速效果，如图 8-24 所示。

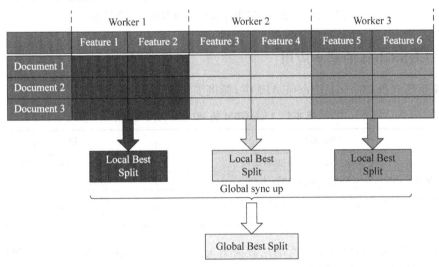

图 8-22 LightGBM 的特征并行工作原理

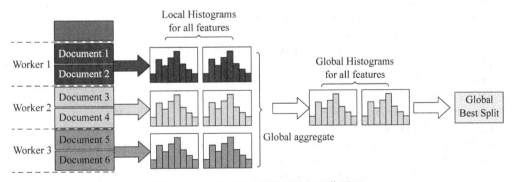

图 8-23 LightGBM 的数据并行工作原理

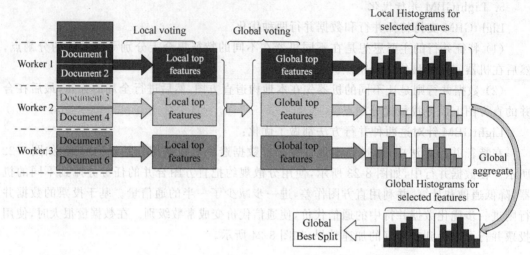

图 8-24　LightGBM 基于投票的数据并行工作原理

8.4.3　LightGBM 的基本应用

除原生形式外，在 Scikit-learn API 中，提供了 4 个调用，见表 8-5。

表 8-5　LightGBM 的 sklearn 调用函数

API 函数	说　　明
LGBMModel([boosting_type, num_leaves, …])	LightGBM 的模型
LGBMClassifier([boosting_type, num_leaves, …])	分类
LGBMRegressor([boosting_type, num_leaves, …])	回归
LGBMRanker([boosting_type, num_leaves, …])	排名

下面以 sklearn 包中自带的鸢尾花数据集为例，用 lightgbm 算法实现鸢尾花种类的分类任务。先采用原生形式使用 lightgbm（import lightgbm as lgb）。

```
import lightgbm as lgb
from sklearn.metrics import mean_squared_error
from sklearn.datasets import load_iris
from sklearn.model_selection import train_test_split
#加载数据
iris = load_iris()
data = iris.data
target = iris.target
#划分训练集和测试集
X_train, X_test, y_train, y_test = train_test_split(data, target, test_size=0.2)
print("Train data length:", len(X_train))
print("Test data length:", len(X_test))
#转换为 Dataset 数据格式
dsTrain = lgb.Dataset(X_train, y_train)
dsEval = lgb.Dataset(X_test, y_test, reference=dsTrain)
#参数
params = {
```

```
    'task': 'train',
    'boosting_type': 'gbdt',        #设置提升类型
    'objective': 'regression',      #目标函数
    'metric': {'l2', 'auc'},        #评估函数
    'num_leaves': 31,               #叶子节点数
    'learning_rate': 0.05,          #学习速率
    'feature_fraction': 0.9,        #建树的特征选择比例
    'bagging_fraction': 0.8,        #建树的样本采样比例
    'bagging_freq': 5,              #K 意味着每 K 次迭代执行 bagging
    'verbose': 1                    #<0 显示致命的, =0 显示错误 (警告), >0 显示信息
}
#模型训练
gbm = lgb.train(params, dsTrain, num_boost_round=20, valid_sets=dsEval, early_
stopping_rounds=5)
#模型保存
gbm.save_model('model.txt')
#模型加载
gbm = lgb.Booster(model_file='model.txt')
#模型预测
y_pred = gbm.predict(X_test, num_iteration=gbm.best_iteration)
#模型评估
print('The rmse of prediction is:', mean_squared_error(y_test, y_pred) ** 0.5)
```

所建立的模型内容如图 8-25 所示。

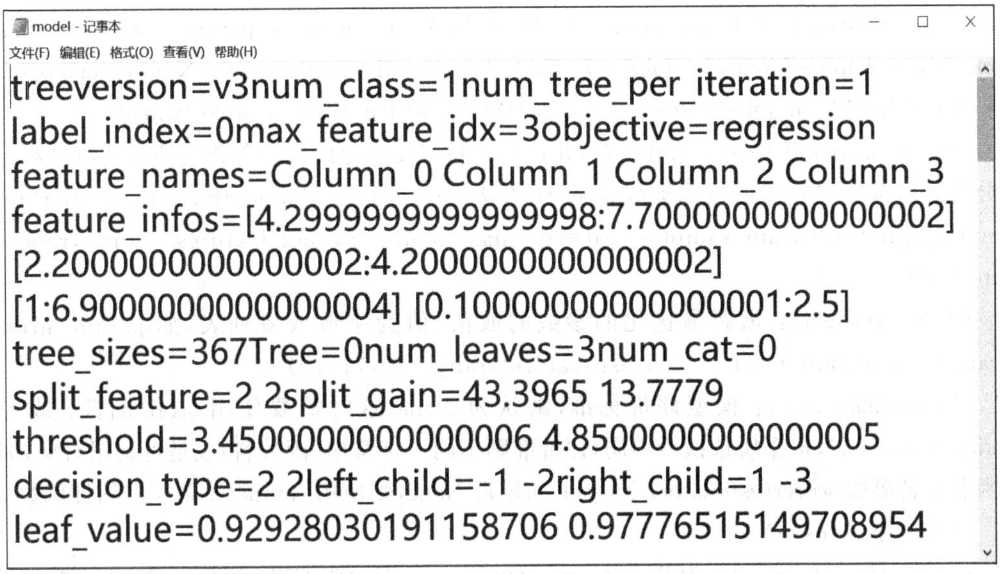
model - 记事本
文件(F) 编辑(E) 格式(O) 查看(V) 帮助(H)
treeversion=v3num_class=1num_tree_per_iteration=1
label_index=0max_feature_idx=3objective=regression
feature_names=Column_0 Column_1 Column_2 Column_3
feature_infos=[4.2999999999999998:7.7000000000000002]
[2.2000000000000002:4.2000000000000002]
[1:6.9000000000000004] [0.10000000000000001:2.5]
tree_sizes=367Tree=0num_leaves=3num_cat=0
split_feature=2 2split_gain=43.3965 13.7779
threshold=3.4500000000000006 4.8500000000000005
decision_type=2 2left_child=-1 -2right_child=1 -3
leaf_value=0.92928030191158706 0.97776515149708954

图 8-25 LightGBM 的分类模型示例

程序运行结果如图 8-26 所示，预测误差为 0.76。注意，该误差值在每次运行中并不相同。

下面，采用 API 函数 LGBMRegressor 进行实现，引用类库如下：

```
from lightgbm import LGBMRegressor
from sklearn.metrics import mean_squared_error
```

```
Train data length: 120
Test data length: 30
[LightGBM] [Info] Total Bins 89
[LightGBM] [Info] Number of data: 120, number of used features: 4
[LightGBM] [Info] Start training from score 0.975000
[LightGBM] [Warning] No further splits with positive gain, best gain: -inf
[1]     valid_0's auc: 0.977273 valid_0's l2: 0.579482
Training until validation scores don't improve for 5 rounds
[LightGBM] [Warning] No further splits with positive gain, best gain: -inf
[2]     valid_0's auc: 0.977273 valid_0's l2: 0.526119
[LightGBM] [Warning] No further splits with positive gain, best gain: -inf
[3]     valid_0's auc: 0.977273 valid_0's l2: 0.478258
[LightGBM] [Warning] No further splits with positive gain, best gain: -inf
[4]     valid_0's auc: 0.977273 valid_0's l2: 0.435345
[LightGBM] [Warning] No further splits with positive gain, best gain: -inf
[5]     valid_0's auc: 0.977273 valid_0's l2: 0.396886
[LightGBM] [Warning] No further splits with positive gain, best gain: -inf
[6]     valid_0's auc: 0.977273 valid_0's l2: 0.36095
Early stopping, best iteration is:
[1]     valid_0's auc: 0.977273 valid_0's l2: 0.579482
The rmse of prediction is: 0.7612374691830889
```

图 8-26　LightGBM 的分类示例结果

```
from sklearn.model_selection import GridSearchCV
from sklearn.datasets import load_iris
from sklearn.model_selection import train_test_split
from sklearn.externals import joblib
```

这里，GridSearchCV 称为网格搜索组件，能够自动调参，只要把参数输进去，就能给出最优化的结果和参数，适合于小数据集。其形式与参数如下：

class sklearn.model_selection.GridSearchCV（estimator, param_grid, scoring=None, fit_params=None, n_jobs=1, iid=True, refit=True, cv=None, verbose=0, pre_dispatch='2*n_jobs', error_score='raise', return_train_score='warn'）

(1) estimator：选择使用的分类器，并且传入除需要确定最佳的参数之外的其他参数。每个分类器都需要一个 scoring 参数或者 score 方法：estimator=RandomForestClassifier(min_samples_split=100, min_samples_leaf=20, max_depth=8, max_features='sqrt', random_state=10)。

(2) param_grid：需要最优化的参数的取值，值为字典或者列表，如 param_grid = param_test1, param_test1 = {'n_estimators':range(10,71,10)}。

(3) scoring=None：模型评价标准，默认为 None，这时需要使用 score 函数；或者如 scoring='roc_auc'，根据所选模型不同，评价准则不同。字符串（函数名）或是可调用对象，需要其函数签名形如 scorer(estimator, X, y)；如果是 None，则使用 estimator 的误差估计函数。

(4) fit_params=None。

(5) n_jobs=1：n_jobs 为并行数，int 为个数，-1 表示跟 CPU 核数一致，1 为默认值。

(6) iid=True：iid 默认为 True。为 True 时，默认为各个样本 fold 概率分布一致，误差估计为所有样本之和，而非各个 fold 的平均。

(7) refit=True：默认为 True，程序将会以交叉验证训练集得到的最佳参数，重新对所有可用的训练集与开发集进行，作为最终用于性能评估的最佳模型参数。即在搜索参数结束后，用最佳参数结果再次 fit 一遍全部数据集。

(8) cv=None：交叉验证参数，默认为 None，使用三折交叉验证。指定 fold 数量，默认为3,也可以是 yield 训练/测试数据的生成器。

（9）verbose=0, scoring=None：verbose：日志冗长度。int 表示冗长度,0 表示不输出训练过程,1 表示偶尔输出,＞1 表示对每个子模型都输出。

（10）pre_dispatch='2 * n_jobs'：指定总共分发的并行任务数。当 n_jobs 大于 1 时,数据将在每个运行点进行复制,这可能导致 OOM,而设置 pre_dispatch 参数,则可以预先划分总的 job 数量,使数据最多被复制 pre_dispatch 次。

（11）error_score='raise'。

（12）return_train_score='warn'：如果为 False,cv_results_ 属性将不包括训练分数回到 sklearn 里面的 GridSearchCV。GridSearchCV。用于系统地遍历多种参数组合,通过交叉验证确定最佳效果参数。

其使用方法示例：

```
gbm = LGBMRegressor(objective='regression', num_leaves=31, learning_rate=0.05, n_estimators=20)
gbm.fit(X_train, y_train, eval_set=[(X_test, y_test)], eval_metric='l1', early_stopping_rounds=5)
```

类库 Joblib 是一组用于提供轻量级流水线的工具,便于将模型保存到磁盘,并可在必要时重新运行。特点是具有透明的磁盘缓存功能,能够用于简单的并行计算。使用时需要注意版本问题,sklearn.externals.joblib 在 scikit-learn0.21 中已弃用,在 0.23 中被移除了。所以,在低于 0.21 版本下,能够正确调用 from sklearn.externals import joblib。在版本 0.23 之上,应该直接引用：from joblib。

```
#模型存储
joblib.dump(gbm, 'loan_model.pkl')
#模型加载
gbm = joblib.load('loan_model.pkl')
```

下面给出模型预测与网格搜索的应用代码：

```
#模型预测
y_pred = gbm.predict(X_test, num_iteration=gbm.best_iteration_)
#模型评估
print('The rmse of prediction is:', mean_squared_error(y_test, y_pred) ** 0.5)
#特征重要度
print('Feature importances:', list(gbm.feature_importances_))
#网格搜索,参数优化
estimator = LGBMRegressor(num_leaves=31)
param_grid = {
    'learning_rate': [0.01, 0.1, 1],
    'n_estimators': [20, 40]
}
gbm = GridSearchCV(estimator, param_grid)
gbm.fit(X_train, y_train)
print('Best parameters found by grid search are:', gbm.best_params_)
```

程序运行结果如图 8-27 所示。

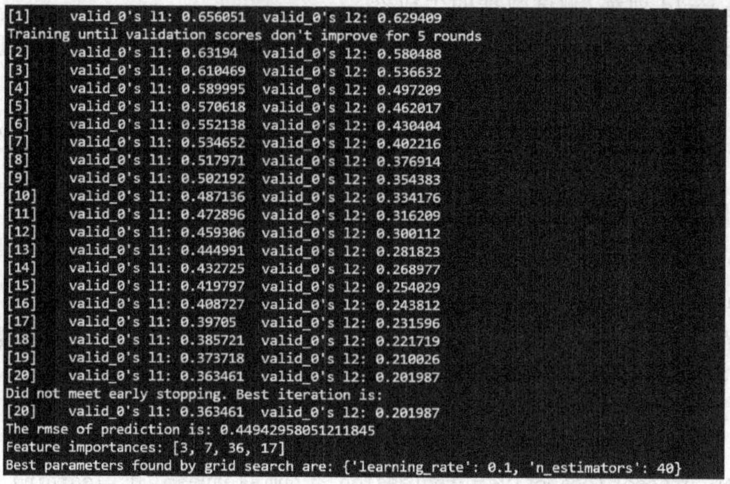

```
[1]    valid_0's l1: 0.656051    valid_0's l2: 0.629409
Training until validation scores don't improve for 5 rounds
[2]    valid_0's l1: 0.63194     valid_0's l2: 0.580488
[3]    valid_0's l1: 0.610469    valid_0's l2: 0.536632
[4]    valid_0's l1: 0.589995    valid_0's l2: 0.497209
[5]    valid_0's l1: 0.570618    valid_0's l2: 0.462017
[6]    valid_0's l1: 0.552138    valid_0's l2: 0.430404
[7]    valid_0's l1: 0.534652    valid_0's l2: 0.402216
[8]    valid_0's l1: 0.517971    valid_0's l2: 0.376914
[9]    valid_0's l1: 0.502192    valid_0's l2: 0.354383
[10]   valid_0's l1: 0.487136    valid_0's l2: 0.334176
[11]   valid_0's l1: 0.472896    valid_0's l2: 0.316209
[12]   valid_0's l1: 0.459306    valid_0's l2: 0.300112
[13]   valid_0's l1: 0.444991    valid_0's l2: 0.281823
[14]   valid_0's l1: 0.432725    valid_0's l2: 0.268977
[15]   valid_0's l1: 0.419797    valid_0's l2: 0.254029
[16]   valid_0's l1: 0.408727    valid_0's l2: 0.243812
[17]   valid_0's l1: 0.39705     valid_0's l2: 0.231596
[18]   valid_0's l1: 0.385721    valid_0's l2: 0.221719
[19]   valid_0's l1: 0.373718    valid_0's l2: 0.210026
[20]   valid_0's l1: 0.363461    valid_0's l2: 0.201987
Did not meet early stopping. Best iteration is:
[20]   valid_0's l1: 0.363461    valid_0's l2: 0.201987
The rmse of prediction is: 0.44942958051211845
Feature importances: [3, 7, 36, 17]
Best parameters found by grid search are: {'learning_rate': 0.1, 'n_estimators': 40}
```

图 8-27 采用 LGBMRegressor 和网格搜索的计算结果

8.4.4 LightGBM 参数说明与调参

为了与 xgb 比较,下面给出 lgb 的 4 种调用参数情况,见表 8-6。

需要注意到,LightGBM 使用的是 leaf-wise 算法,因此在调节树的复杂程度时,使用的是 num_leaves,而不是 max_depth。大致换算关系:num_leaves $= 2^{max\_depth}$。它的值的设置应该小于 2^{max_depth},否则可能会导致过拟合。

表 8-6 LightGBM 参数说明与比较

xgb	lgb	xgb.sklearn	lgb.sklearn
booster='gbtree'	boosting='gbdt'	booster='gbtree'	boosting_type='gbdt'
objective='binary:logistic'	application='binary'	objective='binary:logistic'	objective='binary'
max_depth=7	num_leaves≤2^7	max_depth=7	num_leaves≤2^7
eta=0.1	learning_rate=0.1	learning_rate=0.1	learning_rate=0.1
num_boost_round=10	num_boost_round=10	n_estimators=10	n_estimators=10
gamma=0	min_split_gain=0.0	gamma=0	min_split_gain=0.0
min_child_weight=5	min_child_weight=5	min_child_weight=5	min_child_weight=5
subsample=1	bagging_fraction=1	subsample=1.0	subsample=1.0
colsample_bytree=1.0	feature_fraction=1	colsample_bytree=1.0	colsample_bytree=1.0
alpha=0	lambda_l1=0	reg_alpha=0.0	reg_alpha=0.0
lambda=1	lambda_l2=0	reg_lambda=1	reg_lambda=0.0
scale_pos_weight=1	scale_pos_weight=1	scale_pos_weight=1	scale_pos_weight=1
seed	bagging_seed feature_fraction_seed	random_state=888	random_state=888
nthread	num_threads	n_jobs=4	n_jobs=4
evals	valid_sets	eval_set	eval_set
eval_metric	metric	eval_metric	eval_metric
early_stopping_rounds	early_stopping_rounds	early_stopping_rounds	early_stopping_rounds
verbose_eval	verbose_eval	verbose	verbose

1. 参数说明

下面对部分参数进行说明,分别见表 8-7～表 8-9。

表 8-7 控制参数说明

控制参数	含义	用法
max_depth	树的最大深度	当模型过拟合时,可以考虑首先降低 max_depth
min_data_in_leaf	叶子可能具有的最小记录数	默认 20,过拟合时用
feature_fraction	例如,为 0.8 时,意味着在每次迭代中随机选择 80% 的参数来建树	boosting 为 random forest 时用
bagging_fraction	每次迭代时用的数据比例	用于加快训练速度和减小过拟合
early_stopping_round	如果一次验证数据的一个度量在最近的 early_stopping_round 回合中没有提高,模型将停止训练	加速分析,减少过多迭代
lambda	指定正则化	0~1
min_gain_to_split	描述分裂的最小 gain	控制树的有用的分裂
max_cat_group	在 group 边界上找到分割点	当类别数量很多时,找分割点很容易过拟合时

表 8-8 核心参数说明

核心参数	含义	用法
Task	数据的用途	选择 train 或者 predict
application	模型的用途	选择 regression:回归时,binary:二分类时,multiclass:多分类时
boosting	要用的算法	gbdt, rf: random forest, dart: Dropouts meet Multiple Additive Regression Trees, goss: Gradient-based One-Side Sampling
num_boost_round	迭代次数	通常 100+
learning_rate	如果一次验证数据的一个度量在最近的 early_stopping_round 回合中没有提高,模型将停止训练	常用 0.1, 0.001, 0.003…
num_leaves		默认 31
device		cpu 或者 gpu
metric		mae: mean absolute error, mse: mean squared error, binary_logloss: loss for binary classification, multi_logloss: loss for multi classification

表 8-9 I/O 参数说明

I/O 参数	含义
max_bin	表示 feature 将存入的 bin 的最大数量
categorical_feature	如果 categorical_features = 0,1,2,则列 0,1,2 是 categorical 变量

I/O 参数	含义
ignore_column	与 categorical_features 类似,只不过不是将特定的列视为 categorical,而是完全忽略
save_binary	这个参数为 true 时,则数据集被保存为二进制文件,下次读数据时速度会变快

2. 调参

对于 I/O 参数调整的说明,见表 8-10。

表 8-10 I/O 参数调整说明

I/O 参数	含义
num_leaves	取值应 $\leqslant 2^{max\_depth}$,超过此值会导致过拟合
min_data_in_leaf	将它设置为较大的值可以避免生长太深的树,但可能会导致 underfitting,在大型数据集时就设置为数百或数千
max_depth	这个也是可以限制树的深度

表 8-11 列出了对应更快速(Faster speed)、更准确(Better accuracy)、过拟合(Overfitting)三种目标时可以调的参数。

表 8-11 三种目标的调参说明

Faster speed	Better accuracy	Over-fitting
将 max_bin 设置小一些	用较大的 max_bin	max_bin 小一些
	num_leaves 大一些	num_leaves 小一些
用 feature_fraction 来做 sub-sampling		用 feature_fraction
用 bagging_fraction 和 bagging_freq		设定 bagging_fraction 和 bagging_freq
	training data 多一些	training data 多一些
用 save_binary 来加速数据加载	直接用 categorical feature	用 gmin_data_in_leaf 和 min_sum_hessian_in_leaf
用 parallel learning	用 dart	用 lambda_l1,lambda_l2,min_gain_to_split 作正则化
	num_iterations 大一些,learning_rate 小一些	用 max_depth 控制树的深度

8.4.5 回归模型及其预测

LightGBM 包自带有数据来源 reregression.train.txt 和 regression.train.txt,前者含有 7000 行数据。

1. 程序设计

```
import json
import lightgbm as lgb
import pandas as pd
```

```python
from sklearn.metrics import roc_auc_score
path="c:/pythonWorkspace/lightgbm/"
print("load data")
df_train=pd.read_csv(path+ "regression.train.txt",header=None,sep='\t')
df_test=pd.read_csv(path+ "regression.train.txt",header=None,sep='\t')
y_train = df_train[0].values
y_test = df_test[0].values
X_train = df_train.drop(0, axis=1).values
X_test = df_test.drop(0, axis=1).values     #create dataset for lightgbm
lgb_train = lgb.Dataset(X_train, y_train)
lgb_eval = lgb.Dataset(X_test, y_test, reference= lgb_train)
                                #specify your configurations as a dict
params ={
    'task': 'train',
    'boosting_type': 'gbdt',
    'objective': 'binary',
    'metric': {'l2', 'auc'},
    'num_leaves': 31,
    'learning_rate': 0.05,
    'feature_fraction': 0.9,
    'bagging_fraction': 0.8,
    'bagging_freq': 5,
    'verbose': 0
}
print('Start training...')  #train
gbm = lgb.train(params,
        lgb_train,
        num_boost_round=20,
        valid_sets=lgb_eval,
        early_stopping_rounds=5)
print('Save model...')  #save model to file
gbm.save_model(path+ 'regModel.txt')
print('Start predicting...')   #predict
y_pred = gbm.predict(X_test, num_iteration=gbm.best_iteration) # eval
print(y_pred)
print('The roc of prediction is:', roc_auc_score(y_test, y_pred))
print('Dump model to JSON...')  #dump model to json (and save to file)
model_json = gbm.dump_model()
with open(path+ 'regModel.json', 'w+') as f:
    json.dump(model_json, f, indent=4)
print('Feature names:', gbm.feature_name())
print('Calculate feature importances...')  #feature importances
print('Feature importances:', list(gbm.feature_importance()))
```

2. 运行结果

如图 8-28 所示,预测精度 ROC 为 0.83。

```
load data
Start training...
[LightGBM] [Warning] Starting from the 2.1.2 version, default value for the "boost_from_average" parameter
This may cause significantly different results comparing to the previous versions of LightGBM.
Try to set boost_from_average=false, if your old models produce bad results
[1]     valid_0's l2: 0.243599  valid_0's auc: 0.767942
Training until validation scores don't improve for 5 rounds
[2]     valid_0's l2: 0.239485  valid_0's auc: 0.780053
[3]     valid_0's l2: 0.235723  valid_0's auc: 0.79387
[4]     valid_0's l2: 0.231303  valid_0's auc: 0.7995
[5]     valid_0's l2: 0.227272  valid_0's auc: 0.800039
[6]     valid_0's l2: 0.223935  valid_0's auc: 0.806172
[7]     valid_0's l2: 0.221103  valid_0's auc: 0.810868
[8]     valid_0's l2: 0.217942  valid_0's auc: 0.81302
[9]     valid_0's l2: 0.215011  valid_0's auc: 0.814757
[10]    valid_0's l2: 0.212308  valid_0's auc: 0.81566
[11]    valid_0's l2: 0.209635  valid_0's auc: 0.817139
[12]    valid_0's l2: 0.207223  valid_0's auc: 0.818586
[13]    valid_0's l2: 0.204936  valid_0's auc: 0.820091
[14]    valid_0's l2: 0.202983  valid_0's auc: 0.821698
[15]    valid_0's l2: 0.200921  valid_0's auc: 0.822898
[16]    valid_0's l2: 0.198921  valid_0's auc: 0.825052
[17]    valid_0's l2: 0.196908  valid_0's auc: 0.826074
[18]    valid_0's l2: 0.195261  valid_0's auc: 0.829244
[19]    valid_0's l2: 0.193514  valid_0's auc: 0.83023
[20]    valid_0's l2: 0.191943  valid_0's auc: 0.830968
Did not meet early stopping. Best iteration is:
[20]    valid_0's l2: 0.191943  valid_0's auc: 0.830968
Save model...
Start predicting...
[0.64928655 0.74115402 0.74008194 ... 0.27626737 0.48091037 0.46286271]
The roc of prediction is: 0.83096838047014
Dump model to JSON...
Feature names: ['Column_0', 'Column_1', 'Column_2', 'Column_3', 'Column_4', 'Column_5', 'Column_6', 'Column_7', 'Column_8',
 'Column_9', 'Column_10', 'Column_11', 'Column_12', 'Column_13', 'Column_14', 'Column_15', 'Column_16', 'Column_17', 'Colum
n_18', 'Column_19', 'Column_20', 'Column_21', 'Column_22', 'Column_23', 'Column_24', 'Column_25', 'Column_26', 'Column_27']

Calculate feature importances...
Feature importances: [23, 10, 3, 31, 8, 53, 10, 3, 0, 30, 5, 7, 1, 23, 7, 6, 0, 6, 4, 7, 1, 26, 64, 5, 53, 87, 57, 70]
```

图 8-28　回归模型的计算与预测结果

计算特征重要性，结果是[23, 10, 3, 31, 8, 53, 10, 3, 0, 30, 5, 7, 1, 23, 7, 6, 0, 6, 4, 7, 1, 26, 64, 5, 53, 87, 57, 70]。

第 9 章

基于 Spark 机器学习库的大数据推荐技术

9.1 Spark 机器学习库介绍

Spark 机器学习库的网络地址是 http://spark.apache.org/mllib/。Spark 的机器学习模块包含在 ml 模块库和 mllib 模块库中。以 Python 语言为例,包括了 pyspark.mllib 和 pyspark.ml 两个,pyspark.mllib 基于 RDD,而 pyspark.ml 基于 DataFrame,其模块内容分别如图 9-1 和图 9-2 所示。

```
○ pyspark.mllib.classification module
○ pyspark.mllib.clustering module
○ pyspark.mllib.evaluation module
○ pyspark.mllib.feature module
○ pyspark.mllib.fpm module
○ pyspark.mllib.linalg module
○ pyspark.mllib.linalg.distributed module
○ pyspark.mllib.random module
○ pyspark.mllib.recommendation module
○ pyspark.mllib.regression module
○ pyspark.mllib.stat module
○ pyspark.mllib.tree module
○ pyspark.mllib.util module
```

图 9-1 pyspark.mllib 模块库

```
○ ML Pipeline APIs
○ pyspark.ml.param module
○ pyspark.ml.feature module
○ pyspark.ml.classification module
○ pyspark.ml.clustering module
○ pyspark.ml.functions module
○ pyspark.ml.linalg module
○ pyspark.ml.recommendation module
○ pyspark.ml.regression module
○ pyspark.ml.stat module
○ pyspark.ml.tuning module
○ pyspark.ml.evaluation module
○ pyspark.ml.fpm module
○ pyspark.ml.image module
○ pyspark.ml.util module
```

图 9-2 pyspark.ml 模块库

当前,pyspark.ml 已成为 Spark 的主要机器学习 API 模块库。实际使用中推荐 ml 模块库,建立在 DataFrames 基础上的 ml 中一系列算法更适合创建包含从数据清洗到特征工程再到模型训练等一系列工作的 ML pipeline。

下面分别阐述其具体模块划分内容。

9.1.1 Spark 的 mllib 模块库

基于 Python 编程调用角度,mllib 模块库有以下机器学习模块。

(1) 分类模块 pyspark.mllib.classification module,如图 9-3 所示。主要包括了逻辑回归模型、SVM 模型、朴素贝叶斯模型等。

(2) 聚类模块 pyspark.mllib.clustering module,如图 9-4 所示,主要包括了 K-Means

模型、LDA 模型、高斯混合模型等。

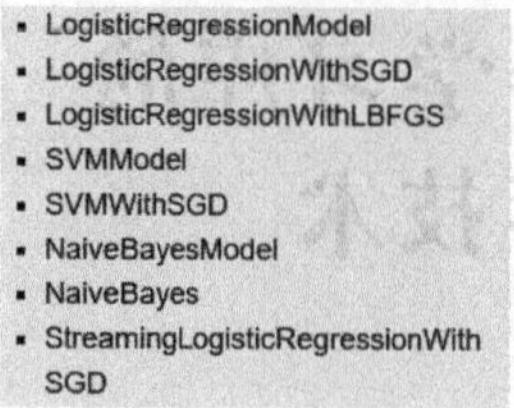

- LogisticRegressionModel
- LogisticRegressionWithSGD
- LogisticRegressionWithLBFGS
- SVMModel
- SVMWithSGD
- NaiveBayesModel
- NaiveBayes
- StreamingLogisticRegressionWithSGD

图 9-3　分类模块

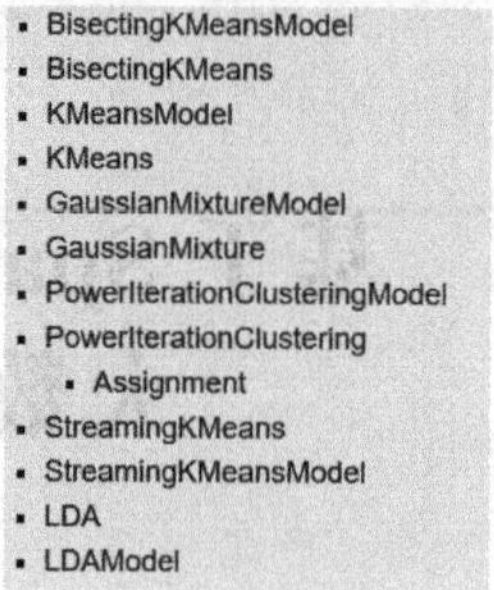

- BisectingKMeansModel
- BisectingKMeans
- KMeansModel
- KMeans
- GaussianMixtureModel
- GaussianMixture
- PowerIterationClusteringModel
- PowerIterationClustering
  - Assignment
- StreamingKMeans
- StreamingKMeansModel
- LDA
- LDAModel

图 9-4　聚类模块

（3）推荐模块 pyspark.mllib.recommendation module，包括 MatrixFactorizationModel、ALS 和 Rating。

（4）回归模块，如图 9-5 所示，包括线性模型、零回归模型、保序回归模型等。

（5）特征工程模块，如图 9-6 所示。

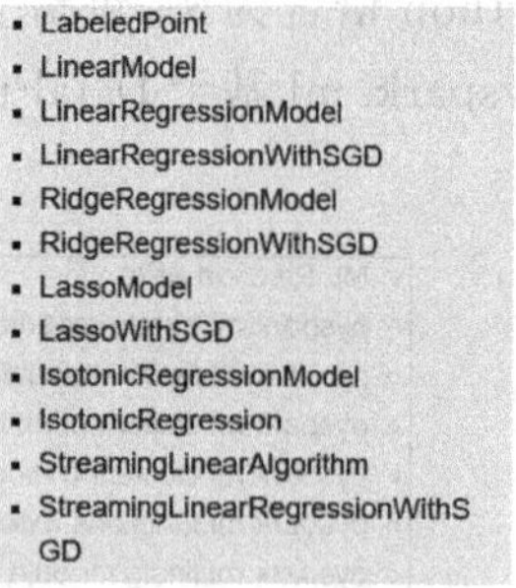

- LabeledPoint
- LinearModel
- LinearRegressionModel
- LinearRegressionWithSGD
- RidgeRegressionModel
- RidgeRegressionWithSGD
- LassoModel
- LassoWithSGD
- IsotonicRegressionModel
- IsotonicRegression
- StreamingLinearAlgorithm
- StreamingLinearRegressionWithSGD

图 9-5　回归模块

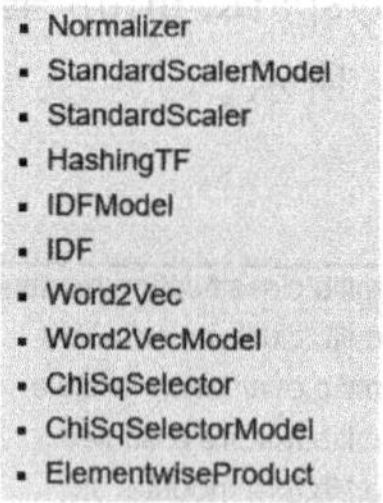

- Normalizer
- StandardScalerModel
- StandardScaler
- HashingTF
- IDFModel
- IDF
- Word2Vec
- Word2VecModel
- ChiSqSelector
- ChiSqSelectorModel
- ElementwiseProduct

图 9-6　特征提取模块

（6）关联规则模块 pyspark.mllib.fpm module，包括 FPGrowth 模型和 PrefixSpan 模型，都是为了避免产生候选序列。

此外，还有评价模块、统计模块、树模块和应用模块等。

9.1.2　mllib 的算法库示例说明

下面通过几个 pyspark 程序示例来分析 Spark 系统中常用的算法。

1. 分类算法

分类算法属于监督式学习，使用类标签已知的样本建立一个分类函数或分类模型，应用分类模型，能把数据库中的类标签未知的数据进行归类。分类在数据挖掘中是一项重要的任务，目前在商业上应用最多、常见的典型应用场景有流失预测、精确营销、客户获取、个性偏好等。mllib 目前支持分类算法有逻辑回归、支持向量机、朴素贝叶斯和决策树。

例：导入训练数据集，然后在训练集上执行训练算法，最后在所得模型上进行预测并计算训练误差。

```python
from pyspark import SparkContext
from pyspark.mllib.classification import SVMWithSGD, SVMModel
from pyspark.mllib.regression import LabeledPoint
if __name__ == "__main__":
    sc = SparkContext(appName="PythonSVMWithSGDExample")
    #Load and parse the data
    def parsePoint(line):
        values = [float(x) for x in line.split(' ')]
        return LabeledPoint(values[0], values[1:])
    data = sc.textFile("data/mllib/sample_svm_data.txt")
    parsedData = data.map(parsePoint)
    #Build the model
    model = SVMWithSGD.train(parsedData, iterations=100)
    #Evaluating the model on training data
    labelsAndPreds = parsedData.map(lambda p: (p.label, model.predict(p.features)))
    trainErr = labelsAndPreds.filter(lambda lp: lp[0] != lp[1]).count() / float(parsedData.count())
    print("Training Error = " + str(trainErr))
    #Save and load model
    model.save(sc, "target/tmp/pythonSVMWithSGDModel")
    sameModel = SVMModel.load(sc, "target/tmp/pythonSVMWithSGDModel")
```

2. 回归算法

回归算法属于监督式学习,每个个体都有一个与之相关联的实数标签,并且我们希望在给出用于表示这些实体的数值特征后,所预测出的标签值可以尽可能接近实际值。MLlib 目前支持的回归算法有:线性回归、岭回归、Lasso 和决策树。

例:导入训练数据集,将其解析为带标签点的 RDD,使用 LinearRegressionWithSGD 算法建立一个简单的线性模型来预测标签的值,最后计算均方差来评估预测值与实际值的吻合度。

```python
from __future__ import print_function
from pyspark import SparkContext
from pyspark.mllib.regression import LabeledPoint, LinearRegressionWithSGD, LinearRegressionModel
if __name__ == "__main__":
    sc = SparkContext(appName="PythonLinearRegressionWithSGDExample")
    #Load and parse the data
    def parsePoint(line):
        values = [float(x) for x in line.replace(',', ' ').split(' ')]
        return LabeledPoint(values[0], values[1:])
    data = sc.textFile("data/mllib/ridge-data/lpsa.data")
    parsedData = data.map(parsePoint)
    #Build the model
    model = LinearRegressionWithSGD.train(parsedData, iterations=100, step=0.00000001)
    #Evaluate the model on training data
    valuesAndPreds = parsedData.map(lambda p: (p.label, model.predict(p.
```

```
        features)))
    MSE = valuesAndPreds \
        .map(lambda vp: (vp[0] - vp[1]) ** 2) \
        .reduce(lambda x, y: x + y) / valuesAndPreds.count()
    print("Mean Squared Error = " + str(MSE))
    #Save and load model
    model.save(sc, "target/tmp/pythonLinearRegressionWithSGDModel")
    sameModel = LinearRegressionModel.load(sc, "target/tmp/pythonLinearRegression
WithSGDModel")
```

3. 聚类算法

聚类算法属于非监督式学习,通常被用于探索性的分析,是根据"物以类聚"的原理,将本身没有类别的样本聚集成不同的组,这样的一组数据对象的集合叫作簇,并且对每个这样的簇进行描述的过程。它的目的是使得属于同一簇的样本之间应该彼此相似,而不同簇的样本应该足够不相似,常见的典型应用场景有客户细分、客户研究、市场细分、价值评估。mllib 目前支持广泛使用的 K-Means 聚类算法。

例:导入训练数据集,使用 K-Means 对象来将数据聚类到两个类簇当中,所需的类簇个数会被传递到算法中,然后计算集内均方差总和(WSSSE),可以通过增加类簇的个数 K 来减小误差。实际上,最优的类簇数通常是 1,因为这一点通常是 WSSSE 图中的"低谷点"。

```
from __future__ import print_function
from numpy import array
from math import sqrt
from pyspark import SparkContext
from pyspark.mllib.clustering import KMeans, KMeansModel
if __name__ == "__main__":
    sc = SparkContext(appName="KMeansExample")  #SparkContext
    #Load and parse the data
    data = sc.textFile("data/mllib/kmeans_data.txt")
    parsedData = data.map(lambda line: array([float(x) for x in line.split(' ')]))
    #Build the model (cluster the data)
    clusters = KMeans.train(parsedData, 2, maxIterations=10, initializationMode
="random")
    #Evaluate clustering by computing Within Set Sum of Squared Errors
    def error(point):
        center = clusters.centers[clusters.predict(point)]
        return sqrt(sum([x ** 2 for x in (point - center)]))
    WSSSE = parsedData.map(lambda point: error(point)).reduce(lambda x, y: x + y)
    print("Within Set Sum of Squared Error = " + str(WSSSE))
    #Save and load model
    clusters.save(sc, "target/org/apache/spark/PythonKMeansExample/KMeansModel")
    sameModel = KMeansModel.load(sc, "target/org/apache/spark/PythonKMeansExample/
KMeansModel")
    sc.stop()
```

4. 协同过滤

协同过滤常被应用于推荐系统,这些技术旨在补充用户-商品关联矩阵中所缺失的部分。mllib 当前支持基于模型的协同过滤，其中用户和商品通过一小组隐语义因子进行表达，并且这些因子也用于预测缺失的元素。

例：导入训练数据集，数据每一行由一个用户、一个商品和相应的评分组成。假设评分是显性的，使用默认的 ALS.train() 方法，通过计算预测出的评分的均方差来评估这个推荐模型。

```
from __future__ import print_function
from pyspark import SparkContext
from pyspark.mllib.recommendation import ALS, MatrixFactorizationModel, Rating
if __name__ == "__main__":
    sc = SparkContext(appName="PythonCollaborativeFilteringExample")
    # Load and parse the data
    data = sc.textFile("data/mllib/als/test.data")
    ratings = data.map(lambda l: l.split(','))\
        .map(lambda l: Rating(int(l[0]), int(l[1]), float(l[2])))
    # Build the recommendation model using Alternating Least Squares
    rank = 10
    numIterations = 10
    model = ALS.train(ratings, rank, numIterations)
    # Evaluate the model on training data
    testdata = ratings.map(lambda p: (p[0], p[1]))
    predictions = model.predictAll(testdata).map(lambda r: ((r[0], r[1]), r[2]))
    ratesAndPreds = ratings.map(lambda r: ((r[0], r[1]), r[2])).join(predictions)
    MSE = ratesAndPreds.map(lambda r: (r[1][0] - r[1][1]) ** 2).mean()
    print("Mean Squared Error = " + str(MSE))
    # Save and load model
    model.save(sc, "target/tmp/myCollaborativeFilter")
    sameModel = MatrixFactorizationModel.load(sc, "target/tmp/myCollaborativeFilter")
```

9.1.3 Spark 的 ml 模块库

相比而言，Spark 的 ml 模块库比 mllib 库提供了更为丰富的模块。以 Python 语言调用要求，ml 模块库有如下具体的机器学习模块。

（1）分类模块 pyspark.ml.classification module，如图 9-7（a）所示，主要包括了逻辑回归模型、决策树分类模型、朴素贝叶斯模型、多层感知机分类模型、二分类模型等。

（2）聚类模块 pyspark.ml.clustering module，如图 9-7（b）所示，主要包括了 K-Means 模型、LDA 模型、高斯混合模型等。

（3）推荐模块 pyspark.ml.recommendation module，仅包括 ALS 模型。

（4）回归模块，如图 9-7（c）所示，包括决策树回归模型、GBT 回归模型、线性模型、保序回归模型、随机森林模型等，比 mllib 库丰富得多。

（5）特征工程模块见表 9-1。

其他的模块，如统计模块、评价模块和关联规则模块等，与 mllib 模块库类似。

(a) 分类	(b) 聚类	(c) 回归
- LinearSVC - LinearSVCModel - LogisticRegression - LogisticRegressionModel - LogisticRegressionSummary - LogisticRegressionTrainingSummary - BinaryLogisticRegressionSummary - BinaryLogisticRegressionTrainingSummary - DecisionTreeClassifier - DecisionTreeClassificationModel - GBTClassifier - GBTClassificationModel - RandomForestClassifier - RandomForestClassificationModel - NaiveBayes - NaiveBayesModel - MultilayerPerceptronClassifier - MultilayerPerceptronClassificationModel - OneVsRest - OneVsRestModel - FMClassifier - FMClassificationModel	- BisectingKMeans - BisectingKMeansModel - BisectingKMeansSummary - KMeans - KMeansModel - GaussianMixture - GaussianMixtureModel - GaussianMixtureSummary - LDA - LDAModel - LocalLDAModel - DistributedLDAModel - PowerIterationClustering	- AFTSurvivalRegression - AFTSurvivalRegressionModel - DecisionTreeRegressor - DecisionTreeRegressionModel - GBTRegressor - GBTRegressionModel - GeneralizedLinearRegression - GeneralizedLinearRegressionModel - GeneralizedLinearRegressionSummary - GeneralizedLinearRegressionTrainingSummary - IsotonicRegression - IsotonicRegressionModel - LinearRegression - LinearRegressionModel - LinearRegressionSummary - LinearRegressionTrainingSummary - RandomForestRegressor - RandomForestRegressionModel - FMRegressor - FMRegressionModel

图 9-7 Spark 的 ml 分类、聚类和回归模块库

表 9-1 Spark 的 ml 特征工程模块列表

序号	模块名称	含义与作用
1	Binarizer	二值化
2	BucketedRandomProjectionLSH	基于欧几里得距离的空间度量,做数据相似度计算,可用于推荐
3	BucketedRandomProjectionLSHModel	欧几里得距离度量——局部敏感哈希模型
4	Bucketizer	特征离散化、桶化,实现单特征转换
5	ChiSqSelector	卡方特征选择器,依据卡方检验,计算类别特征与分类标签的关联性。该函数只有先训练才能知道挑选哪些特征值,所以要先用 fit(),应用的时候再用 transform()
6	ChiSqSelectorModel	卡方选择模型
7	CountVectorizer	通过计数来将一个文档转换为向量
8	CountVectorizerModel	文档向量模型
9	DCT	离散余弦变换
10	ElementwiseProduct	元素智能乘积。即对每一个输入向量乘以一个给定的"权重"向量。通过一个乘子对数据集的每一列进行缩放
11	FeatureHasher	特征哈希,将不同数据类型通过 Hash 算法转换成特征向量
12	HashingTF	特征 Hash-频数
13	IDF	逆文档频率
14	IDFModel	IDF 模型
15	Imputer	缺失值处理器,默认使用均值或中值(median)填补。若要计算均值,要先 fit(),然后再 transfrom()
16	ImputerModel	Imputer 模型
17	IndexToString	把标签索引的一列重新映射回原有的字符型标签
18	Interaction	笛卡儿转换

续表

序号	模块名称	含义与作用
19	MaxAbsScaler	绝对值最大标准化
20	MaxAbsScalerModel	MaxAbsScaler 模型
21	MinHashLSH	基于 Jaccard 距离的空间度量
22	MinHashLSHModel	MinHashLSH 模型
23	MinMaxScaler	最小最大归一化，先用 fit()，然后用 transform()
24	MinMaxScalerModel	MinMaxScaler 模型
25	NGram	自然语言处理的 N 元模型，可用于定义字符串距离、评估语句是否合理和数据平滑
26	Normalizer	归一化
27	OneHotEncoder	独热编码器
28	OneHotEncoderModel	独热编码模型
29	PCA	对特征进行 PCA 降维，先用 fit()，然后用 transform()
30	PCAModel	PCA 模型
31	PolynomialExpansion	多项式转化，能将特征展开到多元空间
32	QuantileDiscretizer	分位数离散化，可将一列连续型的数据列转换成分类型数据
33	RobustScaler	标准化处理，对数据中心化和数据的缩放健壮性有更强的参数控制能力
34	RobustScalerModel	稳健标准化模型
35	RegexTokenizer	允许基于正则的方式将文档切分成单词组
36	RFormula	文本类特征处理，产生一个向量特征列以及一个 double 或者字符串标签列
37	RFormulaModel	RFormula 模型
38	SQLTransformer	使用 SQL 语句创建新的列，直接用 transform()
39	StandardScaler	去均值和方差归一化。对列进行标准化，先用 fit()，再用 transform()
40	StandardScalerModel	归一化模型
41	StopWordsRemover	英文停用词移除，接受一个字符串序列作为输入（例如 Tokenizer 的输出），并从输入序列中删除所有停用字
42	StringIndexer	把一列类别型的特征（或标签）进行编码，使其数值化
43	StringIndexerModel	StringIndexer 模型
44	Tokenizer	分词器，将文本拆分成单词
45	VectorAssembler	向量转换器，它将给定的多个列组合为单个向量列
46	VectorIndexer	向量数据集中的类别特征索引，可以自动识别哪些特征是类别型的，并且将原始值转换为类别索引
47	VectorIndexerModel	向量索引转换模型
48	VectorSizeHint	允许用户显式指定列的向量大小
49	VectorSlicer	通过对这些索引的值进行筛选得到新的向量集
50	Word2Vec	将 words 转换成一个 vectorSize 维的向量
51	Word2VecModel	把文档转变成特征向量，使用的是 skip-gram 模型

下面给出几个应用示例。

示例1：模块 ElementwiseProduct 的 Python 应用程序如下，其运行结果如图 9-8 所示。

```
from pyspark.sql import SparkSession
from pyspark.ml.feature import ElementwiseProduct
from pyspark.ml.linalg import Vectors
#建立SparkSession实例spark
spark = SparkSession.builder\
    .appName("SparkMLDemo")\
    .master("local")\
    .getOrCreate()
df = spark.createDataFrame([(Vectors.dense([2.0, 1.0, 3.0]),)], ["values"])
ep = ElementwiseProduct()
ep.setScalingVec(Vectors.dense([1.0, 2.0, 3.0]))
ep.setInputCol("values")
ep.setOutputCol("eprod")
ep.transform(df).head().eprod
ep.transform(df).show()
```

```
+-----------+-----------+
|   values  |   eprod   |
+-----------+-----------+
|[2.0,1.0,3.0]|[2.0,2.0,9.0]|
+-----------+-----------+
```

图 9-8　ElementwiseProduct 的示例输出结果

示例 2：假设有以下带有列 label 和 raw 的 DataFrame，如图 9-9 左侧两列所示。

```
+-----+--------------------------+------------------------+
|label|raw                       |filtered                |
+-----+--------------------------+------------------------+
|0    |[I, saw, the, red, baloon]|[saw, red, baloon]      |
|1    |[Mary, had, a, little, lamb]|[Mary, little, lamb]  |
+-----+--------------------------+------------------------+
```

图 9-9　StopWordsRemover 的应用示例

应用以 raw 为输入列、以 filter 为输出列的 StopWordsRemover，得到如图 9-9 所示的右侧结果。相关的 Python 程序如下：

```
from pyspark.sql import SparkSession
from pyspark.ml.feature import StopWordsRemover
spark = SparkSession.builder.appName("SparkMLDemo").master("local").getOrCreate()
sentenceData = spark.createDataFrame([
    (0, ["I", "saw", "the", "red", "baloon"]),
    (1, ["Mary", "had", "a", "little", "lamb"])], ["label", "raw"])
remover = StopWordsRemover(inputCol="raw", outputCol="filtered")
remover.transform(sentenceData).show(truncate=False)
```

9.2　大数据推荐技术

推荐系统是大数据技术在互联网领域的典型应用，它可以通过分析用户的历史记录来了解用户的喜好，从而主动为用户推荐其感兴趣的信息，满足用户的个性化推荐需求。目前推荐系统已广泛应用于电子商务、在线视频、在线音乐、社交网络等各类网站和应用中。

在推荐方案的具体工程实践时,需要考虑到数据处理、模型训练、分布式计算等技术。当前很多开源方案可以使用,常用的如 Spark mllib、scikit-learn、Tensorflow、pytorch、gensim 等,这些工具都封装了很多数据处理、特征提取、机器学习算法。此外,还需要考虑推荐物品的安全性,避免推荐负面和低俗的内容,对劣质内容的创作者采取一定的惩罚措施。

9.2.1 推荐系统概述

推荐系统是自动联系用户和物品的一种工具,和搜索引擎相比,推荐系统通过研究用户的兴趣偏好,进行个性化计算。推荐系统可发现用户的兴趣点,帮助用户从海量信息中去发掘自己潜在的需求。

1. 推荐系统的组成

如图 9-10 所示,一个推荐系统通常包括 3 个组成模块:用户建模模块、推荐对象建模模块、推荐算法模块。

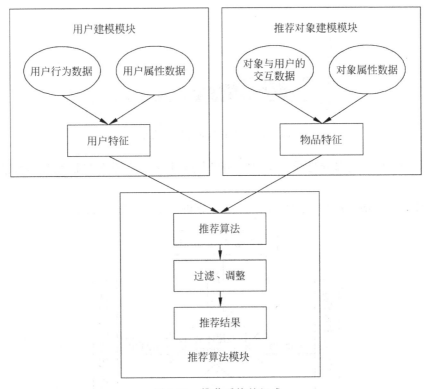

图 9-10 推荐系统的组成

- 用户建模模块:对用户进行建模,根据用户行为数据和用户属性数据来分析用户的兴趣和需求。
- 推荐对象建模模块:根据对象数据对推荐对象进行建模。
- 推荐算法模块:基于用户特征和物品特征,采用推荐算法计算得到用户可能感兴趣的对象,并根据推荐场景对推荐结果进行一定调整,将推荐结果最终展示给用户。

推荐系统的本质是建立用户与物品的联系,根据推荐算法的不同,推荐方法包括专家推荐、基于内容的推荐、协同过滤推荐、基于统计的推荐、基于模型的推荐等。后面将作重点阐述。

2. 长尾理论

"长尾"概念于2004年提出,《连线》杂志主编克里斯·安德森(Chris Anderson)在一篇文章中,首次提出了"长尾理论",用来描述以亚马逊为代表的电子商务网站的商业和经济模式:只要渠道足够多,非主流的、需求量小的商品销量也能够和主流的、需求量大的商品销量相匹敌。

电子商务网站销售种类繁多,虽然绝大多数商品都不热门,但这些不热门的商品总数量极其庞大,所累计的总销售额将是一个可观的数字,也许会超过热门商品所带来的销售额。因此,可以通过发掘长尾商品并推荐给感兴趣的用户来提高销售额。这需要通过个性化推荐来实现。长尾理论模型如图9-11所示。

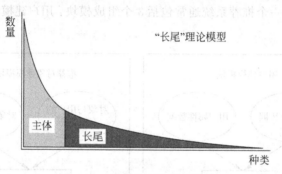

图9-11 长尾理论的概念模型

在图9-11中,红色部分是受关注的"头部"大热门,长长的蓝色尾巴则是易被忽略的"尾部"冷门。

长尾理论的经济学原理,是"四维十字图谱分析模型",如图9-12所示。

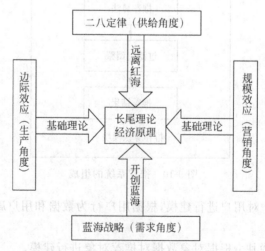

图9-12 长尾理论的经济学模型

长尾理论是基于两个理念:第一,指在互联网,任何东西都有存在的空间,无论是主流的还是小众的;第二,指互联网需要所有的东西,无论是主流的还是小众的,所以我们可以制造出小众的产品以满足小众群体的需求。

在实体世界，要保证小众产品的供应充足很难，因为不太可能将小众产品进行批量生产，因此，也就不可能发现小众产品的需求群体。但是"创客运动"使得人们能够更加方便地制作出各种技能和手艺的产品，这样长尾产品的供应方就出现了，因此长尾的需求也就得到了满足。

9.2.2　基于内容的推荐算法

基于内容的推荐算法（content-based recommendations，CB）是根据历史信息（如评价、分享、收藏过的文档）构造用户偏好文档，计算推荐物品与用户偏好文档的相似度，将最相似的物品推荐给用户。例如，在电影推荐中，基于内容的系统首先分析用户已经看过的打分比较高的电影的共性（演员、导演、风格等），再推荐与这些用户感兴趣的电影内容相似度高的其他电影。

这里的物品相关信息可以是对物品文字描述的 metadata 信息、标签、用户评论、人工标注的信息等。用户相关信息是指人口统计学信息（如年龄、性别、偏好、地域、收入等）。用户对物品的操作行为可以是评论、收藏、点赞、观看、浏览、点击、加购物车、购买等。CB 算法特别适用于文本领域，如新闻的推荐，最早主要是应用在信息检索系统当中。

广义的物品相关信息不限于文本信息，图片、语音、视频等都可以作为内容推荐的信息来源，只是处理成本较大，不光是算法难度大、处理的时间及存储成本也相对更高。

1. CB 算法介绍

CB 的推荐系统会试图为给定用户推荐过去喜欢的相似物品，一般只依赖于用户自身的行为为用户提供推荐，不涉及其他用户的行为，因此不需要用户-物品评分矩阵。

其算法主要包含以下三个部件。

（1）内容分析器：即结构化物品的描述操作，从原来的物品信息（如文档、网页、新闻、产品描述）中提取有用的信息用一种适当的方式表示（如将网页表示成关键词向量），该表示形式将作为属性学习器和过滤部件的输入节点。主要处理方式有数值型数据的归一化和二值化、非数值型数据的特征向量化、TF-IDF、Word2Vec。

（2）特征学习器：该模块收集、泛化代表用户偏好的数据，生成用户概要信息。通常，是采用机器学习方法从用户之前喜欢和不喜欢的物品信息中推出一个表示用户喜好的模型。例如，一个基于网页的推荐系统的属性学习器能够实现一个相关反馈的方法，将表示正面和负面例子的向量与表示用户概要信息的原型向量混合在一起。训练样例是那些附有用户正面和负面反馈信息的网页。这是一个比较典型的有监督学习问题，理论上可以使用机器学习的分类算法求解出所需要的判别模型。常用的算法有最近邻方法、决策树算法、线性分类算法、朴素贝叶斯算法。

（3）过滤组件：通过比较上述的用户喜好特征与物品特征，为此用户推荐一组相关性最大的物品。通过学习用户概要信息，匹配用户概要信息和商品信息，推荐相关的商品，结果是一个二元的连续型相关判断（相似度量）。后者将生成一个用户可能感兴趣的潜在物品评分列表。该匹配是计算原型向量和商品向量的余弦相似度。

CB 算法的主要工作流程如图 9-13 所示。

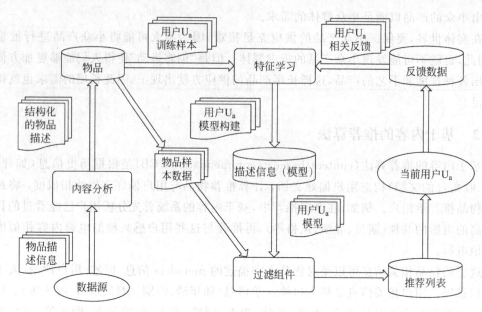

图 9-13 CB 算法的工作流程

2. CB 算法的优点

（1）算法实现相对简单。基于内容的推荐可以基于标签维度做推荐，也可以将物品嵌入向量空间中，利用相似度做推荐，不管哪种方式，算法实现较简单，有现成的开源的算法库供开发者使用，非常容易落地到真实的业务场景中。

（2）容易解决冷启动问题。只要用户有一个操作行为，就可以基于内容为用户做推荐，不依赖其他用户行为。对于冷门小众领域也能有比较好的推荐效果。

（3）非常适合物品快速增长的有时效性要求的产品。对于物品增长很快的产品，如今日头条等新闻资讯类 App，基本每天都有几十万甚至更多的物品入库，另外标的物时效性也很强。新物品一般用户行为少，协同过滤等算法很难将这些大量实时产生的新物品推荐出去，这时就可以采用基于内容的推荐算法更好地分发这些内容。

3. CB 算法的缺点

CB 算法的主要缺点有如下四个方面。

（1）推荐范围狭窄，过度特化，新颖性不强。由于该类算法只依赖于单个用户的行为为用户做推荐，推荐的结果会聚集在用户过去感兴趣的物品类别上，如果用户不主动关注其他类型的物品，很难为用户推荐多样性的结果，也无法挖掘用户深层次的潜在兴趣。针对这个问题，可以给用户做兴趣探索，为用户推荐兴趣之外的特征关联的物品，通过用户的反馈来拓展用户兴趣空间，开展强化学习。如果构造了物品的知识图谱系统，就可以通过图谱拓展物品更远的联系，通过长线的相关性来做推荐，就可以有效解决越推越窄的问题。

（2）无法为新用户产生推荐。由于 CB 算法需要依赖用户的历史数据，那么对于新用户，因只有少量的行为，为其推荐的物品较单一，也可能无法产生一个比较可靠的推荐。

（3）可分析的内容有限/特征抽取比较难。与推荐对象相关的特征数量和类型上是有限制的，内容信息主要是文本、视频、音频，处理起来费力，相对难度较大，而且依赖于领域知识。同时，这些信息更容易有更大概率含有噪音，增加了处理难度。另外，对内容理解的全面性、完整性及准确性会影响推荐的效果。

(4) 较难将长尾物品分发出去。基于内容的推荐需要用户对物品有操作行为,长尾物品一般操作行为非常少,只有很少用户操作,甚至没有用户操作。由于 CB 只利用单个用户行为做推荐,所以更难将它分发给更多的用户。

因此,基于工业界的实践经验,相比协同过滤算法,CB 算法的精准度要差一些。

4. 如何利用负反馈

用户对物品的操作行为不一定代表正反馈,有可能是负反馈。例如,点开一个视频,看了不到几秒就退出来了,明显表明用户不喜欢。有很多产品会在用户交互中直接提供负反馈能力,这样可以收集到更多负反馈。

负反馈代表用户强烈的不满,如果能够引入推荐算法,就能够提升推荐系统的精准度和满意度。CB 算法整合负反馈的方式有如下几种。

(1) 将负反馈整合到算法模型中。在构建算法模型中整合负反馈,与正反馈一起学习,从而更自然地整合负反馈信息。

(2) 采用事后过滤的方式。先给用户生成推荐列表,再从该推荐列表中过滤掉与负反馈关联的或者相似的物品。

(3) 采用事前处理的方式。从待推荐的候选集中先将与负反馈相关联或者相似的物品剔除掉,然后再进行相关算法的推荐。

5. CB 算法的应用场景

(1) 完全个性化推荐。就是基于内容特征来为每个用户生成不同的推荐结果。

(2) 物品关联物品推荐。即与某个物品最相似的 topN 的物品作为关联推荐,这也是工业界最常用的推荐形态。

(3) 配合其他推荐算法。由于 CB 在精准度上不如协同过滤等算法,但是可以更好地适应冷启动,所以在实际业务中,CB 会配合其他算法一起服务。

(4) 主题推荐。如果有了物品的标签信息,并且基于标签系统构建一套推荐算法,就可以将用户喜欢的标签采用主题的方式推荐给用户,每个主题就是用户的一个兴趣标签。主题推荐的好处是可以将用户所有的兴趣点按照兴趣偏好大小先后展示出来,可解释性强,并且让用户有更多维度的自由选择空间。

(5) 给用户推荐标签。此时,用户通过关注推荐的标签,自动获取具备该标签的物品。除了可以通过推荐的标签关联到物品获得直接推荐物品类似的效果外,间接地通过用户对推荐的标签的选择、关注进一步获得了用户的兴趣偏好。

9.2.3 基于用户的协同过滤推荐

协同过滤(collaborative filtering,CF)推荐算法的主要功能是预测和推荐,算法通过对用户历史行为数据的挖掘发现用户的偏好,基于不同的偏好对用户进行群组划分,并推荐品味相似的物品。协同过滤可分为基于用户的协同过滤和基于物品的协同过滤。

基于用户的协同过滤算法(User-based collaborative filtering,UserCF),在 1992 年被提出,是推荐系统中最古老的算法,它符合人们对于"趣味相投"的认知,即兴趣相似的用户往往有相同的物品喜好:当目标用户需要个性化推荐时,可以先找到和目标用户有相似兴趣的用户群体,然后将这个用户群体喜欢的、而目标用户没有听说过的物品推荐给目标用户。

如图 9-14 所示，用户 a 和 c 都喜欢物品 A 和 C，则认为他们具有相似兴趣，于是将用户 c 喜欢的物品 D 推荐给用户 a。

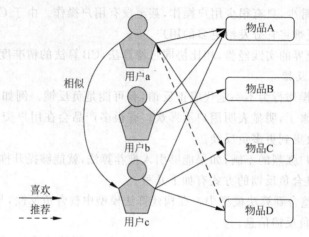

图 9-14 UserCF 的工作原理示意图

UserCF 算法的实现主要包括两个步骤：
（1）找到和目标用户兴趣相似的用户集合；
（2）找到该集合中的用户所喜欢的且目标用户没有听说过的物品推荐给目标用户。

实现 UserCF 算法的关键步骤是计算用户与用户之间的兴趣相似度。目前较多使用的相似度算法如下。

- 泊松相关系数（person correlation coefficient）。
- 余弦相似度（cosine-based similarity）。
- 调整余弦相似度（adjusted cosine similarity）。

给定用户 u 和用户 v，令 $N(u)$ 表示用户 u 感兴趣的物品集合，令 $N(v)$ 为用户 v 感兴趣的物品集合，则使用余弦相似度进行计算用户相似度的公式为：

$$w_{uv} = \frac{|N(u) \cap N(v)|}{\sqrt{|N(u)||N(v)|}} \tag{9-1}$$

由于很多用户相互之间并没有对同样的物品产生过行为，因此其相似度公式的分子为 0，相似度也为 0。可以利用物品到用户的倒排表（每个物品所对应的、对该物品感兴趣的用户列表），仅对有对相同物品产生交互行为的用户进行计算。其原理如图 9-15 所示。

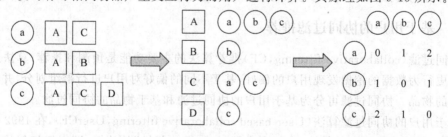

(a) 用户喜欢的物品列表　　　(b) 物品对应的用户列表　　　(c) 相似度矩阵 W

图 9-15 物品到用户倒排表及用户相似度矩阵

得到用户间的相似度后,再使用式(9-2)来度量用户 u 对物品 i 的兴趣程度 P_{ui}:

$$p(u,i) = \sum_{v \in S(u,K) \cap N(i)} w_{uv} r_{vi} \tag{9-2}$$

式中,$S(u, K)$ 是和用户 u 兴趣最接近的 K 个用户的集合,$N(i)$ 是喜欢物品 i 的用户集合,W_{uv} 是用户 u 和用户 v 的相似度,r_{vi} 是隐反馈信息,代表用户 v 对物品 i 的感兴趣程度,为简化计算可令 $r_{vi}=1$。

对所有物品计算 P_{ui} 后,可以对 P_{ui} 进行降序处理,取前 N 个物品作为推荐结果展示给用户 u(称为 Top-N 推荐)。

9.2.4 基于物品的协同过滤推荐

基于物品的协同过滤算法(Item-based collaboratIve filtering,ItemCF),是目前业界应用最多的算法。无论是亚马逊还是 Netflix,其推荐系统的基础都是 ItemCF 算法。

ItemCF 算法是给目标用户推荐那些和他们之前喜欢的物品相似的物品。ItemCF 算法主要通过分析用户的行为记录来计算物品之间的相似度。

该算法基于的假设是:物品 A 和物品 B 具有很大的相似度,是因为喜欢物品 A 的用户大多也喜欢物品 B。如图 9-16 所示,物品 A 有用户 a、b、c 喜欢,物品 C 有用户 a 和 c 喜欢,物品 A 和 C 具有相似性,故推荐给用户 b。

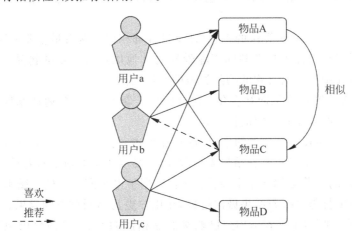

图 9-16 基于物品的协同过滤(ItemCF)

ItemCF 算法与 UserCF 算法类似,计算也分为两步。

(1) 计算物品之间的相似度。

(2) 根据物品的相似度和用户的历史行为,给用户生成推荐列表。

ItemCF 算法通过建立用户到物品倒排表(每个用户喜欢的物品的列表)来计算物品相似度,如图 9-17 所示。

ItemCF 计算的是物品相似度,再使用如下公式来度量用户 u 对物品 j 的兴趣程度 P_{uj}(与 UserCF 类似):

$$p_{uj} = \sum_{i \in N(u) \cap S(j,K)} w_{ji} r_{ui} \tag{9-3}$$

式中,$S(j, K)$ 是和物品 j 最相似的 K 个物品的集合,$N(u)$ 是用户 u 喜欢的物品的集合,

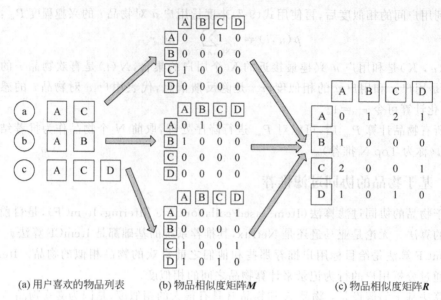

图 9-17 用户到物品倒排表及物品相似度矩阵

w_{ji} 是物品 i 和物品 j 的相似度，r_{ui} 是隐反馈信息，代表用户 u 对物品 i 的感兴趣程度，为简化计算可令 $r_{vi}=1$。

UserCF 算法和 ItemCF 算法的思想、计算过程都相似。两者最主要的区别是：UserCF 算法推荐的是那些和目标用户有共同兴趣爱好的其他用户所喜欢的物品；ItemCF 算法推荐的是那些和目标用户之前喜欢的物品类似的其他物品。

UserCF 算法的推荐更偏向社会化：适合应用于新闻推荐、微博话题推荐等应用场景，其推荐结果在新颖性方面有一定的优势。

UserCF 缺点：随着用户数目的增大，用户相似度计算复杂度越来越高。而且 UserCF 推荐结果相关性较弱，难以对推荐结果做出解释，容易受大众影响而推荐热门物品。

ItemCF 算法的推荐更偏向于个性化：适合应用于电子商务、电影、图书等应用场景，可以利用用户的历史行为给推荐结果做出解释，让用户更为信服推荐的效果。

ItemCF 缺点：倾向于推荐与用户已购买商品相似的商品，往往会出现多样性不足、推荐新颖度较低的问题。

9.2.5 基于模型的推荐

1. 矩阵分解方法

矩阵分解方法主要包括 SVD 分解及其变种、分解机、张量分解等，但都未解决数据稀疏问题和冷启动问题。后续将具体分析。

2. 基于关联规则的推荐

以关联规则为基础，把已购商品作为规则头，规则体为推荐对象。

算法的第一步关联规则的发现最为关键且最耗时，是算法的瓶颈，但可以离线进行。其次，商品名称的同义性问题也是关联规则的一个难点。

根据商品的营销记录挖掘出商品中的一些关联规则（如"A→B"），然后根据关联规则进行推荐。

如果"A→B"是一个关联规则,那么对于购买了商品 A 的用户,我们给他推荐商品 B。

目前的主要方法是从 Apriori 和 FP-Growth 两个算法发展演变而来,但是计算复杂度过大。

3. 基于隐语义

基于隐语义模型推荐的主要方法包括隐性语义分析 LSA 和隐含狄利克雷分布 LDA 等,主要是基于用户的语义分析进行相关推荐。

4. 机器学习
- 基于聚类算法的推荐:K-Means、层次聚类等。
- 基于分类算法的推荐:最近邻、朴素贝叶斯、决策树等。
- 基于回归算法的推荐:线性回归、逻辑回归等。
- 基于集成学习的推荐:gbdt、xgboost、lightgbm 等。

9.3 基于 Spark 的 ALS 推荐算法

Hadoop 中的机器学习算法库 Mahout 集成了多种推荐算法,不但有 UserCF 和 ItemCF 这类经典算法,还有 KNN、SVD、Slope one。而 Spark 平台在协同过滤中只有 ALS 一种算法。

ALS 是交替最小二乘(alternating least squares)的简称。在机器学习的上下文中,ALS 特指使用交替最小二乘求解的一个协同推荐算法。它通过观察到的所有用户给产品的打分,来推断每个用户的喜好并向用户推荐适合的产品。

ALS 算法是 2008 年以来用得较多的协同过滤算法。它已经集成到 Spark 的 Mllib 库中,使用起来比较方便。从协同过滤的分类来说,ALS 算法属于 User-Item CF,也叫作混合 CF。它同时考虑了 User 和 Item 两个方面。

用户和商品的关系,可以抽象为三元组< User,Item,Rating >。其中,Rating 是用户对商品的评分,表征用户对该商品的喜好程度。

ALS 算法是基于模型的推荐算法。其基本思想是对稀疏矩阵进行模型分解,评估出缺失项的值,以此来得到一个基本的训练模型。然后依照此模型可以针对新的用户和物品数据进行评估。ALS 是采用交替的最小二乘法来算出缺失项的。交替的最小二乘法是在最小二乘法的基础上发展而来的。

9.3.1 ALS 算法解析

ALS 的意思是交替最小二乘法(alternating least squares),它只是一种优化算法的名字,被用在求解 Spark 中所提供的推荐系统模型的最优解。如图 9-18 所示,Spark 中协同过滤的文档中有明确说明。

下面先给出官网文档的 ALT 协同过滤应用示例:

```
from pyspark.ml.evaluation import RegressionEvaluator
from pyspark.ml.recommendation import ALS
from pyspark.sql import Row
lines = spark.read.text("data/mllib/als/sample_movielens_ratings.txt").rdd
```

图 9-18 Spark 官网的协同过滤组件介绍

```
parts = lines.map(lambda row: row.value.split("::"))
ratingsRDD = parts.map(lambda p: Row(userId=int(p[0]), movieId=int(p[1]),
rating=float(p[2]), timestamp=long(p[3])))
ratings = spark.createDataFrame(ratingsRDD)
(training, test) = ratings.randomSplit([0.8, 0.2])
# Build the recommendation model using ALS on the training data # Note we set cold
start strategy to 'drop' to ensure we don't get NaN evaluation metrics
als = ALS(maxIter=5, regParam=0.01, userCol="userId", itemCol="movieId",
ratingCol="rating", coldStartStrategy="drop")
model = als.fit(training)
# Evaluate the model by computing the RMSE on the test data
predictions = model.transform(test)
evaluator = RegressionEvaluator(metricName="rmse",
labelCol="rating",predictionCol="prediction")
rmse = evaluator.evaluate(predictions)
print("Root-mean-square error = " + str(rmse))
# Generate top 10 movie recommendations for each user
userRecs = model.recommendForAllUsers(10) # Generate top 10 user recommendations
for each movie
movieRecs = model.recommendForAllItems(10)
# Generate top 10 movie recommendations for a specified set of users
users = ratings.select(als.getUserCol()).distinct().limit(3)
userSubsetRecs = model.recommendForUserSubset(users, 10) # Generate top 10 user
recommendations for a specified set of movies
movies = ratings.select(als.getItemCol()).distinct().limit(3)
```

```
movieSubSetRecs = model.recommendForItemSubset(movies, 10)
```

在上述代码示例中,这是一个基于模型的协同过滤,属于推荐系统领域流行的隐语义模型。隐语义模型又叫潜在因素模型,它试图通过数量相对少的未被观察到的底层原因,来解释大量用户和产品之间可观察到的交互。具体就是通过降维的方法来补全用户-物品矩阵,对矩阵中没有出现的值进行估计。

假设有一批用户数据,其中包含 m 个 User 和 n 个 Item,则定义 Rating 矩阵,其中的元素表示第 u 个 User 对第 i 个 Item 的评分。

在实际使用中,由于 n 和 m 的数量都十分巨大,因此 R 矩阵的规模很容易就会突破 1 亿项。这时候,传统的矩阵分解方法对于这么大的数据量已经是很难处理了。

另一方面,一个用户也不可能给所有商品评分,因此 R 矩阵注定是个稀疏矩阵。

基于这种思想的早期推荐系统常用的一种方法是 SVD(奇异值分解)。该方法在矩阵分解之前需要先把评分矩阵 R 缺失值补全,补全之后稀疏矩阵 R 表示成稠密矩阵 R',然后将 R' 分解成 $R'=UTSV$ 形式。再选取 U 中的 K 列和 V 中的 S 行作为隐特征的个数,达到降维的目的。K 的选取通常用启发式策略。

这种方法有两个缺点:

(1) 补全成稠密矩阵之后需要耗费巨大的存储空间,在实际中,用户对物品的行为信息何止千万,对这样的稠密矩阵的存储是不现实的。

(2) SVD 的计算复杂度很高,更不用说这样的大规模稠密矩阵了。所以关于 SVD 的研究很多都是在小数据集上进行的。

隐语义模型也是基于矩阵分解的,但是和 SVD 不同,它是把原始矩阵分解成两个矩阵相乘而不是三个:$A = XY^T$。如此,问题就变成了确定 X 和 Y,把 X 叫作用户因子矩阵、Y 叫作物品因子矩阵,如图 9-19 所示。通常,该式不能达到精确相等的程度,要做的就是要最小化他们之间的差距,从而又变成了一个最优化问题。一般情况下,k 的值远小于 n 和 m 的值,从而达到了数据降维的目的。

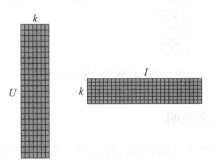

图 9-19 基于 ALS 的用户与物品矩阵示意图

然而,ALS 用的是另一种求解方法,它先用随机初始化的方式固定一个矩阵,例如 Y:

$$A_i Y(Y^T Y)^{-1} = X_i \tag{9-4}$$

然后通过最小化等式两边差的平方来更新另一个矩阵 X,这就是"最小二乘"的由来。得到 X 之后,又可以固定 X 用相同的方法求 Y,如此交替进行,直到最后收敛或者达到用户指定的迭代次数为止,这就是"交替"的含义。

从上式可以看出，X 的第 i 行是 X 的第 i 行和 Y 的函数，因此可以很容易地分开计算 X 的每一行，这就为并行计算提供了很大的便捷。也正是如此，Spark 这种面向大规模计算的平台选择了这个算法。

和 SVD 这种矩阵分解不同，ALS 所用的矩阵分解技术在分解之前不用把系数矩阵填充成稠密矩阵之后再分解，这不但大幅减少了存储空间，而且 Spark 可以利用这种稀疏性用简单的线性代数计算求解。

这几点使得本算法在大规模数据上计算非常快，这就能够解释为什么 Spark mllib 目前只有 ALS 一种推荐算法。

预测时，将 User 和 Item 代入，即可得到相应的评分预测值，如图 9-20 所示。

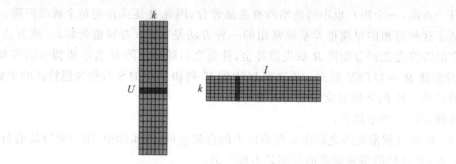

图 9-20　基于用户和物品矩阵进行推荐示意图

同时，矩阵 X 和 Y，还可以用于比较不同的 User(或 Item)之间的相似度，如图 9-21 所示。

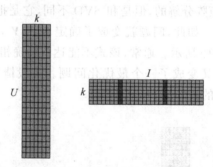

图 9-21　比较物品矩阵的相似度

9.3.2　Spark 的推荐算法说明

基于矩阵分解的协同过滤的标准方法，将用户项矩阵中的条目视为由用户给予该项的明确偏好，如给予电影评级的用户。

在许多真实世界的用例中，通常只能访问隐性反馈(如查看、点击、购买、喜欢、共享等)。用于 spark.ml 处理这些数据的方法取自隐性反馈数据集的协作过滤。

本质上，这种方法不是直接对收视率矩阵进行建模，而是将数据视为代表实力的数字观察用户操作(如点击次数或某人观看电影的累计持续时间)。然后，这些数字与观察到的用户偏好的信心水平相关，而不是给予项目的明确评分。该模型然后试图找出可用于预测用户对物品的预期偏好的潜在因素。

在推荐系统中，用户和物品的交互数据分为显性反馈和隐性反馈数据。在 ALS 中这两种情况也是被考虑了进来，分别可以训练如下两种模型。

1. 显性反馈模型

val model1 = ALS.train(ratings, rank, numIterations, lambda)

2. 隐性反馈模型

val model2 = ALS.trainImplicit(ratings, rank, numIterations, lambda, alpha)

参数说明：

(1) numBlocks 是为了并行化计算而将用户和项目划分到的块的数量（默认为 10）。

(2) rank 是模型中潜在因素的数量（默认为 10）。

(3) maxIter 是要运行的最大迭代次数（默认为 10）。

(4) regParam 指定 ALS 中的正则化参数（默认为 1.0）。

(5) implicitPrefs 指定是使用显性反馈 ALS 变体还是使用隐性反馈数据（默认为 false，使用显性反馈的手段）。

(6) alpha 是一个适用于 ALS 的隐性反馈变量的参数，该变量管理偏好观察值的基线置信度（默认值为 1.0）。

(7) nonnegative 指定是否对最小二乘使用非负约束（默认为 false）。

注意：ALS 的基于 DataFrame 的 API 目前仅支持用户和项目 ID 的整数。用户和项目 ID 列支持其他数字类型，但 ID 必须在整数值范围内。

9.4 基于 Spark 的电影推荐模型设计与实现

9.4.1 Netflix Prize 评分预测竞赛

Netflix 是美国一家提供在线电影租赁服务的公司。Netflix Prize 是奈飞公司于 2006 年开始举行的一场比赛，旨在提高对用户的影视剧评分的预测准确率。

Netflix 提供不同用户对不同电影的评分用于参赛者的模型训练，提交模型的评判标准基于对给定的用户和电影的评分预测的均方根误差（root mean square error）。

Netflix Prize 竞赛最终的目标是在 Cinematch 推荐系统的基础上获得 10% 的改进，其预测精度由均方根误差（RMSE）来衡量：

$$\text{RMSE} = \sqrt{\frac{\sum_{i=1}^{N}(\hat{y}_i - y_i)^2}{N}} \qquad (9\text{-}5)$$

式中，N 为需要进行预测的数量，y_i 为用户的实际评分（$y_i \in \{1,2,3,4,5\}$），$\hat{y}_i$ 为预测评分。虽然 Netflix 允许提交小数预测，但在官方进行 RMSE 计算时，会对预测值进行四舍五入取整。

直接采用电影评分平均分作为预测的模型，在测试集上得到的 RMSE 约为 1.0540。Netflix 原来的预测模型 Cinematch，在测试集上得到的 RMSE 约为 0.9514。若想得到 Netflix Prize 的大奖，需要达到将 0.9514 这一准确率再提升 10% 的要求，即 0.8567 左右。在 2009 年，已有参赛者达到这一要求。

9.4.2 数据分析

Netflix Prize 数据集下载地址：https://www.kaggle.com/netflix-inc/netflix-prize-data。Netflix 提供了 training data、probe data 和 qualifying data。其中，training data 用于训练模型；probe data 实际为 training data 中的一部分，用于测试模型准确率；qualifying data 用于对提交的算法进行准确率比较，因此只有大赛评审团知道其中的用户评分（rating），在训练时不需要 qualifying data 这个数据集。

数据集中的每一条数据都可以认为是一个四元组，即（movieID、userID、用户评分 rating、评分时间 timestamp）。值得注意的是，movieID 为 1～17770 的整数，userID 为不连续的整数，且不从 0 开始。

数据集的特点如下。

（1）极度稀疏性：包括了 480189 名用户对 17770 部电影的评分，评分值只有 100 480 570 条，也即近 99% 的评分值未知。

（2）长尾性：大部分用户只对极少的电影进行了评分，1/4 的用户只对少于 36 部电影进行了评分，大部分电影只收到极少的用户评分，1/4 的电影只收到少于 190 个用户的评分。

（3）时间性：数据集中评分的特点随着时间的变化在不断变化。

基于数据集 ml-latest-small，其评分数据表 ratings 的数据格式是 userID、movieID、rating 和 timestamp。

9.4.3 模型设计

模型设计的重点是构建 ratingsRDD：

```
train(cls, ratings, rank, iterations=5, lambda_=0.01, blocks=-1, nonnegative=False, seed=None)
```

参数 ratings：rating 的 RDD，或者是（userID, productID, rating）元组。

方法 1：通过 map() 方法进行转换。

```
rawUserData = sc.textFile("u.data")
rawRatings = rawUserData.map(lambda line:line.split("\t")[:3])
ratingsRDD = rawRatings.map(lambda x:(x[0],x[1],x[2]))
```

如图 9-22 所示。

```
In [6]:  1  rawRatings = rawUserData.map(lambda line:line.split("\t")[:3])

In [7]:  1  rawRatings.take(5)
Out[7]: [['196', '242', '3'],
         ['186', '302', '3'],
         ['22', '377', '1'],
         ['244', '51', '2'],
         ['166', '346', '1']]

In [8]:  1  ratingsRDD = rawRatings.map(lambda x:(x[0],x[1],x[2]))
         2  ratingsRDD.take(5)
Out[8]: [('196', '242', '3'),
         ('186', '302', '3'),
         ('22', '377', '1'),
         ('244', '51', '2'),
         ('166', '346', '1')]
```

图 9-22 通过 map() 方法进行转换示例

方法 2：采用推荐类库的 Rating()方法。

```
import pyspark.mllib.recommendation as rd
#用 rd.Rating 方法封装数据
ratings = rawRatings.map(
            lambda line: rd.Rating(int(line[0]), int(line[1]), float(line[2])))
```

9.4.4 Python 电影推荐模型设计

1. ALS 训练模型介绍

ALS 训练模型的部分方法如图 9-23 所示。

2. 电影推荐程序设计要点与示例

```
#导入 spark 中的 mllib 的推荐库
import pyspark.mllib.recommendation as rd
生成 Rating 类的 RDD 数据
#由于 ALS 模型需要由 Rating 记录构成的 RDD 作
为参数，因此这里用 rd.Rating 方法封装数据
ratings = rawRatings.map(lambda line:
rd.Rating(int(line[0]), int(line[1]),
float(line[2])))
ratings.first()
Rating(user=196, product=242, rating=3.0)
```

图 9-23 ALS 训练模型的部分方法示例

```
训练 ALS 模型
rank:对应 ALS 模型中的因子个数，即矩阵分解出的两个矩阵的新的行/列数，即 A≈UVT,k<
iterations:对应运行时的最大迭代次数
lambda:控制模型的正则化过程，从而控制模型的过拟合情况。
#训练 ALS 模型
model = rd.ALS.train(ratings, 50, 10, 0.01)
model

#对用户 789 预测其对电影 123 的评级
predictedRating = model.predict(789,123)
predictedRating
3.1740832151065774
#获取对用户 789 的前 10 推荐
topKRecs = model.recommendProducts(789,10)
```

3. 数据处理程序示例

评分数据预处理如图 9-24 所示。

4. 模型训练和模型应用程序

模型训练完成后，为用户 ID=100 的推荐前 5 个电影，结果如图 9-25 所示。其中，推荐的第 1 款电影 ID 是 850，评分是 6.336。

接着，模型用于预测。预测用户 ID=100 对电影 ID 为 1316 的评分是 2.106，对电影 ID 为 958 的评分是 2.809。

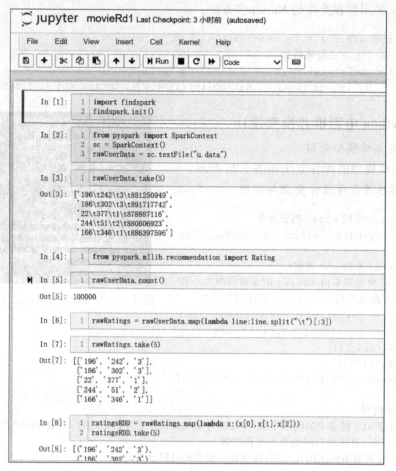

图 9-24　评分数据预处理

图 9-25　为用户 ID=100 的推荐前 5 个电影

参考文献

[1] Yifan Hu, Yehuda Koren, Chris Volinsky. Collaborative Filtering for Implicit Feedback Datasets[C]. Proceedings of the 2008 Eighth IEEE International Conference on Data Mining, 2008: 263-272.

[2] Yunhong Zhou, Dennis Wilkinson, Robert Schreiber et al. Large-scale Parallel Collaborative Filtering forthe Netflix Prize[C]. AAIM 2008, LNCS 5034: 337-348.

[3] Yehuda Koren, Yahoo Research. Matrix Factorization Techniques for Recommender Systems[J]. Computer. 2009, 42(8): 30-37.

[4] 林大贵. Python+Spark2.0+Hadoop 机器学习与大数据实战[M]. 清华大学出版社, 2018.

[5] Sanjay Ghemawat, Howard Gobioff, and Shun-Tak Leung[EB/OL]. The Google File System. SOSP 03, October 19-22, 2003.

[6] Jeffrey Dean, Sanjay Ghemawat. MapReduce-Simplified Data Processing on Large Clusters[C]. OSDI 04: 6th Symposium on Operating Systems Design and Implementation, 2004: 137-149.

[7] Ethan Rublee, Vincent Rabaud, Kurt Konolige, et al. ORB: an efficient alternative to SIFT or SURF[C]. 2011 IEEE International Conference on Computer Vision, 2011: 2564-2571.

[8] David G. Lowe. Object Recognition from Local Scale-Invariant Features[C]. Proc. of the International Conference on Computer Vision, Corfu. Sept. 1999: 1-8.

[9] Guolin Ke, Qi Meng, Thomas Finley. LightGBM: A Highly Effificient Gradient Boosting Decision Tree[C]. 31st Conference on Neural Information Processing Systems (NIPS 2017), 2017.

[10] Fay Chang, Jeffrey Dean, Sanjay Ghemawat et al. Bigtable: A Distributed Storage System for Structured Data[C]. 7th Symposium on Operating Systems Design and Implementation (OSDI 06), 2006.